Technische Physik
in Einzeldarstellungen

Herausgegeben von
W. Meißner, München und **G. Holst,** Eindhoven

2

Die technische Physik des Kraftwagens

Von

Dr.-Ing. Erich Wintergerst
Berlin

Mit 174 Abbildungen

Berlin
Verlag von Julius Springer
1940

ISBN-13: 978-3-642-88895-3   e-ISBN-13: 978-3-642-90750-0
DOI: 10.1007/978-3-642-90750-0

Vorwort.

Einzeldarstellungen auf dem Gebiete der technischen Physik betreffen in der Regel spezielle Gebiete, mit denen die Verfasser besonders vertraut sind. Bei der technischen Physik des Kraftwagens handelt es sich dagegen um Fragen aus den verschiedensten Gebieten der technischen Physik. Aus diesem Grunde sind die Darstellungen über die technisch-physikalischen Fragen, die den Kraftwagen betreffen, in der Literatur sehr zerstreut und wohl noch nirgends einheitlich behandelt.

In der vorliegenden Schrift ist eine solche einheitliche Behandlung aller technisch-physikalischen Fragen des Kraftfahrwesens versucht. Das Physikalische aller Vorgänge ist dabei in den Vordergrund gerückt. Konstruktive Einzelheiten sowie nur historisch Interessantes sind fortgelassen. Verschiedene Gebiete sind nach neuen Gesichtspunkten behandelt, so Federung, Reibung zwischen Reifen und nasser Fahrbahn und einzelne akustische Fragen. Wo es erforderlich erschien, sind auch umfangreichere Rechnungen wiedergegeben. Die Auswertung ist jedoch so dargestellt, daß das Ergebnis auch dem Leser verständlich ist, der die Ableitung übersprungen hat. Bei der Wiedergabe der Ergebnisse ist weitgehend von der graphischen Darstellung Gebrauch gemacht und es sind nach Möglichkeit praktische Beispiele zugrunde gelegt.

Mit Rücksicht auf den beschränkten Raum sind manche Gebiete nur kurz behandelt. Dies trifft besonders auf die Thermodynamik des Motors zu, welche in anderen Werken schon ausführlich dargestellt ist.

Für den Leser wird natürlich im Vordergrund des Interesses das stehen, was in den letzten Jahren an Neuerungen oder Fortschritten erzielt wurde und was Aussicht auf eine Weiterentwicklung des Kraftwagens bietet und zu einer Verbesserung der Fahrleistung und der Fahrbequemlichkeit beiträgt. Die Fahrleistung läßt sich verbessern durch Verminderung des Verhältnisses von Wagengewicht zur Motorleistung, durch Verminderung der Rollreibung und des Luftwiderstandes sowie durch Erhöhung der Reibung zwischen Reifen und Fahrbahn. Eine Erhöhung der Fahrbequemlichkeit ist möglich durch Verbesserung der Federung, der Lenkung, der Schaltung, des Anlassers, der Beleuchtungseinrichtungen u. dgl. Bei all diesen Fragen spielt die technische Physik eine wesentliche Rolle und sie alle sind daher in der vorliegenden Schrift zu behandeln.

Den technisch-physikalischen Gesichtspunkten entsprechend ist das Buch in Abschnitte gegliedert, welche die wärmetechnischen, mechanischen, elektrischen, akustischen und optischen Fragen betreffen, wobei nicht zu umgehen war, daß einzelne der schon erwähnten Probleme an verschiedenen Stellen berührt sind.

Die Schrift wird hoffentlich nicht nur dem Fachingenieur und dem technischen Physiker von Nutzen sein, sondern auch dem technisch gebildeten Kraftwagenführer die Möglichkeit geben, sein Verständnis für das Kraftfahrzeug zu vertiefen.

Herrn Professor MEISSNER, der mich zu der Arbeit anregte, bin ich für die Durchsicht meiner Entwürfe und für viele wertvolle Anregungen zu großem Dank verpflichtet. Dem Verlag danke ich für sein vielfaches Entgegenkommen, insbesondere auch bei der Herstellung der sehr zahlreichen Abbildungen.

Berlin, August 1940.

ERICH WINTERGERST.

Inhaltsverzeichnis.

I. Wärmetechnische Fragen.

1. Erzeugung der mechanischen Leistung.

a) Thermodynamik des Verbrennungsmotors.

Bezeichnungen:

T absolute Temperatur,
V spezifisches Volumen,
p Druck,
η thermischer Wirkungsgrad,

$\varkappa$ Verhältnis der spezifischen Wärme bei konstantem Druck und konstantem Volumen,
ε Verdichtungsverhältnis.

Personenwagen werden überwiegend durch Otto-Motoren betrieben, auch Zünder- oder Vergasermotoren genannt, Lastwagen durch Dieselmotoren. Beim Otto-Motor wird der Kraftstoff der beim Ansaugehub des Kolbens angesaugten Luft in feinverteiltem Zustand flüssig zugeführt. Zu Beginn des Verdichtungshubes ist er bei normaler Motortemperatur verdampft. Die Entzündung des Kraftstoff-Luftgemisches erfolgt durch einen elektrischen Funken. Beim Dieselmotor wird der Kraftstoff nach der Verdichtung der Verbrennungsluft in den Zylinder eingespritzt. Die Verbrennung, die ohne elektrische Zündung einsetzt, wird über einen wesentlichen Bruchteil des Arbeitshubes hingezogen. Durch Einspritzung in eine mit dem Zylinder durch eine kleine Öffnung in Verbindung stehende Vorkammer oder durch ähnliche Maßnahmen wird die Dauer der Verbrennung beim Dieselmotor vielfach künstlich verlängert und gleichzeitig die Durchwirbelung des Zylinderinhaltes verbessert.

Einspritzmotoren, bei denen leicht verdampfende Kraftstoffe vor oder während der Verdichtung in den Zylinder eingespritzt werden, die im übrigen jedoch wie ein Vergasermotor mit elektrischer Zündung arbeiten, werden in Kraftwagen bisher nicht verwendet.

Beim normalen Otto-Motor beträgt bei voller Füllung der Druck am Ende der Verdichtung 8 bis 10 atü, der Höchstdruck 30 bis 40 atü. Für den Dieselmotor sind die entsprechenden Werte 20 bis 40 atü und 60 bis 80 atü. Die Temperatur am Ende des Verdichtungshubes beträgt beim Otto-Motor etwa 400° C, beim Dieselmotor etwa 600 bis 800° C. Die nach der Verbrennung sich einstellende Temperatur kann unter Berücksichtigung der Dissoziation aus den kalorischen Daten der einzelnen Gaskomponenten berechnet werden. Die kalorischen Daten der Gase lassen sich mit Hilfe der statistischen Thermodynamik aus spektroskopischen Messungen ermitteln. Die Berechnung liefert genauere Werte für die kalorischen Daten als eine unmittelbare Messung, die bei höheren Temperaturen nur schwierig durchzuführen ist. Der Kraftstoff ist bei Beginn der Verbrennung im Otto-Motor gasförmig, im Dieselmotor flüssig vorauszusetzen.

Eine unmittelbare Temperaturbestimmung ist am ehesten durch spektroskopische Messungen möglich. Dieses Verfahren und die Berechnung ergeben für volle Füllung beim Otto- und beim Dieselmotor übereinstimmend Temperaturen von 2200 bis 2400° C am Ende der Verbrennung, wobei nach den Versuchen örtliche Temperaturunterschiede bis zu 200° C auftreten. Nach Öffnung des Auspuffventiles sinkt die Temperatur auf 900 bis 1100° C. Die Auspuffgase haben infolge weiterer Wärmeverluste eine Temperatur von 800 bis 900° C.

Die tatsächlichen Vorgänge im Motor sind so kompliziert, daß sie rechnerisch nicht genau zu erfassen sind. Es ist deshalb üblich, den wirklichen Prozeß durch einen idealisierten Vergleichsprozeß zu ersetzen, der einer genauen Berechnung zugänglich ist. Mit Hilfe dieses Vergleichsprozesses können die grundsätzlichen Eigenschaften eines Arbeitsverfahrens untersucht werden. Die Voraussetzungen des Vergleichsprozesses müssen soweit wie möglich dem wirklichen Prozeß angeglichen werden.

Der Prozeß des Otto-Motors wird in üblicher Weise durch den in Abb. 1 dargestellten Kreisprozeß ersetzt, der gebildet wird von zwei Adiabaten und zwei Isochoren. Die Verbrennung wird ersetzt durch Wärmezufuhr zwischen *2* und *3* und der Auspuff durch Wärmeabfuhr zwischen *4* und *1*. Die in mechanische Arbeit umgesetzte Wärme ist gleich der Differenz der zwischen *2* und *3* zugeführten und zwischen *4* und *1* abgeführten Wärme. Längs der Adiabaten von *1* bis *2* und von *3* bis *4* soll bei dem Ersatzprozeß kein Wärmeaustausch stattfinden. Unter dieser Voraussetzung und bei Zugrundelegung der Zustandsgleichung idealer Gase erhält man für den thermischen Wirkungsgrad η, das Verhältnis der in mechanische Arbeit umgesetzten Wärme zur zugeführten Wärme, den Ausdruck

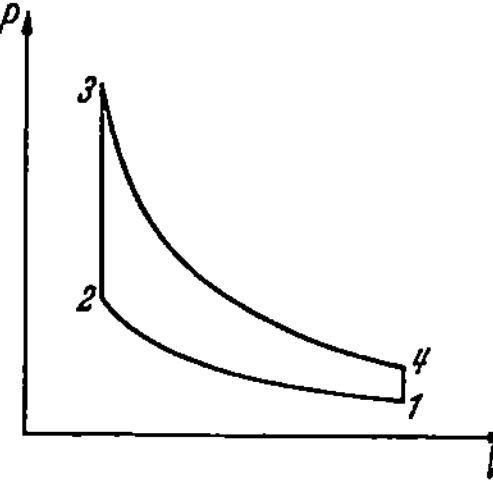

Abb. 1. Vergleichsprozeß des Otto-Motors.
p Druck, *V* Volumen.

$$\eta = 1 - \left(\frac{1}{\varepsilon}\right)^{\varkappa-1} . \tag{1}$$

Darin bedeutet ε das Verdichtungsverhältnis und $\varkappa$ das Verhältnis der spezifischen Wärme bei konstantem Druck zu der bei konstantem Volumen, welches bei Otto-Motoren und Benzin oder Benzol als Kraftstoff den Wert 1,35 hat.

Nach Gleichung (1) wächst der Wirkungsgrad mit Steigerung des Verdichtungsverhältnisses. Dies gilt praktisch jedoch nur, solange keine Selbstentzündung des Gemisches auftritt. Durch Selbstentzündung wird bei gleichzeitigem Auftreten von Klopfen der Wirkungsgrad wieder herabgesetzt.

Der Vergleichsprozeß für den schnellaufenden Dieselmotor nach Abb. 2 unterscheidet sich von dem des Otto-Motors dadurch, daß die

Verbrennung bzw. Wärmezufuhr nur zu einem Teil bei konstantem Volumen, im übrigen jedoch bei konstantem Druck stattfindet. Der Wirkungsgrad ist gegeben durch den Ausdruck

$$\eta = 1 - \frac{\varrho^{\varkappa}\,\lambda - 1}{\varepsilon^{\varkappa-1}\,[\lambda - 1 + \varkappa\,\lambda\,(\varrho - 1)]}. \qquad (2)$$

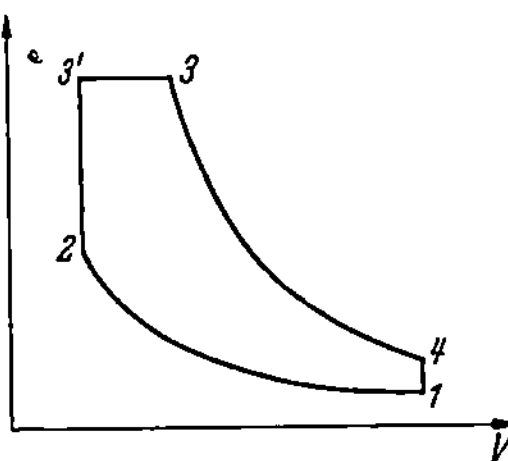

Abb. 2. Vergleichsprozeß des schnellaufenden Dieselmotors.

Darin bedeuten mit den Bezeichnungen der Abb. 2 $\varepsilon = V_1/V_2$ das Verdichtungsverhältnis, $\varrho = V_3/V_2$ das Volldruckverhältnis und $\lambda = p_3'/p_2$ das Verpuffungsdruckverhältnis. Die Zeiger gelten jeweils für die den Punkten der Abb. 2 entsprechenden Zustände.

Beim Dieselmotor wird rund $^1/_3$ der Verbrennungswärme in mechanische Arbeit umgesetzt, $^1/_3$ geht an das Kühlwasser und $^1/_3$ geht mit dem Auspuff verloren. Bei geringen Belastungen überwiegt der Verlust durch die Kühlwärme, bei hohen der durch den Auspuff. Schnellaufende Otto-Motoren haben einen etwas geringeren Wirkungsgrad. Dementsprechend ist die Abgaswärme größer.

b) Kraftstoffe.

Eigenschaften der Kraftstoffe. Die üblichen Kraftstoffe bestehen aus Paraffinen, Aromaten, Naphtenen oder Olefinen. Dazu kommt vielfach eine Beimischung von Alkoholen und ein Zusatz zur Verminderung der Klopfneigung.

Die Paraffine von der Zusammensetzung C_nH_{2n+2} haben kettenförmigen Aufbau, wie z. B. Hexan, Abb. 3, die Aromaten ringförmigen Aufbau.

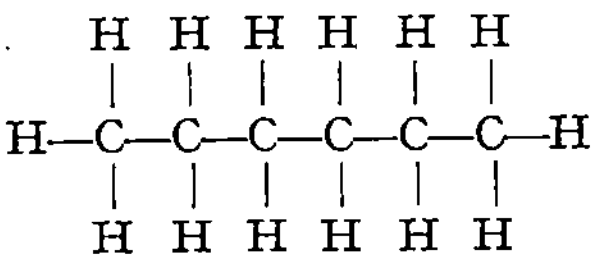

Abb. 3. Aufbau von Hexan.

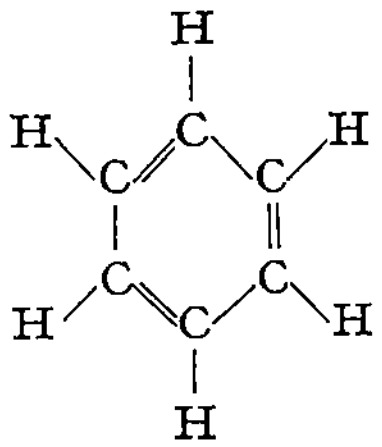

Abb. 4. Aufbau von Benzol.

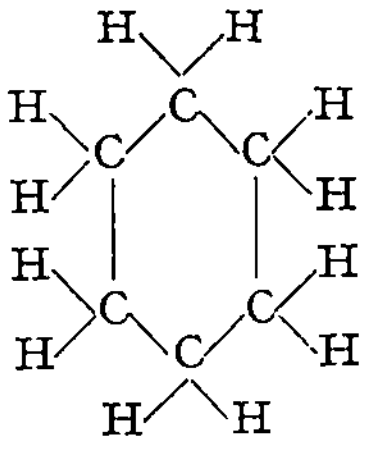

Abb. 5. Aufbau von Cyclohexan.

Von diesen kommen insbesondere Benzol, Toluol und Xylol in Frage. Der Aufbau von Benzol ist in Abb. 4 dargestellt. Ebenfalls ringförmige Bindung haben die Naphtene von der Zusammensetzung C_nH_{2n}, von denen als Beispiel Cyclohexan C_6H_{12} in Abb. 5 dargestellt ist. Die Olefine, die sich besonders in Krackbenzin finden, d. h. Benzin, das durch Spalten schwererer Öle erzeugt wird, zerfallen zum Teil unter den Einfluß von Metallen oder Metalloxyden in Aldehyde, Ketone und Säuren, von denen erstere Verharzung verursachen, letztere Korrosion. Sie sind deshalb weniger erwünscht. Von den Alkoholen kommen Äthyl- und Methylalkohol als Beimischung in Frage.

Die Verbrennungsgeschwindigkeit beträgt bei normaler Verbrennung im Motor 20 bis 30 m/s, in einer mit ruhendem Gas gefüllten Bombe, wegen der dann fehlenden Durchwirbelung, nur etwa 2 bis 5 m/s, Abb. 6.

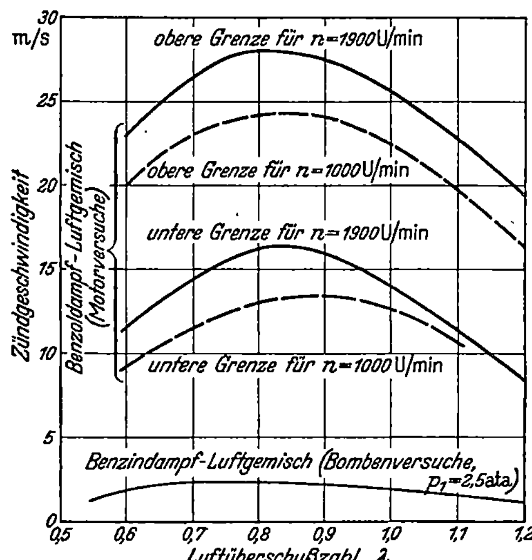

Abb. 6. Zündgeschwindigkeit von Kraftstoff-Luftgemischen in Abhängigkeit von der Luftüberschußzahl nach F. A. F. Schmidt (1). Die Motorversuche wurden bei einem Verdichtungsverhältnis $\varepsilon = 1 : 5$ durchgeführt.

Beim Klopfen steigt sie auf 300 bis 1000 m/s.

Die wichtigsten Eigenschaften des Kraftstoffes sind Heizwert, Siedeverlauf und Klopffestigkeit. Für die üblichen Verbrennungsmotoren ist der untere Heizwert maßgebend, da die Verbrennungsprodukte den Motor gasförmig verlassen, die Verdampfungswärme des Wassers also nicht mit ausgenützt wird. Verschiedene Eigenschaften der wichtigsten Kraftstoffe sind in Tabelle 1 zusammengestellt.

Der untere Heizwert ist für die üblichen flüssigen Kraftstoffe nahezu der gleiche. Eine Ausnahme machen die Alkohole. Die bei uns üblichen Benzin-Benzol-Alkoholgemische haben einen Heizwert von 9000 bis 10000 kcal/kg. Die Oktanzahl ist in dem Abschnitt über Klopfen erläutert.

Tabelle 1.

	Unterer Heizwert kcal/kg	Ver-dampfungs-wärme kcal/kg	Theoretisch richtiges Mischungs-verhältnis Luft, Kraftstoff kg/kg	Spezifisches Gewicht	Oktanzahl	Gefrierpunkt $^{\circ}$ C
Benzin . .	10 200 bis 10 800	70—85	~ 15	0,65 bis 0,75	60—75	etwa — 100
Benzol . .	9600	96	13	0,88	90	+ 5,5
Äthylalkohol	6400	220	9	0,79	100	— 114
Methyl-alkohol .	4700	275	6,5	0,81	95	— 97

Das Siedeverhalten ist maßgebend für die Verdampfung der im Vergaser erzeugten Kraftstofftröpfchen und für ein etwaiges Niederschlagen von Kraftstoff an kalten Rohrleitungen oder Zylinderwandungen. Insbesondere hängt deshalb die Startfähigkeit vom Siedeverhalten ab. In Abb. 7 ist für einige Kraftstoffe der Siedeverlauf zusammengestellt. Nach rechts ist die verdampfte Flüssigkeitsmenge, nach oben die Siedetemperatur des Flüssigkeitsrestes aufgetragen. Ein flacher Verlauf der Kurve ist vorteilhaft. Bei steilem Verlauf liegt der Siedepunkt des frischen Gemisches verhältnismäßig niedrig, der des letzten Restes verhältnismäßig hoch. Dies begünstigt im Sommer und bei heißem Motor eine Dampfbildung in den Zuführungsleitungen zum Vergaser, welche ein Aussetzen des Motors zur Folge hat, sowie ein Niederschlagen von Flüssigkeit an kalten Rohrwandungen und Zylinderflächen, welches das Starten erschwert.

Auch die Verdampfungswärme beeinflußt die Vergasung des Kraftstoffes. Eine große Verdampfungswärme gibt starke Unterkühlung des Gemisches. Sie ermöglicht dadurch einerseits eine bessere Füllung, begünstigt aber andererseits ein Niederschlagen von Kraftstoff in den Leitungen bei kaltem Motor. Die Verdampfungswärme ist nach Tabelle 1 für Alkohole wesentlich größer als für die anderen Kraftstoffe.

Die Temperaturerniedrigung der Ansaugeluft durch die Verdampfung des Kraftstoffes beträgt bei Erzeugung eines Gemisches ohne Luftüberschuß für Benzin etwa 20° C, für Benzol 25° C und für Äthylalkohol 84° C. Die unter Berück-

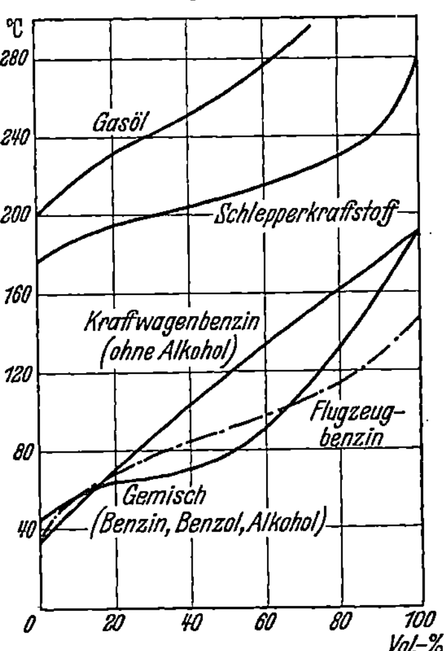

Abb. 7. Siedeverhalten handelsüblicher Kraftstoffe nach Giessmann (1).

sichtigung dieser Temperaturerniedrigung zu einer vollständigen Verdampfung des Kraftstoffes erforderliche Mindesttemperatur der Ansaugeluft beträgt bei 1 ata für Benzin etwa 0° C, für Benzol 20° C, für Äthylalkohol 106° C und für übliches Benzin-Benzol-Alkoholgemisch 6 bis 8° C.

Der Schmelzpunkt liegt bei den üblichen Kraftstoffen so tief, daß auch im Winter kein Gefrieren zu befürchten ist. Reines Benzol wäre dagegen wegen seines hohen Schmelzpunktes von + 5,5° C nicht geeignet.

Klopfen. Unter Klopfen versteht man ein klingelndes Geräusch, welches auf Selbstentzündung eines Teiles des Zylinderinhaltes und die damit verbundenen Druckstöße und Gasschwingungen im Zylinder zurückzuführen ist (Weinhart 1). Bei klopfender Verbrennung steigt die Wärmeabgabe an das Kühlwasser und sinkt der Wirkungsgrad des Motors. Gleichzeitig ist eine verstärkte Rußbildung im Zylinder und bei längerem klopfenden Betrieb eine Anfressung des Kolbens festzustellen.

Zum Verständnis des Klopfens ist es erforderlich, auf den Verbrennungsvorgang im Motor näher einzugehen. Im Otto-Motor beträgt bei voller Füllung die Temperatur des verdichteten Gemisches etwa 400° C. Durch die Volumenvergrößerung bei der Verbrennung wird der nichtverbrannte Gemischrest weiter verdichtet, wobei seine Temperatur bis auf 600° C und mehr steigt. Bei diesen Temperaturen entzünden sich Kraftstoff-Luftgemische von selbst. Die Selbstentzündung erfolgt jedoch nicht sofort nach Überschreitung einer bestimmten Zündtemperatur, sondern erst nach einer gewissen Induktionszeit. Dies erklärt sich daraus, daß die Oxydation von Kohlenwasserstoffen als Kettenreaktion erfolgt. Das Endprodukt der Verbrennung wird über viele Zwischenstufen erreicht, wobei gewisse aktive Teilchen immer wieder regeneriert werden und dann von neuem in die Umsetzung eingreifen. Als Beispiel einer Kettenreaktion sei die Verbrennung von Knallgas angeführt. Dabei laufen folgende Reaktionen ab:

$$1. \quad H + O_2 \rightarrow OH + O,$$
$$2. \quad O + H_2 \rightarrow OH + H,$$
$$3. \quad OH + H_2 \rightarrow H_2O + H.$$

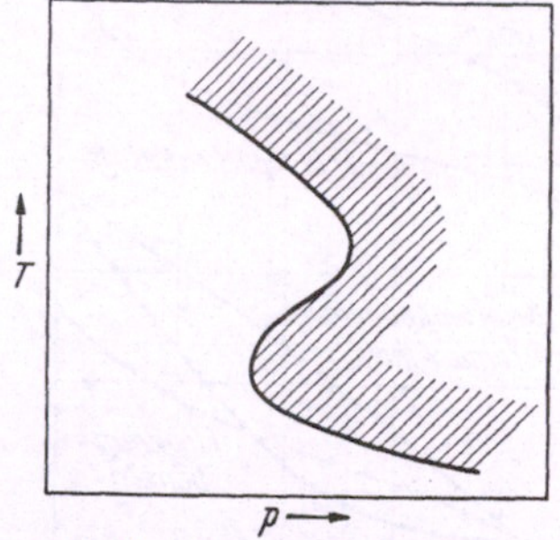

Abb. 8. Abhängigkeit der Selbstentzündung von Druck p und Temperatur T, schematisch. Für einen Punkt rechts der Kurve tritt Selbstentzündung ein, für einen Punkt links davon nicht.

Für ein verschwindendes aktives Teilchen treten bei dem ersten und zweiten Reaktionsschritt jeweils zwei neue auf. In diesem Fall, in dem die aktiven Teilchen zunehmen, spricht man von Kettenverzweigung. Die Anzahl der zu Beginn der Reaktion vorhandenen aktiven Teilchen steigert sich beim Ablauf kettenverzweigender Reaktionen. Die Reaktionsgeschwindigkeit nimmt dauernd zu und führt schließlich zu einer plötzlichen Verbrennung. Gleichzeitig treten stets kettenabbrechende Reaktionen auf, das sind Reaktionen, welche die Anzahl der aktiven Teilchen vermindern. Ob kettenverzweigende oder kettenabbrechende Reaktionen überwiegen, hängt außer von der Art des Kraftstoffes noch von vielerlei Umständen ab. Die Abhängigkeit von Druck und Temperatur ist nicht eindeutig. In gewissen Druckbereichen sind zwei oder mehrere Temperaturgebiete vorhanden, in denen Selbstentzündung eintritt, Abb. 8. Manche Stoffe wie Aldehyde, Peroxyde, Ozon fördern schon in geringer Beimengung die Bildung aktiver Teilchen, andere Stoffe wie Anilin, Eisenkarbolyl, Bleitetraäthyl hemmen sie. Dazu kommt noch ein katalytischer Einfluß der Gefäßwandung.

Die plötzliche Verbrennung setzt ein, wenn sich ein gewisser Bruchteil des Gemisches umgesetzt hat, der im allgemeinen nur wenige Hundertteile beträgt. Die Induktionszeit, die bis zum Beginn der plötzlichen Verbrennung vergeht, auch Zündverzug genannt, schwankt zwischen Bruchteilen von Sekunden und mehreren Minuten oder sogar Stunden. In Abb. 9 ist dieser Zündverzug für drei Kohlenwasserstoffe in Abhängigkeit von der Temperatur aufgetragen.

Klopfen tritt dann ein, wenn die normale durch den Zündfunken eingeleitete Verbrennung durch den Verbrennungsablauf infolge Selbstentzündung zeitlich überholt wird. Abb. 10 erläutert diese Verhältnisse. Die ausgezogene Linie stellt den Umsatz im Verlauf der durch den Zündfunken eingeleiteten Verbrennung dar, die gestrichelte Linie den Umsatz durch Selbstentzündung allein. Unter normalen Umständen hat die Flammenfront der Verbrennung den ganzen Zylinderraum durchlaufen bevor Selbstentzündung einsetzt, Abb. 10a. Wird dagegen der Umsatz durch normale Verbrennung von dem durch Selbstentzündung überholt, wie das in Abb. 10b angedeutet ist, dann verbrennt der letzte Teil der Ladung plötzlich. Es tritt Klopfen ein. Aus Messungen des Zündverzuges kann man unter Berücksichtigung des

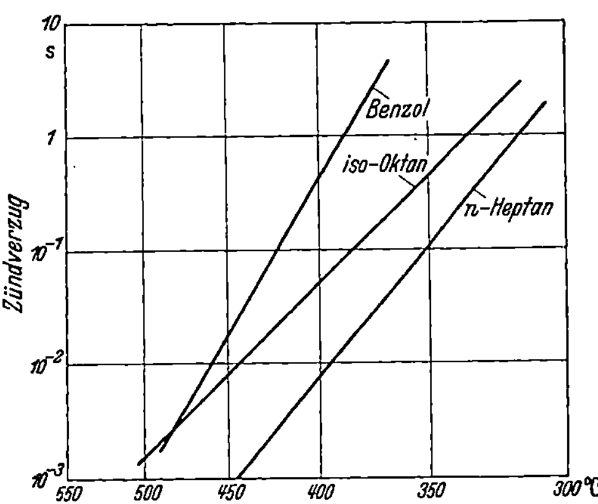

Abb. 9. Zündverzug bei Selbstzündung von Kraftstoff-Luftgemischen ohne Luftüberschuß nach Jost (1). Bei logarithmischem Zeitmaßstab und reziprokem Temperaturmaßstab ergeben sich gerade Linien.

Temperaturverlaufes des unverbrannten Gemischrestes die Grenzen bestimmen, bei welchen Klopfen eintreten muß. Die Übereinstimmung der so gefundenen Werte mit der Wirklichkeit ist sehr gut.

Die Größe der bei klopfender Verbrennung auftretenden Druckstöße läßt sich rechnerisch abschätzen. Unter der Voraussetzung einer plötzlichen Entflammung eines bestimmten Gemischrestes ergeben sich die in Abb. 11 eingetragenen Werte der Druckerhö-

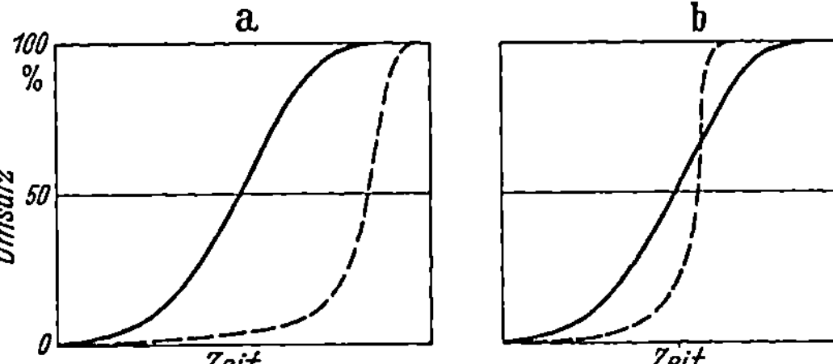

Abb. 10. Entstehung des Klopfens beim Otto-Motor. Die ausgezogene Linie stellt den Umsatz des Zylinderinhaltes durch normale Verbrennung, die gestrichelte Linie den Umsatz durch Selbstentzündung dar. Überholt der Umsatz durch Selbstentzündung den durch normale Verbrennung, wie im Fall b, dann tritt Klopfen ein.

hung (E. Schmidt 3). Dabei stellt p_1 den Druck und T_1 die Temperatur des unverbrannten Gemischrestes in Abhängigkeit von Gewichtsteilen x oder Volumenteilen y des verbrannten Anteiles dar. Bei plötzlicher Entflammung eines Gemischrestes springt in diesem der Druck von p_1 auf p_2.

Denkt man sich den plötzlich verbrannten Gemischrest durch einen dünnen Kolben vom übrigen Zylinderinhalt getrennt, so wird sich dieser Kolben unter der Einwirkung des erhöhten Druckes bewegen. Die Drücke auf den beiden Seiten des Kolbens verlaufen dabei nach Adiabaten a und b gemäß Abb. 12. Die auf den Kolben übertragene mechanische Arbeit F ist durch die in der Abbildung schraffierte Fläche gegeben. Diese Arbeit F steht zum Anstoß von Schwingungen zur Verfügung. Wie Kurve F der Abb. 12 zeigt, hängt diese Arbeit von dem bis zum Einsetzen der plötzlichen Verbrennung umgesetzten Volumenteil y ab.

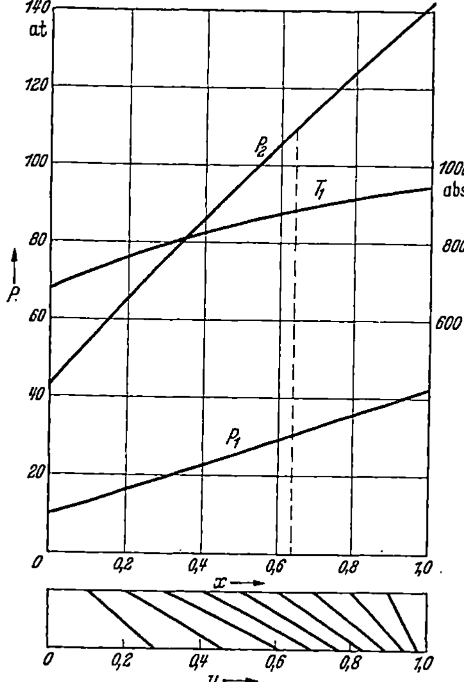

Sie strebt von Null ausgehend einem Höchstwert zu und sinkt bei $y = 1$ wieder gegen Null ab. Der Höchstwert liegt etwa bei $y = {}^2/_3$. Für die Anregung von

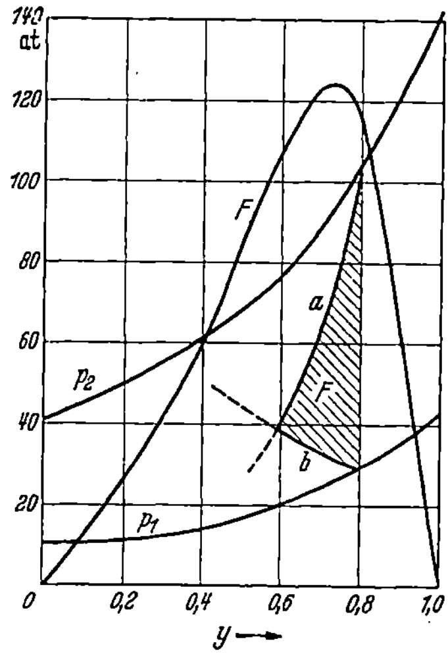

Abb. 11. Druck p_1 und Temperatur T_1 im Gemischrest, wenn der Bruchteil x entsprechend dem Volumenteil y verbrannt ist. Bei Selbstzündung des Gemischrestes steigt der Druck darin auf p_2.

Abb. 12. Entstehung eines Druckstoßes bei plötzlicher Verbrennung eines Gemischrestes. p_1, p_2 y wie bei Abb. 11, a und b Adiabaten. Die durch die schraffierte Fläche gegebene Arbeit F steht für die Erzeugung einer Druckwelle zur Verfügung.

Klopfschwingungen steht also am meisten Energie zur Verfügung, wenn der Klopfstoß einsetzt, nachdem ${}^2/_3$ des Gemisches verbrannt sind. Durch die Beobachtung wird dieses theoretische Ergebnis bestätigt. Wenn der ganze Zylinderinhalt durch Selbstentzündung verbrennt, entstehen keine Gasschwingungen. Die Erzeugung eines nach außen höhrbaren Geräusches ist in diesem Falle trotzdem möglich, da die plötzliche Drucksteigerung wie ein Schlag auf die Zylinderwandungen wirkt.

Der Mechanismus der Klopfschwingungen ist sehr kompliziert. Die Druckamplitude der Gasschwingungen ist von der Größenordnung des Druckes im Zylinder. Die einfachen akustischen Gesetze gelten unter dieser Voraussetzung nicht. Schon bei Druckamplituden von 10% des statischen Druckes durchläuft eine ursprünglich sinusförmige Welle nur etwa drei

Schwingungen, bis sie eine vollkommen steile Front besitzt. Dies erklärt sich durch die Erhöhung der Schallgeschwindigkeit in den verdichteten und dadurch erwärmten Gebieten. Durch die Selbstentzündung des Gemischrestes wird offenbar eine derartige Welle mit steiler Front erzeugt, welche den Zylinder mehrfach reflektiert durchläuft. Für das Entstehen einer steilen Front ist nicht einmal eine vollkommen plötzliche Verbrennung Voraussetzung. Es genügt, wenn die Brenngeschwindigkeit der Schallgeschwindigkeit nahe kommt. Infolge der Zunahme der Schallgeschwindigkeit mit der Temperatur wird die im weiteren Verlauf der Verbrennung entstehende Druckwelle die früheren einholen und so eine steile Front aufbauen.

Wenn die Anregung der Klopfschwingungen allein durch den Druckstoß bei der Verbrennung eines Gemischrestes erfolgen würde, dann müßten Klopfschwingungen plötzlich einsetzen und infolge der starken Dämpfung steiler Wellenfronten rasch abklingen. In Wirklichkeit setzen sie jedoch allmählich ein und klingen sie langsamer ab, als man eigentlich erwarten würde. Es muß deshalb noch irgendeine Kopplung zwischen Klopfschwingung und Verbrennung bestehen, welche eine Anfachung ergibt. Man kann vermuten (E. SCHMIDT 3), daß die Verbrennung nach einmaligem Durchlaufen einer Flammenfront noch nicht vollständig ist. In dem noch nicht völlig ausgebrannten Gemisch wird in einer Druckwelle durch die erhöhte Temperatur und den erhöhten Druck der Umsatz verstärkt, wodurch sich der Druck der Welle weiter erhöht. Auf diese Weise kann eine Anfachung zustande kommen.

Die erhöhte Wärmeabgabe an die Zylinderwände bei klopfender Verbrennung beruht in der Hauptsache auf einer Verdichtung der Grenzschicht durch die Druckstöße. Durch einen ankommenden Druckstoß wird das Gas bis an die Wand verdichtet, wobei zunächst eine unmittelbare Temperatursteigerung eintritt. Außerdem wird die Dicke der Grenzschicht vermindert, so daß die heißen Gase näher an die Wand kommen. Auf Grund dieser Überlegungen läßt sich die Erhöhung der Wärmeübertragung durch klopfende Verbrennung überschlägig berechnen. Das Ergebnis stimmt mit den Meßergebnissen grundsätzlich überein (E. SCHMIDT 3).

Die Klopffestigkeit wird bei Kraftstoffen für Otto-Motoren durch die Oktanzahl bestimmt. Der Kraftstoff wird in seiner Klopffestigkeit mit einem Gemisch aus iso-Oktan und n-Heptan verglichen. Der erste Stoff ist verhältnismäßig klopffest, der zweite klopffreudig. Die Feststellung, daß ein Kraftstoff eine Oktanzahl 80 hat, bedeutet, daß er die gleiche Klopffestigkeit aufweist, wie ein Gemisch aus 80 Raumteilen Oktan und 20 Raumteilen Heptan. Zur Prüfung und zum Vergleich sind besondere Motoren und Verfahren entwickelt worden, die zum Teil etwas voneinander abweichende Werte ergeben. Mit dem Ohr oder durch geeignete Meßverfahren wird dabei festgestellt, wann bei Steigerung des Verdichtungsverhältnisses der Motor zu klopfen beginnt oder wann er eine bestimmte Klopfstärke erreicht.

Die Klopffestigkeit verschiedener Kohlenwasserstoffe zeigt in Abhängigkeit von der Siedetemperatur Abb. 13 (PIER 1). Bei mittleren Siedetemperaturen von etwa 40 bis 150° C, wie sie als Bestandteile von Kraftstoffen für Otto-Motoren hauptsächlich in Frage kommen, haben die normalen Paraffine (n-Paraffine) die größte Klopfneigung. Die gasförmigen n-Paraffine, Propan und Butan, mit Oktanzahlen von 125 bzw. 91 sind dagegen für den Betrieb in Otto-Motoren sehr gut geeignet. Die iso-Paraffine zeigen ein ganz anderes Verhalten. Ihre Oktanzahl liegt ziemlich unabhängig von der Anzahl der Kohlenstoffatome in der Größenordnung von etwa 100. Allgemein ist festzustellen, daß die

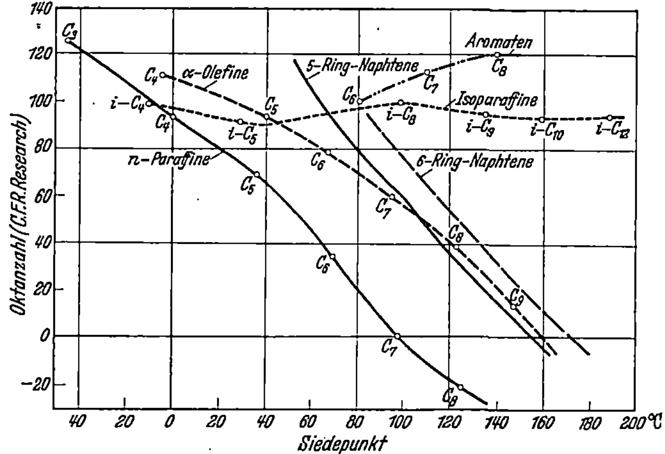

Abb. 13. Oktanzahl und Siedepunkt verschiedener Kohlenwasserstoffe nach PIER (1).

Oktanzahl von Paraffinen um so höher liegt, je enger die einzelnen Kohlenstoffatome im Molekül zusammenliegen und je größer die Symmetrie des Moleküles ist.

Die Klopffestigkeit der Olefine liegt wesentlich höher, als die entsprechender n-Paraffine, nimmt jedoch mit wachsender Siedetemperatur ebenfalls ab. Das gleiche gilt für die Naphtene. Verzweigte Ketten geben auch hier wie bei den Paraffinen höhere Oktanzahlen als gerade. Am günstigsten verhalten sich die Aromaten. Besonders klopffest sind auch Alkohole, welche als Beimischung zu den Kraftstoffen verwendet werden.

Bei Mischung verschiedener Kraftstoffe gilt für die Oktanzahl des Gemisches im allgemeinen nicht die einfache Mischungsregel. Olefine, Alkohole und Äther ergeben bei ihrer Beimischung zu Kraftstoffen höhere Oktanzahlen als der Mischregel entspricht, die niedrigsiedenden Aromaten bei geringer Beimischung kleinere. Gegenklopfmittel, welche die Bildung aktiver Teilchen hemmen und dadurch den Zündverzug vergrößern, wirken schon in ganz geringer Beimengung. Am meisten wird Bleitetraäthyl verwendet, und zwar in einer Beimischung von weniger als 1 Promille. Dem Bleitetraäthyl wird in einer Menge von etwa 35 % Äthylenbromid zugesetzt, welches das bei der Verbrennung entstehende feste Bleioxyd in gasförmiges Bleibromid verwandelt. Die Wirkung eines Zusatzes von Bleitetraäthyl ist bei den verschiedenen Kohlenwasserstoffen verschieden. Am größten ist sie bei Paraffinen, Naphtenen sowie Aromaten mit längeren gesättigten Seitenketten. Olefine und Aromaten mit kurzen Seitenketten werden kaum beeinflußt.

Abb. 14 zeigt die Erhöhung der Klopffestigkeit zweier Benzinsorten durch Zusatz von Bleitetraäthyl. Reinbenzine haben im allgemeinen eine Oktanzahl von 55 bis 68, Handelsbenzine von 72 bis 75 und Handelsgemische von 78 bis 82.

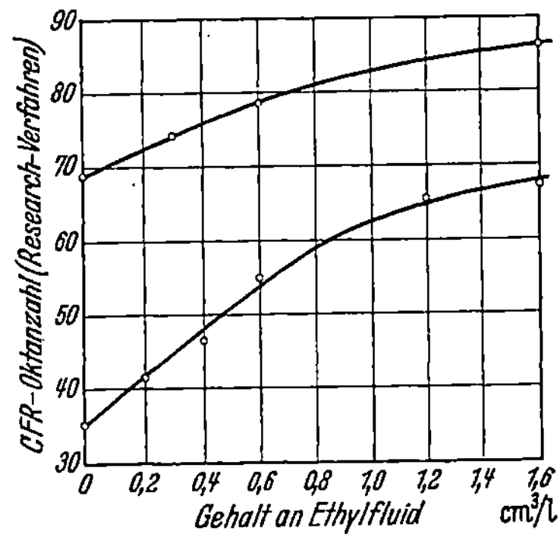

Abb. 14. Steigerung der Klopffestigkeit zweier Benzinsorten durch Zusatz von Ethylfluid nach GIESSMANN (1). Ethylfluid besteht aus einer Mischung von 65% Bleitetraäthyl mit 35% Äthylenbromid.

Beim Dieselmotor entsteht Klopfen durch zu großen Zündverzug. Der Kraftstoff wird in dem Zylinder am Ende des Verdichtungshubes eingesetzt. Setzt die Verbrennung sofort bei Beginn der Einspritzung ein, so ergibt sich eine gleichmäßig verlaufende weiche Verbrennung. Setzt dagegen die Verbrennung erst eine gewisse Zeit nach der Einspritzung ein, dann verpufft plötzlich ein Teil des bis dahin eingespritzten Kraftstoffes. Es tritt Klopfen ein.

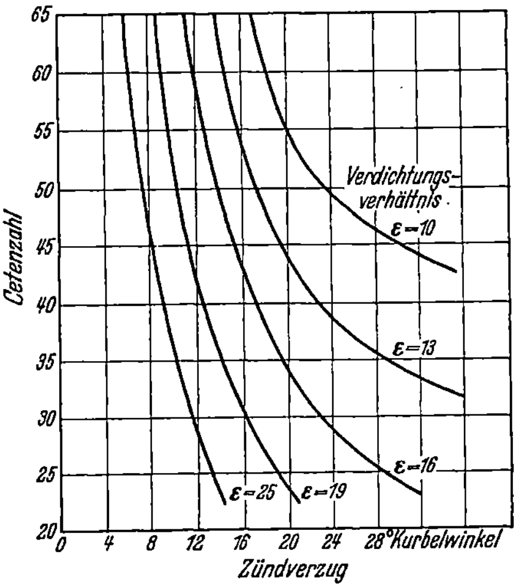

Die Verhältnisse liegen also beim Dieselmotor gerade umgekehrt wie beim Otto-Motor. Großer Zündverzug vergrößert beim Dieselmotor die Klopfneigung. Kraftstoffe, die im Otto-Motor zum Klopfen neigen, sind im Dieselmotor klopffest und umgekehrt. Das gleiche gilt für das Verdichtungsverhältnis. Otto-Motoren mit hohem Verdichtungsverhältnis neigen zum Klopfen, Dieselmotoren mit hohem Verdichtungsverhältnis dagegen nicht.

Abb. 15. Zusammenhang zwischen Cetenzahl, Zündverzug und Verdichtungsverhältnis nach WILKE (1).

Zur Bestimmung der Klopffestigkeit von Dieselkraftstoffen benutzt man ein ähnliches Vergleichsverfahren wie bei Otto-Motoren. Als zündfreudiger und damit klopffester Vergleichskraftstoff wird Ceten ($C_{16}H_{32}$) oder neuerdings das beständigere Cetan ($C_{16}H_{34}$) verwendet, als starkklopfender Bestandteil Alphamethylnaphthalin. Dementsprechend wird hier eine Cetenzahl oder Cetanzahl eingeführt. Gemessen wird der Zündverzug bei bestimmtem Verdichtungsverhältnis. Den Zusammenhang zwischen Cetenzahl, Zündverzug und Verdichtungsverhältnis für einen Prüfmotor zeigt Abb. 15.

Die Cetenzahl eines Kraftstoffes liegt um so höher je niedriger die Oktanzahl ist. Einer Oktanzahl 100 entspricht etwa eine Cetenzahl 20 und einer Oktanzahl 0 eine Cetenzahl 55.

c) Vergaser.

Bezeichnungen:

p Druck,

w Strömungsgeschwindigkeit,

ϱ Dichte,

Zeiger 1 und 2 für Luft gemäß Abb. 16,

Zeiger 0 für Kraftstoff.

Anforderungen an den Vergaser. Der Vergaser spritzt in die vom Motor angesaugte Luft Kraftstoff ein, welcher unter dem Einfluß der Luftbewegung in feine Tröpfchen aufgelöst wird. Die Tröpfchen verdampfen auf dem Wege in die Zylinder und während des Verdichtungshubes. Bei betriebswarmem Motor ist der Kraftstoff zu Beginn des Verdichtungshubes vollständig verdampft. Für das richtige Arbeiten des Motors ist die Zusammensetzung des Kraftstoff-Luftgemisches maßgebend. Bei normalem Betrieb ist ein Gemisch mit etwas Kraftstoffüberschuß erwünscht. Ein Gemisch ohne Kraftstoffüberschuß oder mit Luftüberschuß zündet schwer und neigt zum Klopfen. Bei Leerlauf des Motors soll der Vergaser ein etwas reicheres Gemisch liefern, ebenso beim Anlassen wegen des Niederschlagens von Kraftstoff an den kalten Rohr- und Zylinderwandungen.

Einfache Düse. Die Grundform aller Vergaser entspricht der Anordnung der Abb. 16. In dem Schwimmergehäuse a wird der Kraftstoffspiegel durch das mit dem Schwimmer b verbundene Ventil c auf gleicher Höhe gehalten. Die durch das Rohr d vom Motor angesaugte Luft erzeugt an der verengten Stelle e, an der die Kraftstoffdüse mündet, einen Unterdruck, durch welchen Kraftstoff aus der Düse gesaugt wird. Der Zustrom von Gemisch zum Motor wird durch die Drosselklappe f geregelt. Wenn man den Zustand der Luft vor der Verengung des Ansaugrohres mit dem Zeiger 1 kennzeichnet, und den Zustand an der engsten Stelle, an der die Kraftstoffdüse mündet, mit dem Zeiger 2, dann gilt in erster Näherung für den Zusammenhang von Druck p, Geschwindigkeit w und Dichte ϱ

$$p_1 + \frac{\varrho_1 w_1{}^2}{2} = p_2 + \frac{\varrho_2 w_2{}^2}{2}. \tag{1}$$

Ferner gilt die Kontinuitätsgleichung

$$q_1 \varrho_1 w_1 = q_2 \varrho_2 w_2. \tag{2}$$

Aus Gleichung (1) und (2) erhält man

$$p_1 - p_2 = \frac{1}{2} \varrho_1 w_1{}^2 \left[\left(\frac{q_1}{q_2} \right)^2 \frac{\varrho_1}{\varrho_2} - 1 \right]. \tag{3}$$

Wir wollen annehmen, daß der Querschnitt an der Stelle 1 so groß ist, daß der Druck dort mit genügender Näherung dem Außendruck entspricht. Dann stellt $p_1 - p_2$ den Unterdruck in der Umgebung der Düse dar, unter dessen Einfluß der Kraftstoff ausgespritzt wird. Der für das Ausspritzen des Kraftstoffes maßgebende Druck ist noch vermindert um eine gewisse Größe p_0, welche durch den Unterschied der Höhenlage der Düsenöffnung und des Flüssigkeitsspiegels im Schwimmergehäuse gegeben ist. Für die Ausströmgeschwindigkeit w_0 des Kraftstoffes gilt dann

$$w_0{}^2 = \frac{2\,(p_1 - p_2 - p_0)}{\varrho_0}. \tag{4}$$

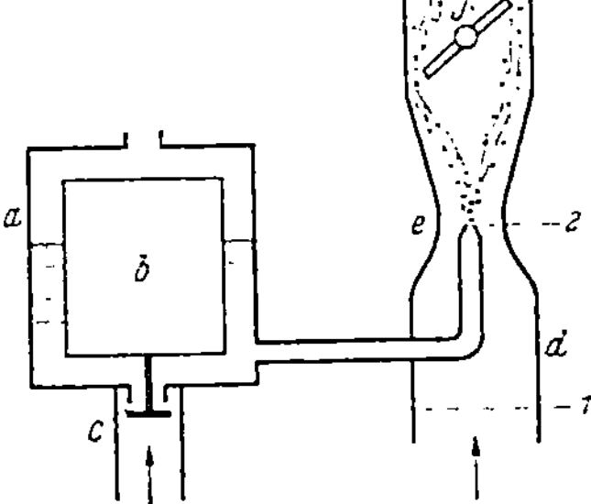

Abb. 16. Einfachste Form eines Vergasers. Die Forderung nach einer von der Ansaugmenge unabhängigen Gemischzusammensetzung wird nicht erfüllt.

Ein Gemisch von stets gleicher Zusammensetzung wird erzielt, wenn die Strömungsgeschwindigkeit w_1 der angesaugten Luft und die Austrittsgeschwindigkeit w_0 des Kraftstoffes aus der Düse in einem unveränderlichen Verhältnis zueinander stehen. Das Verhältnis von w_0 zu w_1 ist dem Mischungsverhältnis Kraftstoff zu Luft proportional.

Durch Division von Gleichung (4) durch Gleichung (3) erhält man für dieses Verhältnis

$$\left(\frac{w_0}{w_1} \right)^2 = \frac{p_1 - p_2 - p_0}{p_1 - p_2} \cdot \frac{\varrho_1}{\varrho_0} \left[\left(\frac{q_1}{q_2} \right)^2 \frac{\varrho_1}{\varrho_2} - 1 \right]. \tag{5}$$

In diesem Ausdruck sind unveränderlich das Verhältnis ϱ_1/ϱ_0 der Dichte der Luft an der Stelle 1 zu der des Kraftstoffes und das Querschnittsverhältnis q_1/q_2. Die Größe p_0 bewirkt dagegen eine Abhängigkeit des Mischungsverhältnisses von $p_1 - p_2$ und damit von der angesaugten Gasmenge. Die Verminderung von w_0/w_1 ist um so größer, je kleiner $p_1 - p_2$ ist. Durch den Höhenunterschied zwischen Düsenmündung und Flüssigkeitsspiegel im Schwimmergehäuse wird also bei kleiner Ansaugmenge ein kraftstoffärmeres Gemisch erzielt als bei großer. Unter einer gewissen Grenze, wenn $p_1 - p_2$ kleiner als p_0 wird, wird überhaupt kein Kraftstoff mehr angesaugt. Man ist deshalb bestrebt, die Düsenmündung möglichst genau auf die Höhe des Flüssigkeitsspiegels im Schwimmergehäuse zu legen. Setzt man dementsprechend $p_0 = 0$, dann erhält man aus Gleichung (5)

$$\left(\frac{w_0}{w_1} \right)^2 = \frac{\varrho_1}{\varrho_0} \left[\left(\frac{q_1}{q_2} \right)^2 \frac{\varrho_1}{\varrho_2} - 1 \right]. \tag{6}$$

In dieser Gleichung ist nur noch ϱ_2, die Dichte der Luft im engsten Querschnitt, veränderlich. Dort herrschen bei den üblichen Vergasern und voller Motorleistung Luftgeschwindigkeiten in der Größenordnung von 100 m/s. Bei derartigen Strömungsgeschwindigkeiten ist die Luftdichte im engsten Querschnitt gegenüber dem Normalzustand schon merklich vermindert. Eine Herabsetzung der Luftgeschwindigkeit bei voller Motorleistung ist nicht ohne weiteres möglich, damit bei geringerer Motorleistung noch eine ausreichende Zerstäubung des Kraftstoffes erzielt wird. Bei Abnahme von ϱ_2 wird w_0/w_1 vergrößert, das Gemisch also kraftstoffreicher.

Abb. 17. Abhängigkeit der Gemischzusammensetzung von der Ansaugmenge, wie sie die Anordnung der Abb. 16 ergibt.

Sowohl eine Höhendifferenz zwischen Düsenmündung und Kraftstoffspiegel als auch die Veränderlichkeit der Luftdichte, bewirken also eine Kraftstoffanreicherung des Gemisches mit zunehmender Ansaugmenge, also gerade das Gegenteil von dem, was erwünscht ist. In gleicher Richtung wirkt laminarer Reibungswiderstand in der Düse und der Zuleitung zu ihr. Dazu kommt, daß bei geringer Ansaugmenge keine Zerstäubung von Kraftstoff mehr eintritt. Eine Anordnung gemäß Abb. 16 gibt deshalb eine Abhängigkeit der Gemischzusammensetzung etwa derart, wie sie in Abb. 17 dargestellt ist.

Verbesserungen der einfachen Düse. Ein einfacher, der Abb. 16 entsprechender Vergaser, wäre für die praktische Verwendung noch nicht geeignet. An der einfachen Anordnung sind vielmehr Korrekturen anzubringen, welche die Abhängigkeit der Gemischzusammensetzung von der Ansaugmenge in der gewünschten Weise beeinflussen. Um zunächst bei ganz geringer Ansaugmenge im Leerlauf noch eine Zerstäubung von Kraftstoff zu erzielen, bringt man gemäß Abb. 18 eine weitere Düse an der Drosselklappe an, welche die Gemischzusammensetzung bei Leerlauf bestimmt. Sie korrigiert also in der Hauptsache den Verlauf der Kurve der Abb. 17 bei geringer Ansaugmenge.

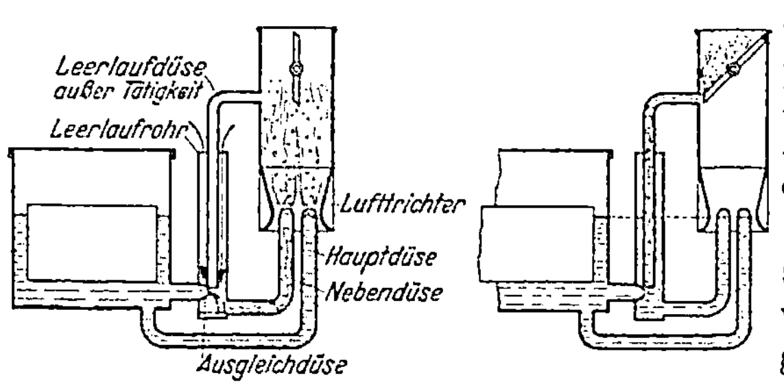

Abb. 18. Vergaser mit Leerlaufeinrichtung sowie Haupt- und Nebendüse.

Die Zunahme des Kraftstoffgehaltes der angesaugten Luft bei hohen Drehzahlen durch Verminderung der Luftdichte im engsten Querschnitt und durch laminaren Reibungswiderstand in der Düse ist durch zusätzliche Anordnung einer zweiten Düse, der Nebendüse, auszugleichen. Die Kraftstofförderung durch die Nebendüse ist bei kleinen Ansaugmengen ebenso wie bei der Hauptdüse durch den Unterdruck im engsten Querschnitt bestimmt. Bei größerer Ansaugmenge wird die Ausflußmenge aus der Nebendüse jedoch kleiner als dem Unterdruck entspricht. Dies wird durch Anordnung einer Drosselstelle, der Ausgleichdüse, in der Leitung zur Nebendüse erzielt. An die Verbindungsleitung zwischen Ausgleichdüse und Nebendüse ist ein nach oben offenes Rohr, das Leerlaufrohr, angeschlossen, in welchem sich im Ruhezustand der Kraftstoffspiegel entsprechend dem Spiegel im Schwimmergehäuse einstellt. Bei zunehmendem Kraftstoffaustritt aus der Nebendüse infolge vermehrter Gemischansaugung durch den Motor sinkt jedoch der Kraftstoffspiegel im Leerlaufrohr. Die Kraftstofförderung durch die Nebendüse bleibt dann mehr und mehr hinter dem durch den Unterdruck an der Düse bestimmten Wert zurück, bis schließlich durch die Nebendüse mehr abgesaugt wird als durch die Ausgleichdüse zufließen kann. Dann steigt bei weiterer Vergrößerung der vom Motor angesaugten Gemischmenge die Förderung durch die Nebendüse nicht mehr an, sondern es wird Luft mit angesaugt.

Durch Zusammenwirken der Haupt- und der Nebendüse kann demnach die Gemischanreicherung bei steigender Ansaugmenge ausgeglichen werden.

Die nötige Gemischanreicherung beim Anlassen wird entweder durch eine vor den Kraftstoffdüsen in der Ansaugleitung liegende Drosselklappe, die Starterklappe, erzielt, welche den Unterdruck an den Kraftstoffdüsen vergrößert, oder durch Anordnung einer weiteren Düse über der Leerlaufdüse, welche beim Anlassen geöffnet wird. Die Düse kann mit einer ähnlichen Einrichtung wie die Nebendüse versehen werden, so daß ihre Wirkung mit wachsender Motorleistung abnimmt. Dadurch wird die Gefahr einer Überschwemmung des Motors mit Kraftstoff bei zu langer Betätigung der Startvorrichtung vermindert.

d) Verfügbare Motorleistung.

Die Leistung, die ein ohne mechanische Reibungsverluste arbeitender Motor abgeben

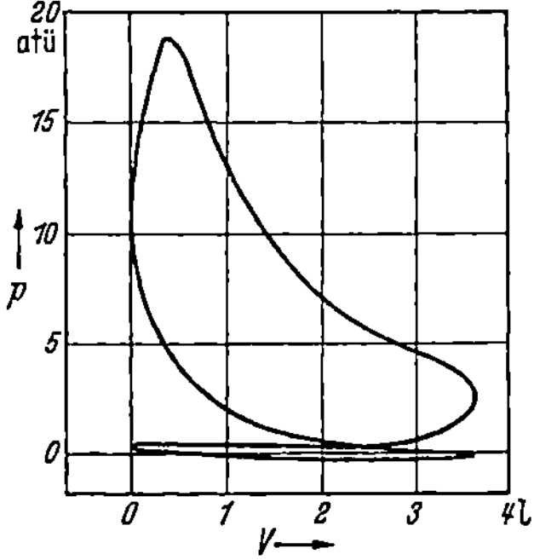

Abb. 19.
Umgerechnetes Indikatordiagramm.

würde, heißt indizierte Leistung. Diese Leistung läßt sich durch einen Indikator bestimmen, welcher den Druck im Zylinder in Abhängigkeit von der Zeit aufschreibt. Aus dieser Aufzeichnung läßt sich ein Schaubild gemäß Abb. 19 herstellen, welches den Druck in Abhängigkeit vom jeweiligen Zylindervolumen angibt. Die große obere Fläche entspricht der beim Arbeitshub gewonnenen, die kleine untere der beim Ansaugehub verbrauchten Arbeit, die Differenz beider Flächen der indizierten Arbeit. Unter Berücksichtigung von Zylinderzahl und Umdrehungszahl der Maschine erhält man daraus die indizierte Leistung.

Die an der Motorwelle abnehmbare Leistung N entspricht der indizierten Leistung vermindert um die Reibungsverluste und die Leistung für Steuerung, Ventilator usw. Bei unveränderter Füllung würde die indizierte Leistung angenähert proportional der Umdrehungszahl des Motors steigen und damit die Gerade a der Abb. 20 ergeben. Infolge der schlechteren Füllung bei höheren Drehzahlen ergibt sich jedoch bei offener Drossel ein Verlauf gemäß Kurve b. Die Reibungsverluste wachsen mit der Drehzahl etwa nach Kurve c, so daß die verfügbare Motorleistung durch Kurve d dargestellt wird. Die Leistung erreicht also bei einer bestimmten Umdrehungszahl ihren Höchstwert, die Scheitelleistung, und sinkt dann wieder gegen Null ab.

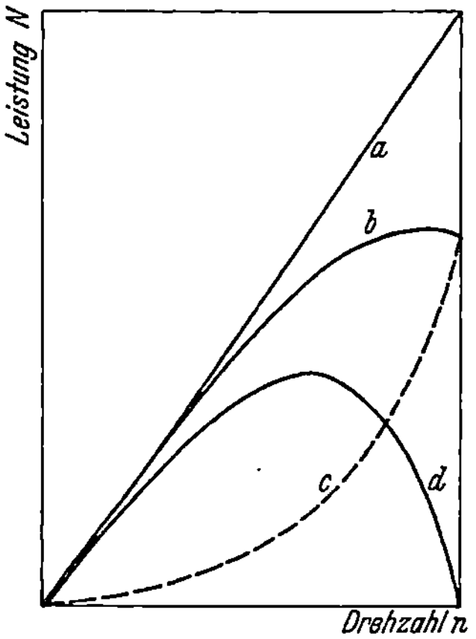

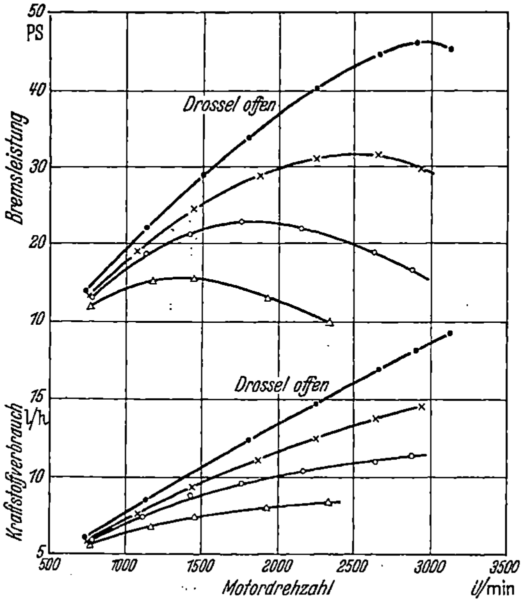

Abb. 20. Entstehung der Vollleistungslinie eines Verbrennungsmotors. a indizierte Leistung bei unveränderter Füllung, b indizierte Leistung unter Berücksichtigung der schlechteren Füllung bei höheren Drehzahlen, c Reibungsverluste, d verfügbare Motorleistung.

Für verschiedene Stellungen der Drosselklappe d. h. verschiedene Drosselung des vom Motor angesaugten Gemisches, ergeben sich jeweils Leistungskurven von einem der Kurve d entsprechenden Verlauf, die für einen Motor von 2,6 l Hubraum in Abb. 21 dargestellt sind. Der Kraftstoffverbrauch ist für denselben Motor und für die gleichen Stellungen der Drosselklappe in das untere Schaubild der Abbildung eingetragen. Den stündlichen Kraftstoffverbrauch je PS in Abhängigkeit von der vom Motor abgegebenen Leistung, der sog. Bremsleistung, zeigt Abb. 22. Man kann, wie die Abbildung zeigt, eine bestimmte Leistung durch verschiedene Stellungen der Drosselklappe bei ver-

Abb. 21. Bremsleistung und Kraftstoffverbrauch eines 2,6-l-Motors für verschiedene Stellungen der Drosselklappe nach KAMM und BERNDORFER (1).

schiedenen Drehzahlen erreichen. Der geringste Brennstoffverbrauch wird jeweils bei offener Drossel und der niedrigstmöglichen Drehzahl erreicht. Praktisch darf die Drehzahl allerdings eine gewisse Grenze nicht unterschreiten, da der Motor sonst ungleichmäßig arbeitet und schließlich abgewürgt wird.

Bei Verwendung der üblichen nicht stufenlosen Getriebe ist es erforderlich, die Übersetzung so zu wählen, daß bei normaler Fahrt im direkten Gang nicht mit ganz geöffneter Drosselklappe gefahren wird, damit für Beschleunigung des Wagens und zur Überwindung von Steigungen eine Leistungssteigerung möglich ist. Für den Wagen, für den die Abb. 21 und 22 gelten, ist die für Beibehaltung einer unveränderlichen Geschwindigkeit in der Ebene erforderliche Leistung durch Abb. 23 gegeben. Durch Übertragen der Werte der Leistungskurve der Abb. 21 in Abb. 23 erhält man Kurve *a*. Bei jeder unter der Spitzengeschwindigkeit liegenden Geschwindigkeit fährt der Wagen also auf ebener Fahrbahn infolge der Drosselung des Motors mit größerem Kraftstoffverbrauch als dies unter Verwendung eines stufenlosen selbsttätigen Getriebes bei offener Drosselklappe möglich wäre.

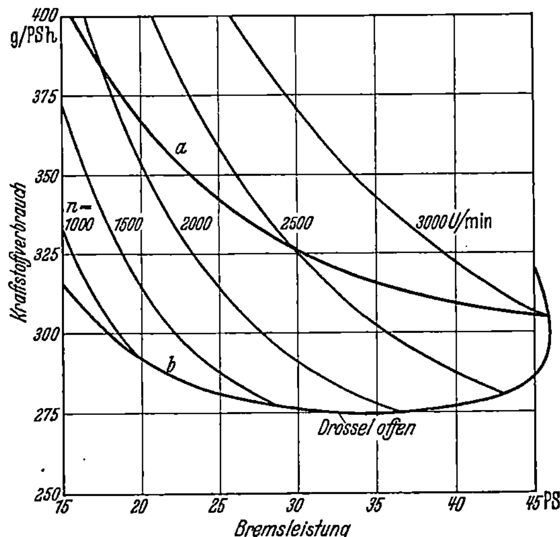

Abb. 22. Spezifischer Kraftstoffverbrauch in Abhängigkeit von der Leistung für verschiedene Drehzahlen. *a* Getriebeübersetzung 1 : 1, *b* stufenloses Getriebe.

e) Ähnlichkeitsbetrachtungen.

Bezeichnungen:

N Leistung, p_m mittlerer Zylinderdruck, V Hubvolumen, n Drehzahl, G Gewicht, λ Verhältnis einer Längenabmessung zweier ähnlicher Motoren.

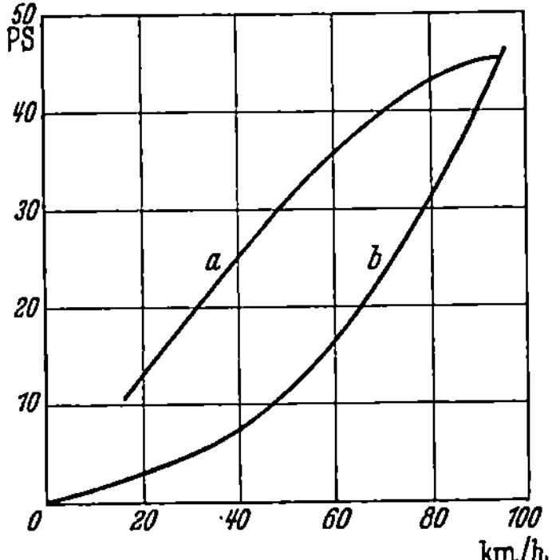

Abb. 23. Motorleistung und Leistungsbedarf eines 2,6-l-Sechszylinderwagens. *a* Motorleistung bei offener Drossel, *b* Leistungsbedarf.

Die Leistung eines Verbrennungsmotors ist, wie eben ausgeführt, gleich der indizierten Leistung, vermindert um die Verluste. Die indizierte Leistung N kann man darstellen in der Form

$$N = k \cdot p_m \cdot V \cdot n \tag{1}$$

Dabei ist k eine Konstante, p_m der mittlere Druck, d. h. der Druck, der gleichmäßig während des Arbeitshubes wirkend die gleiche Leistung ergäbe wie der normale Prozeß, V das Hubvolumen und n die Umdrehungszahl. Das Hubvolumen stellt das Produkt aus Kolbenfläche, Kolbenhub und Zylinderzahl dar. Die Konstante k ist unter sonst gleichen Umständen für Zweitaktmotoren doppelt so groß wie für Viertaktmotoren.

Zur Erzielung eines Motors von einer bestimmten indizierten Leistung sind also die drei Bestimmungsgrößen p_m, V und n entsprechend zu wählen. Der mittlere Druck p_m wächst mit der Füllung, kann also durch große Ventilquerschnitte und günstige Gestaltung der Ansaugleitung, unter Umständen auch durch Vorschaltung eines Ladegebläses (Kompressor) hochgehalten werden. Er wächst ferner auch mit der Verdichtung, die jedoch — wie schon erwähnt — bei Otto-Motoren nicht beliebig gesteigert werden kann. Die Drehzahl n ist durch Anwachsen der Massenkräfte beschränkt. Frei wählbar ist deshalb nur das gesamte Hubvolumen V.

Einzylindermaschine. Wir betrachten zwei Einzylindermaschinen verschiedener Größe, die jedoch in allen Abmessungen einander derart ähnlich sein sollen, daß bei der größeren Maschine gegenüber der kleineren alle Längenmaße im Verhältnis λ vergrößert sind. Der mittlere Druck p_m sowie die Flächenpressung in den Lagern soll bei beiden Maschinen dieselbe sein.

Die auf den Kolben wirkenden Gaskräfte werden dann im Verhältnis λ^2 vergrößert, ebenso die Lagerflächen, so daß die Gaskräfte bei gleichem p_m dieselbe Flächenpressung in den Lagern ergeben. Rascher wachsen die Massenkräfte, welche bei höheren Drehzahlen, wie sie heute allgemein angewendet werden, von der gleichen Größenordnung wie die Gaskräfte sind oder diese sogar überwiegen. Die Massenkräfte sind proportional der bewegten Masse m, dem Kurbelradius r und dem Quadrat der Umdrehungszahl n. Unter Verwendung des Zeigers 1 für die größere und des Zeigers 0 für die kleinere Maschine verhalten sich die Massenkräfte wie

$$\frac{m_1}{m_0} \cdot \frac{r_1}{r_0} \cdot \frac{n_1^2}{n_0^2} = \lambda^3 \cdot \lambda \cdot \frac{n_1^2}{n_0^2} \, . \tag{2}$$

Sie sind also bei gleicher Drehzahl proportional λ^4. Wenn die Bedingung gleicher Flächenpressung in den Lagern erfüllt sein soll, dürfen die Kräfte nur proportional der Lagerfläche, also proportional λ^2 anwachsen. Die Drehzahl muß deshalb bei der größeren Maschine auf den Wert $n_1 = n_0/\lambda$ herabgesetzt werden, damit die Forderung nach gleicher Flächenpressung in den Lagern erfüllt bleibt. Dadurch wird die Kolbengeschwindigkeit bei beiden Maschinen dieselbe, weshalb man diese meistens als maßgebende Größe betrachtet. Die größte Kolbengeschwindigkeit beträgt bei Kraftwagenmotoren im allgemeinen 6 bis 8 m/s.

Diese Überlegungen zeigen, daß die mit einer bestimmten Einzylindermaschine erzielbare Leistung nicht proportional dem Hubvolumen und damit λ^3 ansteigt, sondern nur proportional λ^2. Die Hubraumleistung ist also keine Konstante, sondern abhängig von der Zylindergröße und proportional $1/\lambda$. Eine Maschine mit den doppelten Längenabmessungen hat nicht die achtfache Leistung, sondern nur die vierfache, wobei die Hubraumleistung auf die Hälfte sinkt. Abb. 24 zeigt, daß bei ausgeführten Motoren dieses Gesetz ziemlich genau erfüllt ist.

Bei Fahrzeugmotoren ist das Leistungsgewicht, d. h. das Verhältnis von Gewicht G zur Leistung N von besonderer Bedeutung. Für zwei ähnliche Einzylindermaschinen, deren Kenngrößen mit den Zeigern 0 bzw. 1 gekennzeichnet seien, steht das Leistungsgewicht in dem Verhältnis

$$\frac{G_1}{N_1} \cdot \frac{N_0}{G_0} = \frac{\lambda^3}{\lambda^2} = \lambda . \qquad (3)$$

Das Leistungsgewicht G/N wächst demnach proportional den linearen Abmessungen einer Einzylindermaschine.

Kleine Zylinder erfordern also je PS einen kleineren Gewichtsaufwand als ähnliche große Zylinder, weshalb sich bei einer Mehrzylindermaschine mit dementsprechend kleineren Abmessungen der einzelnen Zylinder ein günstigeres Leistungsgewicht erzielen läßt als bei einer Einzylindermaschine gleicher Leistung.

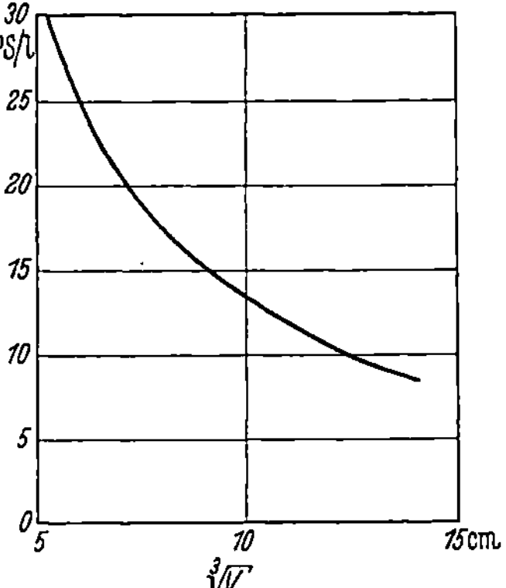

Abb. 24. Durchschnittliche Hubraumleistung ausgeführter Motoren in Abhängigkeit von der linearen Zylinderabmessung, V Hubvolumen.

Mehrzylindermaschine. Die Leistung einer Einzylindermaschine sei N_0, das Hubvolumen V_0. Die entsprechenden Größen einer Maschine mit m Zylindern seien N_1 und V_1. Ein einzelner Zylinder der Mehrzylindermaschine hat dann die Leistung N_1/m und das Hubvolumen V_1/m. Nach den oben entwickelten Beziehungen stehen die Leistung der Einzylindermaschine und eines Zylinders der Mehrzylindermaschine in dem Verhältnis

$$\frac{N_0\,m}{N_1} = \lambda^2 , \qquad (4)$$

wobei λ, wie bisher das Verhältnis der linearen Abmessungen der beiden ähnlich gedachten Zylinder bedeutet. Ganz entsprechend gilt

$$\frac{V_0\,m}{V_1} = \lambda^3 . \qquad (5)$$

Vergleicht man nun eine Einzylinder- und eine Mehrzylindermaschine mit gleicher Leistung, so erhält man aus Gleichung (4) $\lambda^2 = m$ und mit Gleichung (5)

$$V_1 = \frac{V_0}{\sqrt{m}} . \qquad (6)$$

Der für gleiche Leistung erforderliche Hubraum sinkt also umgekehrt proportional der Wurzel aus der Zylinderzahl.

Für gleichen Hubraum $V_0 = V_1$ ergibt sich in entsprechender Weise

$$N_1 = N_0 \sqrt[3]{m}.$$

Bei gleichem gesamten Hubraum steigt die Maschinenleistung proportional der dritten Wurzel aus der Zylinderzahl.

Reibungsverluste. Bisher haben wir Leistungsverluste durch Reibung nicht berücksichtigt. Die größten Leistungsverluste treten durch Kolbenreibung auf. In erster Näherung kann man die Reibungsleistung eines Kolbens proportional der Kolbengeschwindigkeit und dem Kolbenumfang setzen. Für zwei ähnliche Maschinen steht dann die Reibungsleistung N_R in dem Verhältnis

$$\frac{N_{R1}}{N_{R0}} = \lambda.$$

Die indizierte Leistung steht nach den weiter oben angestellten Überlegungen im Verhältnis λ^2. Das Verhältnis von indizierter und Reibungsleistung ist demnach gleich λ, wächst also proportional den linearen Abmessungen eines Zylinders. Entsprechend ist der durch Kolbenreibung verlorengehende Bruchteil der Motorleistung umgekehrt proportional den linearen Abmessungen der Zylinder.

Eine Verkleinerung der Zylinder unter eine gewisse Grenze gibt deshalb verhältnismäßig große Reibungsverluste. Außerdem steigt, ebenfalls bei Unterschreitung einer gewissen Grenze, das zur Erzielung einer bestimmten Leistung erforderliche Gewicht wieder an, da aus konstruktiven Gründen eine ähnliche Verkleinerung der Wandstärken nicht möglich ist. Praktisch geben deshalb Zylinderabmessungen, die innerhalb gewisser, von vornherein allerdings nicht scharf zu bestimmender Grenzen liegen, die günstigsten Verhältnisse.

2. Kühlung des Motors.

a) Grundzüge der Wärmeübertragung.

Bezeichnungen:

Q Wärmemenge,	F Fläche,
δ Wandstärke,	λ Wärmeleitzahl,
t Temperatur,	α Wärmeübergangszahl.
z Zeit,	

Die Kühlvorrichtung führt die nicht in mechanische Arbeit umgesetzte Energie in Form von Wärme an Luft ab. Sie hat ferner die Aufgabe, die Temperatur der Innenfläche der Zylinder zwischen bestimmten Grenzen zu halten. Zu niedrige Temperaturen führen zu einer Kondensation von Brennstoff an den Zylinderwandungen und zu einem Absinken des Wirkungsgrades, zu hohe setzen die Schmierfähigkeit des Öles herab und geben Anlaß zur Bildung von Ölkohle.

Die Übertragung der Wärme aus dem Inneren des Zylinders zum Kühlstoff erfolgt in drei Stufen. Die Wärme wird zunächst von den heißen Gasen an die Innenfläche des Zylinders übertragen. Sie fließt dann durch die Wandung hindurch und geht schließlich von der äußeren Fläche des Zylinders an Luft oder Wasser über. Es findet also neben der Wärmeleitung in der Zylinderwandung eine zweimalige Wärmeübertragung statt.

Die durch Wärmeleitung durch eine ebene Platte von der Dicke δ und der Fläche F in der Zeiteinheit übertragene Wärmemenge läßt sich darstellen in der Form

$$Q = \frac{\lambda}{\delta} F \, (t_2 - t_3). \tag{1}$$

Dabei bedeutet λ die Wärmeleitzahl und $t_2 - t_3$ gemäß Abb. 25 den Temperaturunterschied zwischen den beiden Oberflächen der Platte.

Für gekrümmte Flächen ist anzusetzen

$$dQ = -\lambda \, dF \frac{dt}{dn}, \tag{2}$$

wobei dn ein Längenelement senkrecht zu dem Flächenelement dF bedeutet.

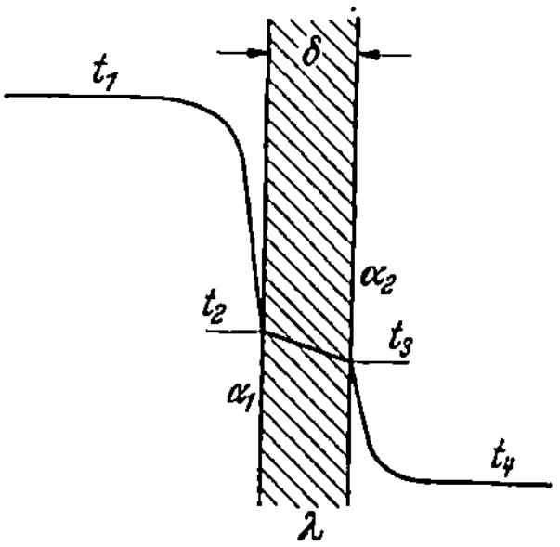

Für zeitlich veränderliche Vorgänge gilt in erster Näherung

$$\frac{\partial t}{\partial z} = a \left(\frac{\partial^2 t}{\partial x^2} + \frac{\partial^2 t}{\partial y^2} + \frac{\partial^2 t}{\partial z^2} \right), \tag{3}$$

wobei z die Zeit und x, y, z die gradlinigen, rechtwinkligen Koordinaten des betrachteten

Abb. 25. Temperaturverlauf beim Wärmedurchgang durch eine Wand.

Punktes bedeuten. Die Konstante a heißt Temperaturleitzahl. Sie ist bestimmt durch die spezifische Wärme c, das spezifische Gewicht γ und die Wärmeleitzahl λ.

$$a = \frac{\lambda}{c \, \gamma}.$$

Eine strenge Verfolgung der Wärmeleitung in der Zylinderwandung nach Gleichung (3) ist in Anbetracht der komplizierten Form des Zylinders nicht möglich. Wir beschränken uns deshalb auf eine angenäherte Behandlung, wobei wir an Stelle der schwankenden Temperatur im Zylinder eine Mitteltemperatur annehmen und außerdem die Zylinderwand als eben betrachten. Für die Wärmeleitung im Zylinder verwenden wir deshalb die Gleichung (1).

Für Wärmeübergang gilt

$$Q = \alpha \, F \, (t_1 - t_2),$$

wobei α die Wärmeübergangszahl und t_1 die mittlere Temperatur der Gase im Zylinder ist. Für die von innen nach außen fließende Wärmemenge gelten also mit den Bezeichnungen der Abb. 25 die drei Beziehungen

$$Q = \alpha_1 F (t_1 - t_2) = \frac{\lambda}{\delta} F (t_2 - t_3) = \alpha_2 F (t_3 - t_4). \tag{4}$$

Für t_2 ist dabei die Temperatur der inneren Zylinderfläche zu setzen, für t_3 die Temperatur der äußeren Zylinderfläche und für t_4 die Temperatur des Kühlwassers bzw. der Kühlluft. Die Wärmeübergangszahlen innen und außen am Zylinder sind α_1 und α_2.

Aus Gleichung (4) folgt

$$t_1 - t_2 = \frac{Q}{\alpha_1 F}; \qquad t_2 - t_3 = \frac{Q \delta}{\lambda F}; \qquad t_3 - t_4 = \frac{Q}{\alpha_2 F},$$

deshalb wird

$$t_1 - t_4 = \frac{Q}{F}\left(\frac{1}{\alpha_1} + \frac{\delta}{\lambda} + \frac{1}{\alpha_2}\right) \tag{5}$$

oder

$$Q = F \cdot k (t_1 - t_4) \tag{6}$$

mit

$$k = \frac{1}{\alpha_1} + \frac{\delta}{\lambda} + \frac{1}{\alpha_2}, \tag{7}$$

k wird als Wärmedurchgangszahl bezeichnet. Der Temperaturabfall in den einzelnen Stufen ist proportional den Wärmewiderständen

$$\frac{1}{\alpha_1 F}, \qquad \frac{\delta}{\lambda F} \qquad \text{und} \qquad \frac{1}{\alpha_2 F}.$$

Bei einem Motor ist die Wärmeübergangszahl im Innern des Zylinders sowie die Wandstärke des Zylinders als gegeben zu betrachten. Der Wärmewiderstand der Zylinderwandung ist dabei klein gegenüber den beiden Übergangswiderständen und dementsprechend auch der Temperaturabfall in der Wandung.

Die Wärmeübertragung an die innere Zylinderwand findet periodisch statt, weshalb auch der Wärmefluß durch den Zylinder nach außen periodisch erfolgt. Es wäre also streng genommen auch gemäß Gleichung (3) die Zeit zu berücksichtigen. Die Amplitude der Temperaturschwankungen ist jedoch an der Zylinderwandung nur ein Bruchteil der Temperaturschwankung des Zylinderinhaltes und außerdem beim Fortschreiten nach außen stark gedämpft. An der Außenfläche treten viel kleinere Temperaturschwankungen auf als an der Innenfläche des Zylinders. Das Fortschreiten einer derartigen Temperaturwelle entspricht der Fortpflanzung einer Welle in einem Medium ohne Masse oder in einer elektrischen Leitung ohne Selbstinduktion. Es gelten deshalb dieselben mathematischen Gesetze wie etwa für eine „nichtpupinisierte" Leitung. Für die Gestaltung der Kühleinrichtung sind die Temperaturschwankungen der Außenwand des Zylinders wegen ihrer verschwindend kleinen Größe von untergeordneter Bedeutung.

Die Wärmeübertragung an der Außenseite des Zylinders ist bei gegebener Wärmeübertragung im Innern und gegebenen Zylinderabmessungen so zu bestimmen, daß sich die erwünschte Temperatur der Innenwand des Zylinders einstellt.

Dazu reicht die Wärmeübertragung von einer glatten Zylinderaußenfläche an Luft nicht aus. Es sind deshalb besondere Maßnahmen zur Erhöhung der Wärmeübertragung erforderlich. Die dazu üblichen Mittel sind die Verwendung einer Kühlflüssigkeit oder die Anbringung von Rippen, welche mit Luft angeblasen werden.

b) Flüssigkeitskühlung.

Als Kühlflüssigkeit wird im Sommer meist reines Wasser, im Winter eine Mischung von Wasser mit Glykol oder Glyzerin zur Herabsetzung des Gefrierpunktes verwendet. Die Kühlflüssigkeit wird im Kreislauf geführt. Sie strömt an den zu kühlenden Zylinderwänden vorbei, nimmt dort Wärme auf und überträgt diese im Kühler an Luft. Es findet also eine zweimalige Wärmeübertragung statt.

Die Wärmeübergangszahl zwischen Flüssigkeit und Zylinderwand ist groß im Vergleich zur Wärmeübergangszahl an Luft. Aus diesem Grunde kann durch die Flüssigkeit die Kühlwärme von den Zylindern ohne besondere Maßnahmen abgeführt werden. Es ist weder eine besonders hohe Strömungsgeschwindigkeit noch eine künstliche Vergrößerung der wärmeübertragenden Fläche durch Rippen erforderlich.

Die Wärmeübergangszahl an Luft ist dagegen wesentlich kleiner, weshalb die Oberfläche des Kühlers ein Vielfaches der von der Kühlflüssigkeit umspülten Zylinderflächen betragen muß, obwohl das Temperaturgefälle zwischen Zylinderwand und Kühlflüssigkeit und zwischen Kühler und Luft ungefähr von derselben Größenordnung ist. Die Wärmeübertragung im Kühler erfolgt wie im Zylinder in drei Stufen. Die Flüssigkeit überträgt ihre Wärme an die Innenwandung des Kühlers, von wo sie durch Wärmeleitung an die Außenfläche gelangt. Von dort wird sie durch Wärmeübergang an die Luft abgegeben. Der Übergangswiderstand an der Außenseite des Kühlers ist von den drei Widerständen bei weitem der größte, so daß die beiden anderen dem gegenüber im allgemeinen zu vernachlässigen sind. Bei der Ausführung eines Kühlers wird deshalb vor allem eine möglichst große Außenfläche angestrebt.

Der Kühler wird entweder als Wasserrohrkühler oder als Luftrohrkühler ausgeführt. Ein Wasserrohrkühler besteht aus einer Vielzahl senkrechter Rohre geringen Durchmessers, welche gleichzeitig von der Kühlflüssigkeit durchflossen werden und welche zur Vergrößerung der mit Luft in Berührung stehenden Oberfläche noch gelegentlich durch horizontale Bleche miteinander verbunden sind. Beim Luftrohrkühler wird der eigentliche Kühler, der als Kasten zu denken ist, von einer großen Zahl horizontaler Röhrchen durchbrochen, durch welche die Luft strömt. Im ersten Fall strömt also das Wasser im Innern von Rohren, die Luft senkrecht zur Rohrachse, im zweiten Fall strömt die Luft im Innern von Rohren, das Wasser senkrecht zu ihnen.

Die Wärmeübertragung von Luft an senkrecht zur Rohrachse angeblasene Rohre entsprechend dem Wasserrohrkühler, wächst etwa mit $w^{0,7}$ ($w =$ Strömungsgeschwindigkeit), die Wärmeübergangszahl im Innern von kreisförmigen Rohren entsprechend dem Luftrohrkühler etwa mit $w^{0,8}$. Abb. 26 gibt die Wärmedurchgangszahl für einen ausgeführten Kühler, welche in der Tat mit etwa $w^{0,7}$ ansteigt.

Die Luftgeschwindigkeit im Kühler ist ohne zusätzliche Maßnahmen kleiner als die Fahrgeschwindigkeit des Wagens bei Windstille. Sie beträgt bei Luftrohrkühlern das 0,8fache bis 0,9fache der Anblasegeschwindigkeit, bei Wasserrohrkühlern das 0,3fache bis 0,8fache.

Die vom Kühler abgeführte Kühlleistung hängt außer von der Temperatur der Luft und der Kühlflüssigkeit von der Anblasegeschwindigkeit ab. Die bei konstanter Zylindertemperatur vom Motor abgegebene Wärme ist dagegen eine Funktion der Drehzahl und der Leistung des Motors. Ohne zusätzliche Maßnahmen wird deshalb die Temperatur der Kühlflüssigkeit vom Betriebszustand eines Wagens in weiten Grenzen abhängen. Wie schon erwähnt, ist eine derartige Änderung der Kühlwassertemperatur mit Rücksicht auf den Motor nicht erwünscht.

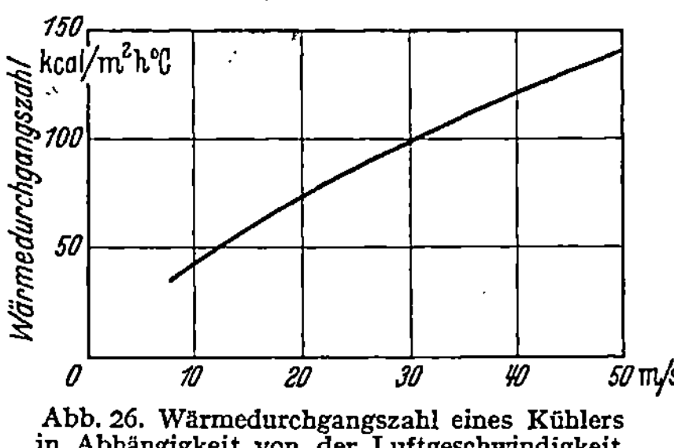

Abb. 26. Wärmedurchgangszahl eines Kühlers in Abhängigkeit von der Luftgeschwindigkeit.

Der Kühler ist deshalb so zu beeinflussen, daß er unabhängig vom Betriebszustand des Motors und der Fahrgeschwindigkeit des Wagens eine möglichst wenig veränderliche Kühlwassertemperatur ergibt. Eine Beeinflussung der Kühlleistung durch die Fahrgeschwindigkeit und die Motordrehzahl ist bei den üblichen Anlagen stets vorhanden. Die Fahrgeschwindigkeit beeinflußt unmittelbar den Luftdurchtritt durch den Kühler, die Drehzahl des Motors über einen von der Motorwelle angetriebenen Ventilator. Vielfach begnügt man sich mit diesen Maßnahmen allein. Eine derartige Kühlvorrichtung hat jedoch Mängel. Wenn sie für normalen Betrieb in der Ebene z. B. richtig bemessen ist, wird sie bei Steigungen zu wenig Wärme abführen. Die Zylindertemperatur erhöht sich dann und damit die Temperatur der Kühlflüssigkeit. Nach Erreichen der Siedetemperatur wird die restliche Wärme dem Motor durch Verdampfung des Kühlwassers entzogen. Dieses sog. Kochen des Kühlers bedingt ein öfteres Nachfüllen von Wasser und ist deshalb nicht erwünscht.

Frei von derartigen Mängeln ist eine Kühleinrichtung, bei welcher durch ein besonderes Regelorgan die Temperatur der aus dem Motor austretenden oder eintretenden Flüssigkeit innerhalb eines gewissen Temperaturbereiches gehalten wird. Zu diesem Zweck kann entweder der Flüssigkeitsdurchtritt oder der Luftdurchtritt durch den Kühler in Abhängigkeit von der Flüssigkeitstemperatur verändert werden. Der

Luftdurchtritt wird durch Klappen oder dergleichen geregelt, der Flüssigkeitsdurchtritt durch ein Ventil, welches für die Kühlflüssigkeit entweder den Weg über den Kühler oder über eine Umgehungsleitung frei gibt. Das Ventil steht normalerweise auf einer Mittelstellung, so daß ein gewisser Bruchteil der Flüssigkeit durch den Kühler, der Rest ungekühlt durch die Umgehungsleitung zurückströmt.

Die Veränderung des Luftdurchtrittes erfolgt noch vielfach durch den Fahrer unter Beobachtung der Temperatur der Kühlflüssigkeit. Die Regelung des Kühlwasserdurchtrittes wird dagegen im allgemeinen selbsttätig ausgebildet. Das Ventil wird durch eine von der Kühlflüssigkeit umspülte Ausdehnungsdose verstellt, welche mit einer geeigneten Flüssigkeit gefüllt ist und deren Länge sich unter dem Einfluß des Dampfdruckes dieser Flüssigkeit verändert.

c) Luftkühlung.

Bei luftgekühlten Motoren wird die Oberfläche der Zylinder durch Rippen vergrößert, die Wärmeübergangszahl durch Anblasen mittels eines Gebläses. Für die Wirkung der Rippen ist ihre gesamte Oberfläche, ihr gegenseitiger Abstand und ihr Querschnitt maßgebend. Die gesamte Oberfläche ist bei festgelegter Anblasegeschwindigkeit und damit bekannter Wärmeübergangszahl durch die abzuführende Wärme bestimmt. Der gegenseitige Abstand der Rippen wird durch die Anblasegeschwindigkeit bestimmt. Jede Anblasegeschwindigkeit ergibt nämlich eine bestimmte Grenzschichtdicke. In der Grenzschicht sinkt die Strömungsgeschwindigkeit

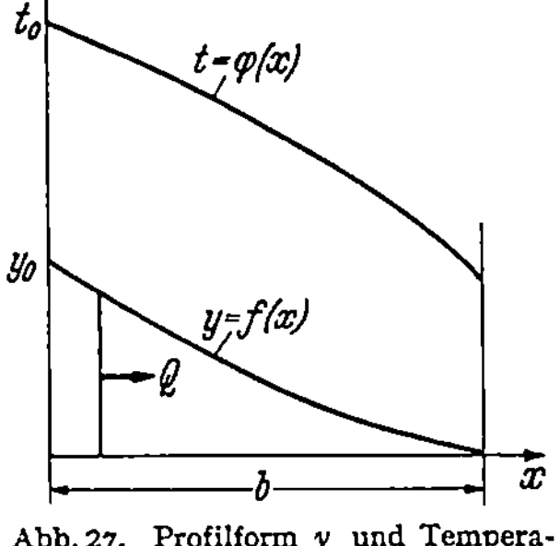

Abb. 27. Profilform y und Temperaturverlauf t der Hälfte einer geraden Rippe.

gegen die Oberfläche des Körpers gegen Null ab, ebenso die Übertemperatur des Gases gegenüber der Oberflächentemperatur. Der gegenseitige Abstand der Rippen muß jedenfalls größer sein als die doppelte Grenzschichtdicke, da sonst zwischen den Rippen nur eine geringe Luftbewegung eintritt und die Oberfläche der Rippen nicht voll zur Wärmeübertragung ausgenutzt wird. Die Dicke der Grenzschicht sinkt mit wachsender Anblasegeschwindigkeit, so daß bei hoher Anblasegeschwindigkeit die Rippen enger gesetzt werden können als bei kleiner.

Der Querschnitt der Rippen ist so zu bestimmen, daß ein möglichst geringer Gewichtsaufwand erforderlich ist. Es gibt eine bestimmte Querschnittsform, welche geringsten Materialaufwand erfordert (E. Schmidt[1]).

In Abb. 27 ist die Rippenform durch $y=f(x)$ gegeben, der Verlauf der Übertemperatur der Rippe gegen Luft durch $t=\varphi(x)$. Dabei ist zunächst vorausgesetzt, daß die Rippen auf einer ebenen Fläche auf gesetzt sind. Die durch einen bestimmten Querschnitt fließende Wärme Q ist dann gegeben durch

$$Q = -\lambda y \frac{dt}{dx} \tag{7}$$

und die auf die Strecke dx an die Luft übertragene Wärmemenge durch

$$dQ = \alpha t \, dx. \tag{8}$$

Aus beiden Gleichungen erhält man

$$y \frac{d^2 t}{dx^2} + \frac{dy}{dx} \frac{dt}{dx} - \frac{\alpha}{\lambda} t = 0. \tag{9}$$

Als Grenzbedingungen sind Temperatur- und Wärmefluß am Rippenfuß und der Wärmefluß am Rippenende gegeben. Für den Wärmefluß am Rippenfuß gelten zwei verschiedene Bedingungen:

$$t = t_0 \qquad \text{für} \ \ x = 0.$$

$$Q_0 = -\lambda y \frac{dt}{dx} \qquad \text{für} \ \ x = 0.$$

Für das Rippenende gilt:

$$Q_0 = \alpha \int_0^b t \, dx,$$

$$Q = 0 \qquad \text{für} \ \ x = b.$$

Die Querschnittsfläche F der Rippe soll einen möglichst kleinen Wert erhalten. Es ist

$$F = \int_0^b y \, dx. \tag{10}$$

Man kann leicht einsehen, daß die Querschnittsfläche und damit der Materialaufwand für eine Rippe dann am kleinsten ist, wenn die Dichte des Wärmeflusses in der Rippe überall dieselbe ist. Das gleiche gilt z. B. nach der Festigkeitslehre für die Ausnutzung eines Querschnittes für eine Zugspannung. Dann ist unter Voraussetzung einer konstanten Wärmeleitzahl und einer konstanten Wärmeübergangszahl der Temperaturabfall längs der Rippe eine Gerade. Er ist gegeben durch die Beziehung

$$t = t_0 - m x \qquad (m = \text{const}). \tag{11}$$

Aus Gleichung (9) erhält man damit

$$\frac{dy}{dx} = -\frac{\alpha}{c \lambda} (t_0 - m x) \tag{12}$$

und durch Integration unter Berücksichtigung der Grenzbedingung $y = 0$ für $x = b$

$$y = \frac{\alpha}{2 \lambda} (x^2 - b^2) - \frac{\alpha t_0}{c \lambda} (x - b). \tag{13}$$

Die durch die Rippe übertragene Wärmemenge Q_0 wird

$$Q_0 = \alpha\, b\left(t_0 - \frac{m\,b}{2}\right) \tag{14}$$

und die für den Materialaufwand maßgebende Fläche der Rippe

$$F = \frac{\alpha\, t_0}{2\, m\, \lambda}\, b^2 - \frac{\alpha}{3\, \lambda}\, b^3. \tag{15}$$

Durch Differenzieren dieser Gleichung erhält man für die kleinste Querschnittsfläche der Rippen die Werte

$$b_m = \frac{2}{\alpha}\frac{Q_0}{t_0} \tag{16}$$

und

$$m_m = \frac{t_0}{b_m}. \tag{17}$$

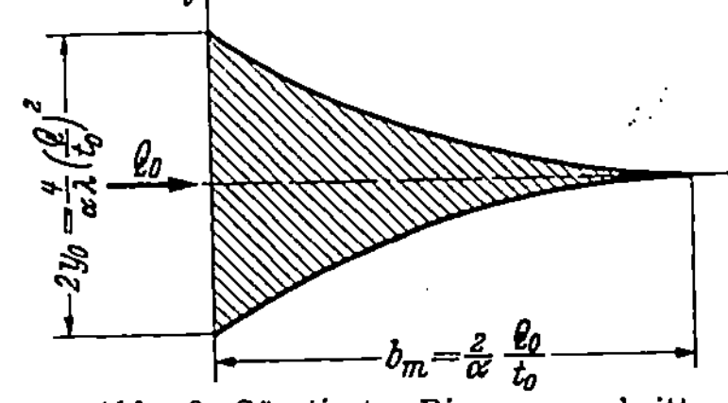
Abb. 28. Günstigster Rippenquerschnitt.

Die Profilform der Rippe ist danach gegeben durch die Gleichung

$$y = \frac{\alpha}{2\, \lambda}\,(x - b_m)^2, \tag{18}$$

wobei die Temperatur längs der Rippe abnimmt nach der Beziehung

$$t = t_0 - \frac{t_0}{b_m}\, x. \tag{19}$$

Die günstigste Rippenform ist nach Gleichung (18) durch zwei Parabeln begrenzt, welche sich an der oberen Kante der Rippen mit ihren Scheiteln berühren (Abb. 28). Die günstigste Höhe der Rippen ist bestimmt durch Gleichung (16) und ihre halbe Fußdicke nach Gleichung (18) zu

$$y_0 = \frac{2}{\alpha\, \lambda}\left(\frac{Q}{t_0}\right)^2. \tag{20}$$

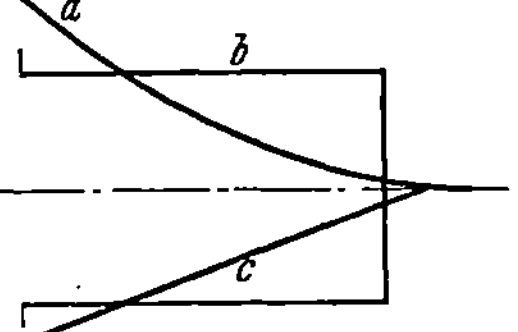
Abb. 29. Profillinien gerader Rippen für gleiche Wärmeleistung nach E. Schmidt (1). *a* Rippe kleinsten Materialaufwandes; *b* Rechteckprofil bei günstigem Maßverhältnis; *c* Dreiecksprofil bei günstigem Maßverhältnis. Maßstab der Rippendicke stark vergrößert.

Die günstigste Höhe der Rippen b_m hängt also nur von der zu übertragenen Wärmemenge Q_0, der Übertemperatur am Rippenfuß t_0 und der Wärmeübergangszahl α von der Rippenoberfläche an der Luft ab. Für die Fußbreite der Rippe ist dagegen auch noch die Wärmeleitzahl des Rippenmaterials maßgebend. Bei gegebener Wärmemenge Q_0 und gegebener Übertemperatur am Rippenfuß, wie dies bei einem Zylinder der Fall ist, ist die günstigste Rippenhöhe umgekehrt proportional der Wärmeübergangszahl und die Fußbreite der Rippen umgekehrt proportional der Wärmeübergangszahl und der Wärmeleitzahl des Rippenmaterials.

Für kreisförmige Rippen gelten entsprechende Gesetze, die von den eben behandelten nicht grundsätzlich abweichen. Als günstigste Profilform ergibt sich eine parabelähnliche Kurve.

Rippen mit dreieckigem Profil bedingen einen nur wenig größeren Baustoffaufwand, Rippen mit rechteckigem Profil dagegen einen merklich größeren Baustoffaufwand als Rippen der günstigsten Profilform.

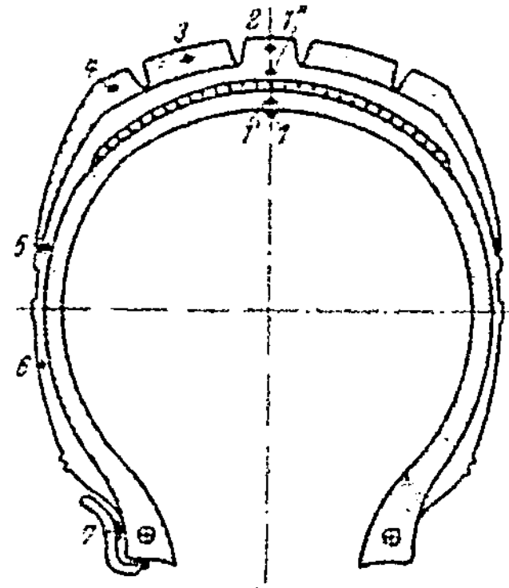

Abb. 30. Reifen 5,25 × 20″, Form Zenit, Metzeler A.-G., mit Anordnung der Thermoelemente.

In Abb. 29 sind die drei genannten Formen vergleichsweise zusammengestellt, wobei für die beiden anderen ebenso wie für die parabelförmige Rippe jeweils die günstigsten Abmessungen gewählt wurden.

3. Erwärmung der Reifen.

Durch die Walkung des Gummis während der Fahrt wird im Reifen Wärme erzeugt. Für einen Reifen 5,25 × 20″ war z. B. nach Versuchen von W. BRUNNER (1) bei einer Fahrgeschwindigkeit von 80 km/h die je Volumeneinheit erzeugte Wärmemenge $0{,}23 \cdot 10^6$ kcal/hm³. Für den ganzen Reifen ergab sich damit eine abzuführende Wärmemenge von $1{,}2 \cdot 10^3$ kcal/h. Für alle vier Reifen zusammen entspricht dies etwa einer Leistung von 6 PS. Diese Wärmemenge muß an Luft abgeführt werden, wobei die Reifen eine gewisse Übertemperatur annehmen.

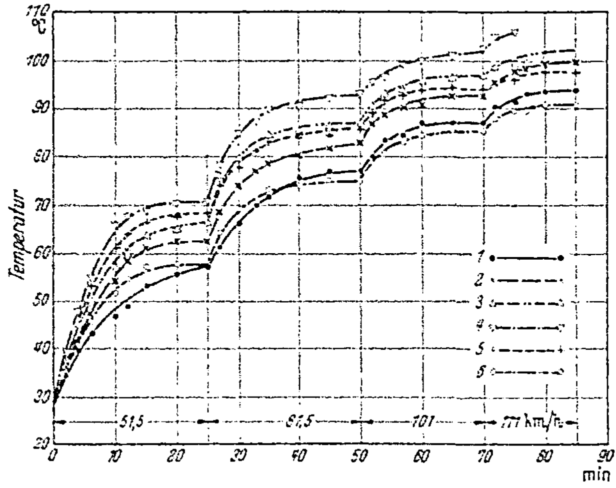

Abb. 31. Reifenerwärmung für verschiedene Fahrgeschwindigkeiten. Fahrt auf Reichsautobahn, Reifendruck 2,0 atü; Profil nach Abb. 30; Bodentemperatur 29 bis 31° C; Lufttemperatur 29° C; Wetter sonnig, heiß, fast windstill.

Die im Reifen erzeugte Wärmemenge wächst mit der Fahrgeschwindigkeit beträchtlich an, der Wärmeübergang vom Reifen an Luft dagegen nur etwa mit $w^{0{,}8}$ (w = Anblasegeschwindigkeit des Reifens). Die Reifentemperatur steigt deshalb mit wachsender Fahrgeschwindigkeit. Der größte Teil der im Reifen erzeugten Wärme wird unmittelbar vom

Reifen an Luft abgeführt, nur ein kleiner Teil über den Luftinhalt des Reifens und das Reifenmaterial zur Felge und von dort an Luft.

Die erzeugte Wärmemenge und damit die sich einstellende Übertemperatur ist dort am größten, wo die größte Walkarbeit auftritt. Bei einem Reifenprofil gemäß Abb. 30 tritt größte Walkung offenbar zwischen Punkt 4 und 5 auf. Versuche ergaben in der Tat dort die höchsten Temperaturen.

Abb. 31 zeigt den Temperaturanstieg eines Reifens bei stufenweiser Steigerung der Fahrgeschwindigkeit. Eine bestimmte Fahrgeschwindigkeit wurde jeweils so lange beibehalten, bis stationäre Temperaturverteilung eingetreten war. Luft- und Bodentemperatur lagen etwa bei 30° C.

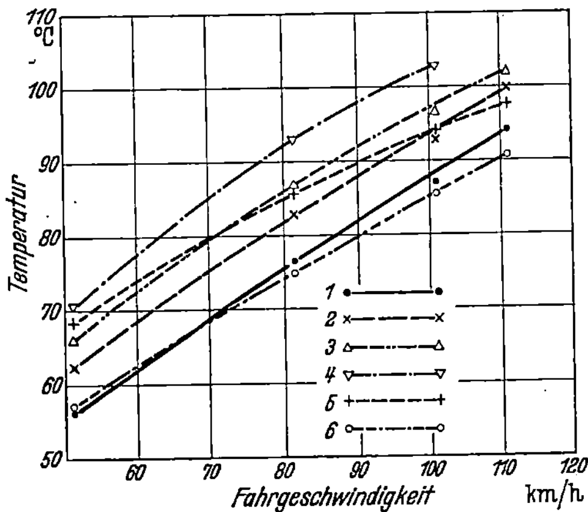

Abb. 32. Abhängigkeit der Höchsttemperatur im stationären Zustand von der Fahrgeschwindigkeit. Bedingungen wie bei Abb. 31.

Die Numerierung der Kurven bezieht sich auf Abb. 30. Die Höchsttemperaturen im stationären Zustand zeigt in Abhängigkeit von der Fahrgeschwindigkeit für denselben Fall Abb. 32. Am Rande der Lauffläche erreicht der Reifen also bei 100 km/h Fahrgeschwindigkeit eine Temperatur von mehr als 100° C.

Bei nasser Fahrbahn liegen die Temperaturen an der Lauffläche infolge der Wärmeabfuhr durch die Bodennässe wesentlich tiefer als bei trockener Fahrbahn. Die Temperaturen am Rande der Lauffläche und an der Seite des Reifenprofiles sind jedoch etwa dieselben wie bei trockener Fahrbahn. Abb. 33 zeigt ein Meßergebnis.

Eine Verminderung des Luftdruckes im Reifen bringt infolge der höheren Walkarbeit ein Ansteigen der Reifentemperatur. Bei Verminderung des vorgeschriebenen Reifendruckes von 2,0 atü auf 1,7 atü

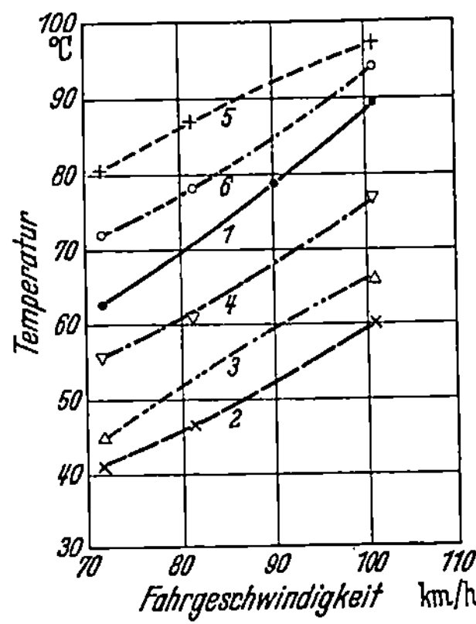

Abb. 33. Abhängigkeit der Höchsttemperatur im stationären Zustand von der Fahrgeschwindigkeit. Bodentemperatur 20 bis 21° C; Lufttemperatur 20° C; Wetter bewölkt, Boden naß; Reifendruck 2,0 atü.

stiegen bei dem in Abb. 30 gezeigten Profil die Temperaturen im Mittel um ungefähr 5° C an.

Abgefahrene Reifen erreichen unter sonst gleichen Umständen höhere Temperaturen als neue. Der Grund liegt wohl in der größeren Reibung mit der Fahrbahn und der geringeren Kühlung infolge Fehlens der Profilierung. Mit einem abgefahrenen Reifen, dessen Profil ursprünglich Abb. 30 entsprach, ergaben sich bei 80 km/h je nach Lage der Meßstelle um 2 bis 12° C höhere Temperaturen als bei einem neuen Reifen. Bei gesommerten Reifen liegen die Temperaturen ebenfalls höher als bei gleichartigen nicht gesommerten Reifen.

Die Radfelge nahm bei einem Versuch durch die Wärmeübertragung vom Reifen her bei 80 km/h eine Temperatur von 20° C über der Lufttemperatur an. Bei kurvenreichen Strecken stieg diese Temperatur infolge der Wärmeentwicklung der Bremsen höher.

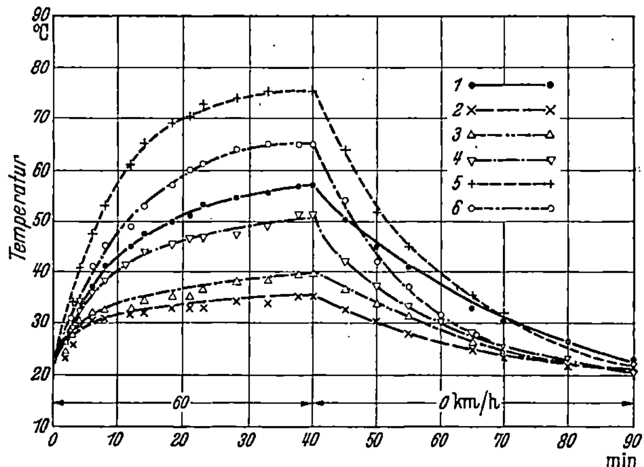

Abb. 34. Reifenabkühlung in Abhängigkeit von der Zeit. Bodentemperatur 20 bis 22° C; Lufttemperatur 20 bis 22° C; Wetter bewölkt, Boden naß; Reifendruck 2,0 atü.

Abkühlungskurven, von denen Abb. 34 ein Beispiel bringt, zeigen, daß sich das Reifeninnere verhältnismäßig langsam abkühlt.

4. Erwärmung der Bremsen.

Die bei einer bestimmten Bremsung von den Bremsen aufzunehmende Energie entspricht dem Verlust des Wagens an kinetischer Energie, vermindert um die übrigen Energieverluste des Wagens insbesondere durch den bei stärkerer Bremsung 40 bis 50% betragenden Schlupf der Reifen. Wird ein Wagen vom Gewicht G von einer Geschwindigkeit w_1 auf eine Geschwindigkeit w_2 abgebremst so ist der Verlust an kinetischer Energie gegeben durch

$$E = \frac{1}{2}\frac{G}{g}(w_1{}^2 - w_2{}^2) \qquad (g \text{ Erdbeschleunigung}).$$

Ein wesentlicher Bruchteil dieser Energie muß in Form von Wärme durch die Bremsen abgeführt werden. Die Größe der Bremstrommeln wird deshalb in erster Linie durch die Forderung nach ausreichender Wärmeabfuhr bestimmt. Bei der Anordnung der Bremstrommeln ist auf gute Umspülung durch den Fahrtwind und auf geringe Wärmeübertragung zu den Reifen hin zu achten. Im übrigen sind für die Bemessung der Bremstrommeln zwei Gesichtspunkte maßgebend.

Die Bremse muß zunächst in der Lage sein, eine Bremsung des Wagens aus seiner Höchstgeschwindigkeit bis zum Stillstand auszuhalten. Eine derartige Bremsung ist nur verhältnismäßig selten zu erwarten. Es wird dabei in kurzer Zeit eine große Wärmemenge entwickelt, die durch die kinetische Energie des Wagens bei seiner Höchstgeschwindigkeit bestimmt ist. Für die Endtemperatur der Bremstrommeln ist die Wärmespeicherung maßgebend, da nur eine geringe Wärmemenge während der Bremsung abgeführt werden kann. Die Speicherfähigkeit der Bremstrommeln ist durch ihr Gewicht und die spezifische Wärme des Materials gegeben. Da die Ausführung der Bremstrommeln und die spezifische Wärme des Materials im allgemeinen dieselben sind, kann man die Wärmespeicherfähigkeit angenähert proportional der Bremsfläche setzen. Die Endtemperatur der Bremsen nach einer Bremsung aus Höchstgeschwindigkeit ist dann gegeben durch das Verhältnis der Energie des Wagens bei seiner Höchstgeschwindigkeit zur Bremsfläche. Dieses Verhältnis liegt bei Personenwagen des Baujahres 1935 im Mittel bei 50 mkg/cm², bei Lastwagen bei 30 mkg/cm².

Anders liegen die Verhältnisse im Stadtverkehr, wo sehr oft kleine Energiemengen abgebremst werden. Hier ist weniger die Speicherwirkung als die Wärmeübertragung von den Bremstrommeln an Luft ausschlaggebend. Beschleunigung und Bremsung sind bei starkem Verkehr für verschiedene Wagen in ihrer Größe und zeitlichen Folge etwa die gleichen, so daß die beim Durchfahren einer bestimmten Strecke in den Bremsen umgesetzte Energie in erster Näherung proportional dem Wagengewicht ist. Bei üblicher Anordnung der Bremstrommeln kann man für verschiedene Wagen mit etwa gleicher Wärmeübergangszahl an Luft rechnen, so daß für den Stadtverkehr das Wagengewicht für die Dimensionierung der Bremstrommeln maßgebend ist. Die Oberfläche der Bremstrommeln muß proportional dem Wagengewicht sein. In der Tat schwankt das auf die Flächeneinheit der Bremstrommeln bezogene Wagengewicht für die meisten Personenwagen nur wenig um den Wert 1,3 kg/cm².

II. Mechanische Fragen.

1. Schwingungserscheinungen am Motor.

a) Massenausgleich.

Bezeichnungen:

m_r umlaufende Masse,	ψ Kurbelwinkel,
m_1 hin- und hergehende Masse,	l Länge der Pleuelstange,
ω Kreisfrequenz bzw. Umlaufzahl,	$\lambda = r/l$,
r Kurbelradius,	t Zeit.

Bei Kolbenmaschinen findet eine ständige Verlagerung des Schwerpunktes statt, die sich bei fester Lagerung der Maschine als periodisch veränderliche Kraft bemerkbar macht. Die Kolben führen eine hin- und hergehende Bewegung, die Kurbelkröpfungen eine kreisförmige Bewegung und die Pleuelstangen eine zum Teil hin- und hergehende und zum Teil kreisförmige Bewegung aus. Die Masse der Pleuelstangen wird für die Berechnung des Massenausgleiches zweckmäßig auf die Massen des Kolbens und der Kurbelkröpfung aufgeteilt. Durch eine derartige Aufteilung kann man die wirklichen Verhältnisse mit guter Näherung nachbilden.

Umlaufende Massen. Bezeichnet man die umlaufenden Massen mit m_r und den zugehörigen Radius mit r, so wird die durch den Umlauf erzeugte und vom Drehpunkt nach außen gerichtete Kraft

$$k_r = m_r\,\omega^2\,r, \tag{1}$$

wobei ω die Umlaufzahl der Masse ist.

Hin- und hergehende Massen. Nach Abb. 35 ist die Abhängigkeit des Kolbenweges vom Kurbelwinkel gegeben durch die Beziehungen

$$x = x_1 + x_2 = r(1 - \cos\psi) + x_2, \tag{2}$$

$$l^2 - r^2 \sin^2\psi = (l - x_2)^2, \tag{3}$$

$$r^2 \sin^2\psi = x_2\,(2\,l - x_2). \tag{4}$$

Daraus ergibt sich:

$$x_2 = l - l\,\sqrt{1 - \lambda^2 \sin^2\psi}, \tag{5}$$

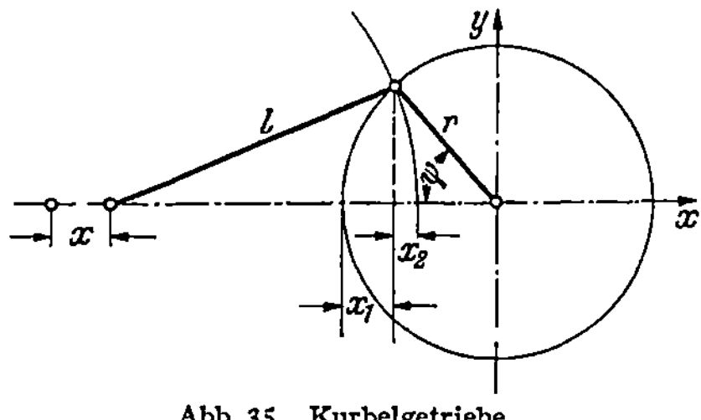

Abb. 35. Kurbelgetriebe.

wobei $\lambda = r/l$ das Verhältnis von Kurbelradius zur Länge der Pleuelstange bedeutet. Aus Gleichung (2) erhält man mit diesem Ausdruck

$$x = r + l - r\cos\psi - l\,\sqrt{1 - \lambda^2 \sin^2\psi}. \tag{6}$$

Es empfiehlt sich, die Wurzel in eine Reihe zu entwickeln. Dann ergibt sich:

$$x = r\left[1 - \cos\psi - \sum_{k=1}^{\infty}\binom{\frac{1}{2}}{k}\left(\frac{\lambda}{2}\right)^{2k-1}\left(\frac{(-1)^k}{2}\binom{2k}{k}\right. \right. \\ \left. \left. + \sum_{h=0}^{k-1}(-1)^h\binom{2k}{h}\cos(2k - 2h)\,\psi\right)\right] \tag{7}$$

Für die Kolbengeschwindigkeit erhält man durch Differentiation

$$\frac{dx}{dt} = r\omega\left[\sin\psi + \sum_{k=1}^{\infty}\binom{\frac{1}{2}}{k}\left(\frac{\lambda}{2}\right)^{2k-1}\sum_{h=0}^{k-1}(-1)^h\binom{2k}{h}2(k-h)\sin(2k-2h)\psi\right] \tag{8}$$

und für die Beschleunigung

$$\frac{d^2 x}{dt^2} = r\omega^2\left[\cos\psi + \sum_{h=1}^{\infty}\binom{\frac{1}{2}}{k}\left(\frac{\lambda}{2}\right)^{2k-1}\sum_{h=0}^{k-1}(-1)^h\binom{2k}{h}4(k-h)^2\cos(2k-2h)\psi\right] \\ + r\frac{d\omega}{dt}\left[\sin\psi + \sum_{k=1}^{\infty}\binom{\frac{1}{2}}{k}\left(\frac{\lambda}{2}\right)^{2k-1}\sum_{h=0}^{k-1}(-1)^h\binom{2k}{h}2(k-h)\sin(2k-2h)\psi\right] \tag{9}$$

Der zweite Ausdruck mit $d\omega/dt$ rührt von der Veränderlichkeit der Umdrehungszahl her und kann fortgelassen werden, sofern die Umdrehungszahl als konstant zu betrachten ist.

Bei unbeweglich gelagerter Maschine ist die auf die Lagerung übertragene Kraft gegeben durch die Beschleunigung gemäß Gleichung (9) multipliziert mit der hin- und hergehenden Masse m_1.

Wenn man von Gleichung (9) nur das erste Glied der Reihe berücksichtigt, erhält man die Massenkräfte erster und zweiter Ordnung. Diese vereinfachte Formel wird vielfach verwendet. Es ergibt sich:

$$\frac{d^2 x}{d t^2} = r\,\omega^2\,(\cos\psi + \lambda\cos 2\,\psi). \tag{10}$$

Die Massenkräfte erster Ordnung sind also mit der Amplitude $r\omega^2 m_1$ vertreten und die zweiter Ordnung mit der Amplitude $r\omega^2 m_1 \lambda$.

Einzylindermaschine. Durch eine Einzylindermaschine wird gemäß Gleichung (9) infolge der hin- und hergehenden Massen in Richtung der x-Achse eine periodische Kraft auf die Lagerung übertragen, die sich aus einer Vielzahl von Frequenzen zusammensetzt. Die tiefste Frequenz entspricht der Umdrehungszahl der Maschine. Die Oberschwingungen sind mit um so geringerer Amplitude vertreten, je höher ihre Ordnung ist. Praktisch sind deshalb vor allem die Massenkräfte erster und zweiter Ordnung wichtig.

Ein wirksamer Massenausgleich ist bei Einzylindermaschinen mit einfachen Mitteln nicht möglich. Die Kräfte der umlaufenden Massen können zwar durch Gegengewichte ausgeglichen werden, die Kräfte der hin- und hergehenden Massen dagegen nicht in ähnlich einfacher Weise. Man beschränkt sich im allgemeinen darauf, die Massenkräfte erster Ordnung zur Hälfte auszugleichen, was durch entsprechende Vergrößerung des umlaufenden Gegengewichtes möglich ist. Dadurch entstehen jedoch neue, in der y-Richtung (Abb. 35) liegende Kräfte. Die Massenkräfte höherer Ordnung sind ohne Anwendung eines Zusatzgetriebes nicht auszugleichen.

Reihenmotoren. Reihenmotoren entstehen durch Aneinanderreihen von Einzylindermaschinen in der Weise, daß die einzelnen Zylinder in Richtung der Kurbelwellenachse gesehen hintereinander liegen.

Bei Reihenmotoren sind durch entsprechende Wahl der Kurbelwinkel die Kräfte der hin- und hergehenden Massen weitgehend auszugleichen. Bei geraden Zylinderzahlen macht man die Kröpfungsfolge zunächst zu der auf der Kurbelachse senkrecht stehenden Mittelebene symmetrisch. Dadurch wird das Auftreten eines Kippmomentes um eine zur x-y-Ebene senkrechte Achse vermieden.

Der günstigste Winkel α zwischen zwei aufeinanderfolgenden Kurbeln beträgt bei Viertaktreihenmotoren mit s-Zylindern

$$\alpha = \frac{4\,\pi}{s},$$

bei Zweitaktreihenmotoren

$$\alpha = \frac{2\pi}{s}.$$

Die bei verschiedenen Zylinderzahlen nicht auszugleichenden Massenkräfte lassen sich durch Weiterverfolgung von Gleichung (9) feststellen.

Zylinderzahl		unausgeglichene Ordnungen (•)
Viertakt	Zweitakt	$2n = $ 2 4 6 8 10 12 14 16 18 20 22 24 26 28 30 32 34 36 38 40 42 44 46 48 50 52 54
2 u.1	1	
4	2	
6 u.3	3	
8	4	
10 u.5	5	
12	6	
14 u.7	7	
16	8	
18 u.9	9	
20	10	
22 u.11	11	
24	12	

Abb. 36. Unausgeglichene Massenkräfte von Reihenmotoren nach RIEKERT (1).

Abb. 36 gibt das Ergebnis dieser Überlegungen. Die Massenkräfte erster Ordnung sind nur beim Einzylindermotor nicht auszugleichen. Bei einem Sechszylinderviertaktmotor sind z. B. ausgeglichen die Massenkräfte erster, zweiter, vierter, achter Ordnung usw.

Sternmotoren. Bei Sternmotoren sind die Zylinder in einer zur Kurbelachse senkrechten Ebene angeordnet. Alle Pleuel arbeiten auf dieselbe Kurbelkröpfung.

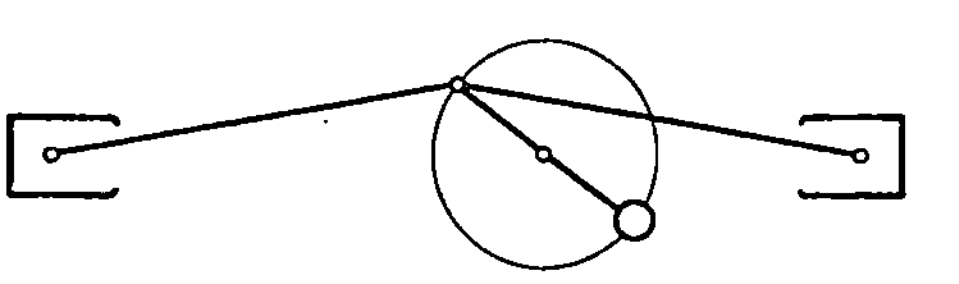

Abb. 37. Boxermotor.

Abb. 38. V-Motor.

Für Sternmotoren können ähnliche Überlegungen angestellt werden wie für Reihenmotoren. Die umlaufenden Massen sind durch ein Gegengewicht auszugleichen. Die Massenkräfte zweiter und höherer Ordnung sind bei geraden Zylinderzahlen stets ausgeglichen, also auch beim Boxermotor, Abb. 37, die Massenkräfte erster Ordnung dagegen nur bei mindestens vier Zylindern.

V-Motoren. V-Motoren entstehen durch Vereinigung zweier Reihenmotoren in der Weise, daß die Zylinderachsen der beiden Motoren unter einem bestimmten Winkel gegeneinander stehen. Dabei arbeiten je ein Kolben des einen und des anderen Reihenmotors auf dieselbe Kurbelkröpfung. Für den Massenausgleich gelten dieselben Gesichtspunkte wie für Reihenmotoren. Bezeichnet man den Winkel zwischen den Zylinderachsen mit φ, so erhält man aus Abb. 38 für die Komponenten der Massenkräfte erster Ordnung in der x- und y-Richtung:

$$K_x = m_1\,\omega^2 \sin \frac{\varphi}{2}\left[\cos\left(\omega\,t + \frac{\varphi}{2}\right) - \cos\left(\omega\,t - \frac{\varphi}{2}\right)\right], \qquad (11)$$

$$K_y = m_1\,\omega^2 \cos \frac{\varphi}{2}\left[\cos\left(\omega\,t + \frac{\varphi}{2}\right) + \cos\left(\omega\,t - \frac{\varphi}{2}\right)\right] \qquad (12)$$

und daraus durch Umformung

$$K_x = -2\,m_1\,\omega^2 \sin^2\frac{\varphi}{2}\sin \omega\,t, \qquad (13)$$

$$K_y = 2\,m_1\,\omega^2 \cos^2 \frac{\varphi}{2}\cos \omega\,t. \qquad (14)$$

Abb. 39, welche den Verlauf von $\sin^2 \varphi/2$ und $\cos^2 \varphi/2$ zeigt, läßt erkennen, daß für einen Winkel $\varphi = 90°$ die Massenkräfte erster Ordnung auszugleichen sind. Die Amplituden der Kräfte sind dann in beiden Achsenrichtungen von gleicher Größe, so daß sich ein umlaufender Vektor ergibt, der durch ein Gegengewicht aufgehoben werden kann.

Man wendet jedoch meist den Mehrzylinder-V-Motor mit 2×4 oder 2×6 Zylinder an, wobei die Massenkräfte erster Ordnung für jede Zylinderreihe von vornherein ausgeglichen

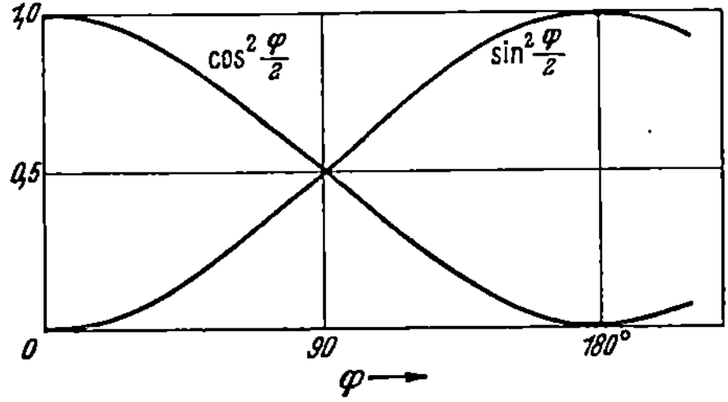

Abb. 39. Massenkräfte erster Ordnung beim V-Motor in Abhängigkeit vom Winkel φ zwischen den Zylinderachsen.

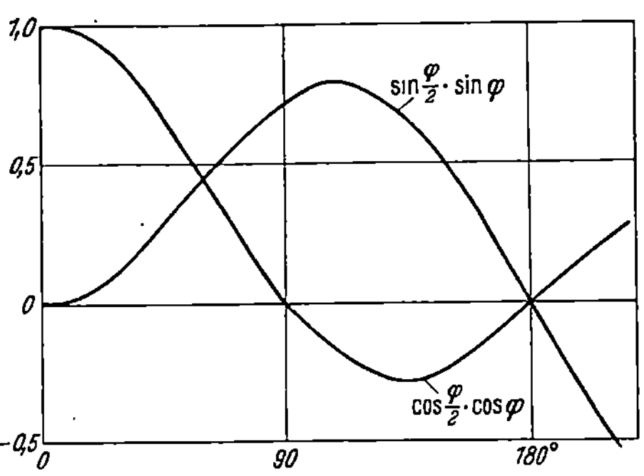

Abb. 40. Massenkräfte zweiter Ordnung beim V-Motor in Abhängigkeit vom Winkel φ zwischen den Zylinderachsen.

sind. Aus diesem Grunde ist es wichtiger festzustellen, wie sich die Massenkräfte höherer Ordnung mit dem Winkel φ ändern. Für die Massenkräfte zweiter Ordnung gilt

$$K'_x = m_1\,\omega^2 \sin \frac{\varphi}{2}\left[\cos 2\left(\omega\,t + \frac{\varphi}{2}\right) - \cos 2\left(\omega\,t - \frac{\varphi}{2}\right)\right], \qquad (15)$$

$$K'_y = m_1\,\omega^2 \cos \frac{\varphi}{2}\left[\cos 2\left(\omega\,t + \frac{\varphi}{2}\right) + \cos 2\left(\omega\,t - \frac{\varphi}{2}\right)\right], \qquad (16)$$

woraus man wiederum durch Umformung die Gleichungen erhält

$$K'_x = -\,m_1\,\omega^2 \sin \frac{\varphi}{2}\sin \varphi \sin 2\,\omega\,t, \qquad (17)$$

$$K'_y = m_1\,\omega^2 \cos \frac{\varphi}{2}\cos \varphi \cos 2\,\omega\,t. \qquad (18)$$

Der Verlauf beider Kräfte ist in Abb. 40 eingetragen. Die Massenkräfte zweiter Ordnung verschwinden demnach bei einem Winkel von

180° zwischen den Zylinderachsen (Boxermotor). Im übrigen ist ein Winkel von 60° günstig, bei dem die Massenkräfte in beiden Achsenrichtungen eine mittlere Größe aufweisen. Die Massenkräfte zweiter Ordnung sind vor allem für den 2×4 Zylinder-V-Motor von Wichtigkeit, da sie für jede Zylinderreihe an sich nicht auszugleichen sind. Bei einem V-Motor mit 2×6 Zylindern verschwinden auch die Massenkräfte zweiter Ordnung für jede Zylinderreihe, so daß nur die Veränderung der Massenkräfte höherer Ordnung mit dem Winkel φ von Interesse ist.

Vielfach sitzen die beiden Pleuel zweier gegenüberliegender Zylinder nicht unmittelbar auf der Kurbelwelle, sondern nur das sog. Hauptpleuel, an welches dann das zweite Pleuel, das Nebenpleuel mittels eines Gelenkes angesetzt ist. Durch diese Anordnung ergeben sich zusätzliche Massenkräfte höherer Ordnung. Grundsätzlich weichen die Verhältnisse jedoch nicht von den eben beschriebenen ab.

<h3 align="center">b) Elastische Lagerung des Motors.</h3>

Bezeichnungen:

m Masse des Motorblocks, ω Erregerkreisfrequenz,
I Trägheitsmoment des Motorblocks, t Zeit,
c_1, c_2 Federkonstanten der elastischen φ Verdrehungswinkel.
  Aufhängung

Die Lagerung des Motors im Rahmen des Wagens, die früher starr ausgeführt wurde, wird heute allgemein unter Zwischenschaltung

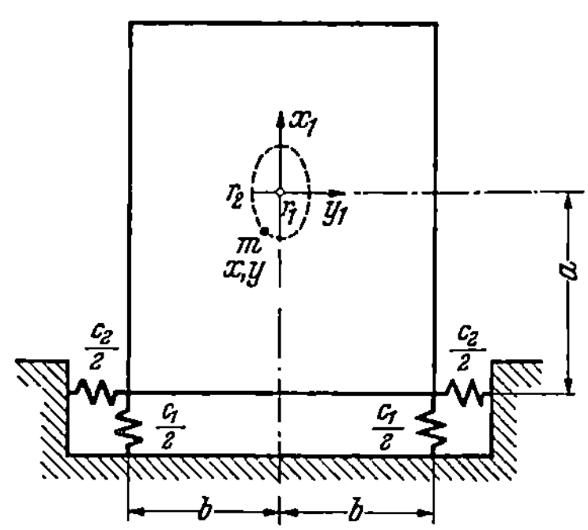

Abb. 41. Elastische Lagerung des Motors von der Masse m im Rahmen des Wagens.

elastischer Glieder, meist in Form von Gummipuffern, vorgenommen. Eine derartige Aufhängung hat den Vorteil, daß Motorschwingungen nur im geringen Maße auf das Fahrzeug übertragen werden. Besonders wichtig ist die elastische Lagerung beim Vierzylindermotor, bei dem die Massenkräfte nur unvollkommen auszugleichen sind.

Für die Rechnung ersetzen wir den elastisch aufgehängten Motor durch das in Abb. 41 dargestellte ebene Problem. Der Motorblock von der Masse m ist unter Zwischenschaltung der elastischen Körper mit den Federkonstanten $c_1/2$ und $c_2/2$ in dem Rahmen aufgehängt, dessen Masse als groß gegenüber m vorausgesetzt ist. Die rechnerische Verfolgung dieses vereinfachten Problems ist zur Untersuchung der meisten praktisch wichtigen Fragen ausreichend.

Die umlaufenden und hin- und hergehenden Massen des Motors bewirken eine Verlagerung des Schwerpunktes gegenüber den äußeren Abmessungen des Motorblocks und außerdem eine Verdrehung um den

Schwerpunkt. Bei festgehaltenem Motor sind deshalb sowohl Kräfte in der x- und y-Richtung, als auch ein Moment um den Schwerpunkt vorhanden. Bei vollkommen nachgiebiger Lagerung treten Verschiebungen des Motorblocks in der x- und y-Richtung sowie eine Verdrehung um den Schwerpunkt auf.

Wir betrachten nur die Wirkung der Schwerpunktsverlagerung, welche im allgemeinen Fall nicht nur Ausschläge in der x- und y-Richtung, sondern durch Kopplung auch Drehschwingungen erzeugt. Umgekehrt werden im allgemeinen Fall durch die Verdrehung der Masse des Motorblocks gegenüber seinen äußeren Abmessungen auch Schwingungen in der x- und der y-Richtung angeregt. Sowohl der Gang der Rechnung als auch die Ergebnisse sind in beiden Fällen grundsätzlich dieselben, so daß es in der Tat genügt, die Schwerpunktsverlagerung allein zu verfolgen.

Der Schwerpunkt bewege sich gegenüber den äußeren Begrenzungen des Motorblocks auf einer Ellipse mit den Halbachsen r_1 und r_2, Abb. 41. Die absoluten Verschiebungen des in seiner Lage gegenüber dem Motorblock veränderlichen Schwerpunktes sind mit x und y bezeichnet, die Verschiebungen eines im Motorblock festen Punktes mit x_1 und y_1, das Trägheitsmoment des Motorblocks um die zur Zeichenebene senkrechte Schwerpunktsachse mit I und der Verdrehungswinkel um diese Achse mit φ.

Als Gleichgewichtsbedingungen für die am Motorblock angreifenden Kräfte in der x- und y-Richtung und die Momente um den Schwerpunkt erhält man

$$m\,\frac{d^2 x}{dt^2} + c_1\,x_1 = 0, \tag{1}$$

$$m\,\frac{d^2 y}{dt^2} + c_2\,y_1 + a\,c_2\,\varphi = 0, \tag{2}$$

$$I\,\frac{d^2 \varphi}{dt^2} + c'\,\varphi + a\,c_2\,y_1 = 0. \tag{3}$$

Darin bedeuten a den mittleren senkrechten Abstand des Schwerpunktes von den Aufhängepunkten und c' die Federkonstante für Verdrehung um den Schwerpunkt

$$c' = c_1\,b^2 + c_2\,a^2.$$

Wie man aus Gleichung (2) und (3) sieht, sind die Drehschwingungen im allgemeinen Fall mit den Schwingungen in der y-Richtung gekoppelt. Durch das Auftreten von Schwingungen in der y-Richtung werden gleichzeitig Drehschwingungen erzeugt. Diese Kopplung verschwindet für $a = 0$, d. h. wenn die Verbindungslinie der Aufhängungspunkte durch den Schwerpunkt geht. Wir wollen annehmen, daß dies der Fall ist. Dann treten durch die Schwerpunktverlagerung keine Drehschwingungen auf, Gleichung (3) fällt fort und Gleichung (2) vereinfacht sich auf die Form

$$m\,\frac{d^2 y}{dt^2} + c_2\,y_1 = 0. \tag{4}$$

Da sich der Schwerpunkt mit den Koordinaten x und y auf einer Ellipse gegenüber den äußeren Abmessungen des Motorblocks mit den Koordinaten x_1 und y_1 bewegt, gelten in komplexer Schreibweise zwischen x_1 und x sowie zwischen y_1 und y folgende Beziehungen:

$$x_1 = x + r_1\, e^{j\,\omega t}, \tag{5}$$

$$y = y + r_2\, e^{j\,\omega t}. \tag{6}$$

Dabei ist ω die Kreisfrequenz der periodischen Schwerpunktsverlagerung und $j^2 = -1$. Ferner wollen wir eingeschwungenen Zustand voraussetzen. Dann ist die Lösung der Gleichungen (1) und (4) von der Form

$$x_1 = x_0\, e^{j\,\omega t}, \tag{7}$$

$$y_1 = y_0\, e^{j\,\omega t}. \tag{8}$$

x_0 und y_0 sind dabei die senkrechte bzw. waagerechte Amplitude der Schwingungen des Motorblocks. Durch Eintragen von Gleichung (5) und (7) in Gleichung (1) erhält man

$$x_0 = r_1 \frac{1}{1 - \left(\dfrac{\omega_1}{\omega}\right)^2}\,, \tag{9}$$

mit

$$\omega_1{}^2 = \frac{c_1}{m} \tag{10}$$

und durch Eintragen von Gleichung (6) und (8) in Gleichung (4)

$$y_0 = r_2 \frac{1}{1 - \left(\dfrac{\omega_2}{\omega}\right)}\,, \tag{11}$$

mit

$$\omega_2{}^2 = \frac{c_2}{m}\,. \tag{12}$$

Die Abhängigkeit der Ausschläge eines elastisch gelagerten Motorblocks von der erregenden Frequenz nach Gleichung (9) bzw. (11) ist in Abb. 42 dargestellt. Die Ausschläge wachsen von Null ausgehend gegen die Resonanz zu stark an und streben nach Durchlaufen der Resonanz einem Endwert zu. Die Resonanzfrequenz wird praktisch entweder unter die Leerlaufdrehzahl gelegt, so daß sie schon beim Anlassen durchlaufen wird oder zwischen Leerlaufdrehzahl und kleinste Arbeitsdrehzahl. Die Resonanzlage wird dann bei Beschleunigung des Motors rasch durchlaufen. Im zweiten Fall kann die Lagerung wesentlich härter ausgeführt werden als im ersten.

Die auf dem Rahmen in senkrechter Richtung übertragene Kraft P_x ist gegeben durch den Ausdruck

$$P_x = c_1\, x_0 = c_1\, r_1 \frac{1}{1 - \left(\dfrac{\omega_1}{\omega}\right)^2}\,. \tag{13}$$

Da die Kraft proportional den Ausschlägen ist, gilt eine der Abb. 42 entsprechende Kurve.

Für vollkommen starre Lagerung, also $c_1 = \infty$ erhält man

$$P_{x_0} = r_1 \, m \, \omega^2, \qquad (14)$$

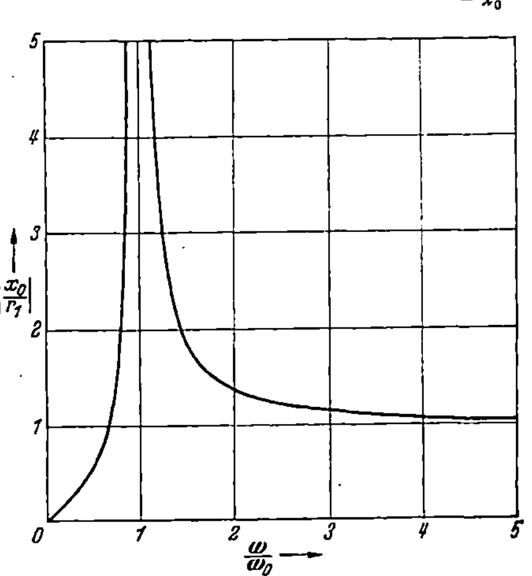

Abb. 42. Abhängigkeit der Ausschläge eines elastisch gelagerten Motors von der erregenden Frequenz. ω erregende Frequenz; ω_1 Eigenfrequenz des elastisch gelagerten Motors; x_0 Ausschlag des Motorblocks; r_1 Amplitude der Schwerpunktsverschiebung gegenüber den äußeren Begrenzungen des Motorblocks.

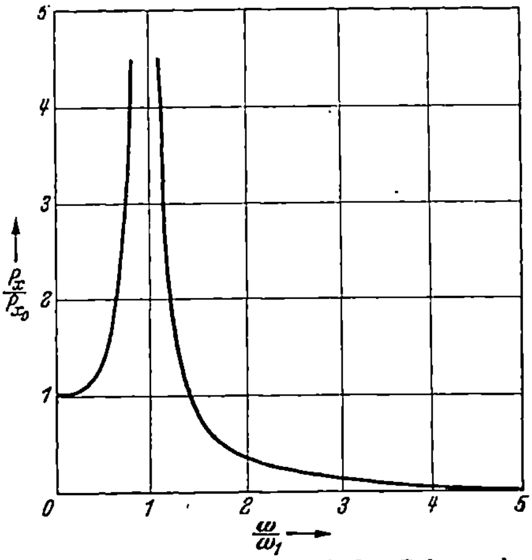

Abb. 43. Verhältnis der auf den Rahmen des Wagens übertragenen Kraft P_x bei elastischer Lagerung des Motors zu der P_{x_0} bei starrer Lagerung in Abhängigkeit von der erregenden Frequenz. ω und ω_1 wie bei Abb. 42.

eine Kraft, welche der Zentrifugalkraft bei Bewegung der Masse des Motorblocks auf einen Kreis vom Radius r_1 entspricht. Das Verhältnis der auf dem Rahmen übertragenen Kraft bei elastischer Lagerung zu der bei starrer Lagerung ergibt sich zu

$$\frac{P_x}{P_{x_0}} = \frac{\left(\dfrac{\omega_1}{\omega}\right)^2}{1 - \left(\dfrac{\omega_1}{\omega}\right)^2}. \qquad (15)$$

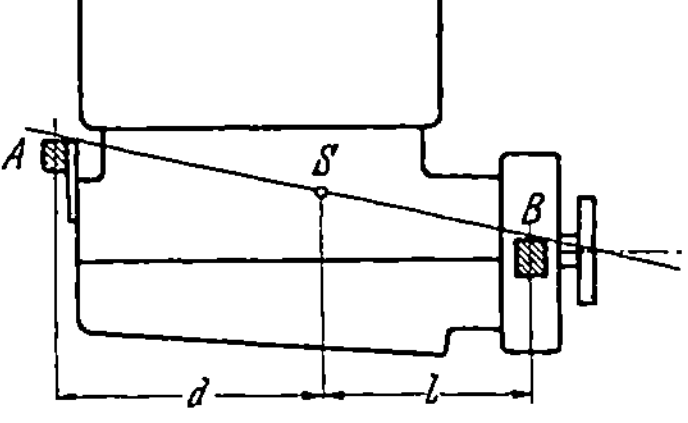

Abb. 44. Anordnung der Aufhängepunkte am Motor.

Das Ergebnis von Gleichung (15) ist in Abb. 43 aufgetragen. Bei kleinen Umdrehungszahlen unter der Resonanzlage wird demnach durch die elastische Lagerung keine merkliche Verbesserung erzielt, über der Resonanzlage dagegen eine mit wachsender Umdrehungszahl immer stärkere Verminderung der übertragenen Kräfte.

Für die Kräfte in der y-Richtung sowie die durch Drehschwingungen übertragenen Kräfte gilt Entsprechendes.

Verteilung der Puffer. Um Querverschiebungen der Abtriebswelle zu vermeiden, führt man die Lagerung des Motors in der Weise aus, daß sich die Verbindungslinie von dem vorderen Lagerpunkt A und dem Schwerpunkt des Motorblocks S im zweiten Lagerpunkt B auf der Kardanwelle schneiden, Abb. 44. Zur Vermeidung einer Kopplung zwischen senkrechter Schwingung und Drehschwingung um. eine zur Zeichenebene der Abb. 44 senkrechte Achse müssen die beiden Federkonstanten den Bedingungen genügen:

$$c_A = \frac{c_1\, l}{d+l} \quad \text{und} \quad c_B = \frac{c_1\, d}{d+l}.$$

Die gleiche Bedingung gilt für Vermeidung einer Kopplung zwischen Hub- und Nickschwingung eines Wagens. In dem Abschnitt über Federung ist näher darauf eingegangen.

2. Übertragung der Motorleistung.

a) Getriebe und Kupplung.

Bezeichnungen:

    M Drehmoment, N Leistung, n Drehzahl.

Wie schon erwähnt, ist ein Verbrennungsmotor nur innerhalb eines gewissen Drehzahlbereiches fähig, Leistung abzugeben. Über einer gewissen Drehzahl sinkt bei gleichzeitigem Ansteigen des Ölverbrauches und der Abnutzung die Leistung stark ab, bei zu kleiner Drehzahl wird der Motor abgewürgt.

Es ist deshalb zwischen Motor und angetriebenen Wagenrädern eine Vorrichtung erforderlich, welche zunächst dafür sorgt, daß bei langsamer Fahrt, etwa beim Anfahren, die Drehzahl des Motors nicht unter eine gewisse Grenze sinkt. Dazu wäre grundsätzlich eine· Kupplung allein ausreichend. Bei einer Kupplung ist aber das Drehmoment auf der Antriebs- und auf der Abtriebsseite stets dasselbe. Der Motor müßte dann so bemessen sein, daß sein Drehmoment auch zur Überwindung von Steigungen ausreicht. Ferner müßte bei geringer Fahrgeschwindigkeit die Kupplung stets schleifen, wenn der Motor bei hohen Fahrgeschwindigkeiten nicht überdreht werden soll. Dabei macht die Abfuhr der in der Kupplung erzeugten Wärme Schwierigkeiten. Aus diesem Grunde wird stets ein Getriebe vorgesehen, welches die nötige Drehzahl- und Drehmomentwandlung besorgt. Die Kupplung stellt dann nur den Ersatz für ein stufenloses Getriebe beim Gangwechsel und beim Anfahren dar.

Bei allen Vorgängen vor und hinter dem Getriebe sind 3 Größen maßgebend: das Drehmoment M, die übertragene Leistung N und die Drehzahl n. Die 3 Größen hängen zusammen durch die Gleichung

$$M = N/n.$$

Mißt man M in mkg, N in PS und n in U/min, so wird $M = 716,2\, N/n$.

Der Zusammenhang der 3 Größen kann durch ein räumliches Schaubild gemäß Abb. 45 dargestellt werden. Für einen Zustand der Antriebsseite gelten jeweils die Zeiger 1, für einen Zustand der Abtriebsseite die

Zeiger 2. Der Motor befinde sich in einem Zustand, für den Drehmoment, Leistung und Drehzahl durch den Punkt A_1 gegeben sind. Ein verlustloses Getriebe vorausgesetzt, liegen dann die Zustände hinter dem Getriebe bei nicht gleitender Kupplung auf einer Linie gleicher Leistung b

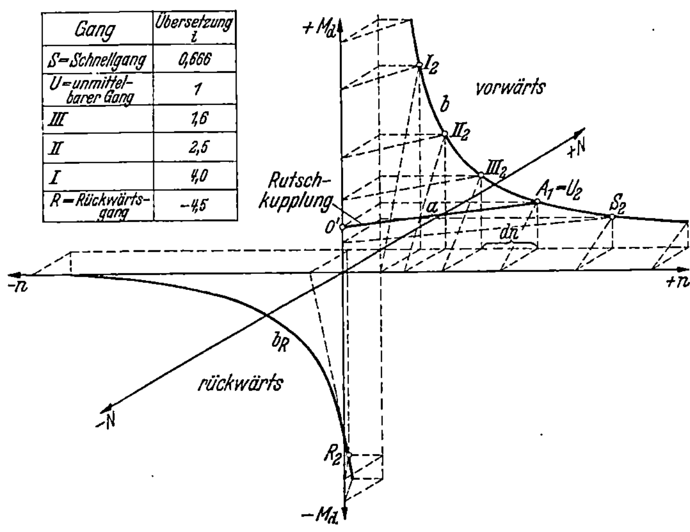

Abb. 45. Zusammenhang zwischen Leistung, Drehzahl und Drehmoment eines Getriebes nach THÜNGEN (2). Zeiger 1 für Antriebsseite, Zeiger 2 für Abtriebsseite.

für den Vorwärtsgang und b_R für den Rückwärtsgang. Bei Verwendung eines Stufengetriebes werden von dieser Linie nur einzelne Punkte herausgegriffen, die in die Abbildung eingetragen sind. Beim Umschalten von einem Gang auf den nächsten muß die Drehzahl des Motors, da die Wagengeschwindigkeit während des Gangwechsels sich nicht wesentlich ändert, einen Sprung von der Größe dn machen.

Die Zustände zwischen Kupplung und Getriebe liegen, da die Kupplung nur einen Drehzahlwandler darstellt, auf einer Linie gleichen Drehmomentes a.

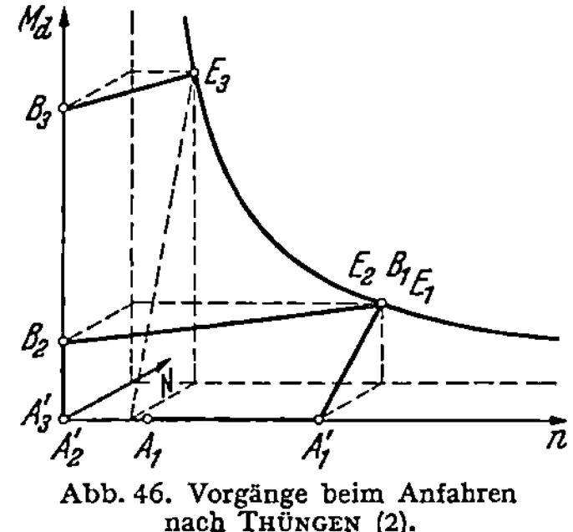

Abb. 46. Vorgänge beim Anfahren nach THÜNGEN (2).

Vorgänge beim Anfahren. Beim Anfahren spielen sich die Vorgänge etwa gemäß Abb. 46 ab. Zustände des Motors sind mit Zeiger 1, Zustände zwischen Kupplung und Getriebe mit dem Zeiger 2 und Zustände hinter dem Getriebe mit dem Zeiger 3 bezeichnet. Der Motor läuft beim Zustand A_1 mit Leerlaufdrehzahl, wobei er weder Drehmoment noch Leistung abgibt. Kurz vor dem Anfahren wird durch den Fahrer die Drehzahl beschleunigt bis A'_1, jedoch ohne Leistungsübertragung auf die

Räder. Erst beim allmählichen Einrücken der Kupplung gibt der Motor Drehmoment und Leistung ab und kommt dadurch auf den Zustand des Punktes B_1. Wagen und Getriebe bleiben bis zum Einrücken der Kupplung in Ruhe gemäß A_2'. Durch das Einrücken der Kupplung wird zunächst ein Drehmoment auf das Getriebe übertragen, entsprechend dem Zustand B_2, wodurch sich der Wagen unter gleichzeitigem Schleifen der Kupplung in Bewegung setzt, bis beim völligen Greifen der Kupplung zwischen Kupplung und Getriebe der Zustand E_2 erreicht wird. Der Motor soll dabei unverändert auf dem Zustand $B_1 = E_1$ gehalten worden sein. Hinter dem Getriebe sind die Zustände grundsätzlich dieselben wie vor dem Getriebe, nur sind die Drehmomente dem Übersetzungsverhältnis entsprechend vergrößert und die Drehzahlen verkleinert, so daß dort die Zustände A_3', B_3, E_3 durchlaufen werden.

In ganz entsprechender Weise kann man die Zustandsänderungen beim Gangwechsel verfolgen.

Regelkennlinie des Getriebes. Streng genommen kann man von einer Regelkennlinie nur bei einem selbsttätig regelnden stufenlosen Getriebe sprechen. Bei den heute überwiegend verwendeten Stufengetrieben mit Schaltung durch den Fahrer ergibt sich keine glatte Regelkennlinie. Die Zustände des Motors müssen vielmehr beim Gangwechsel von einem Zustand auf einen anderen springen.

Wir setzen zunächst ein selbsttätiges stufenloses Getriebe voraus. Für die Regelung des Übersetzungsverhältnisses können grundsätzlich alle 3 maßgebenden Größen, das Drehmoment, die Drehzahl und die Leistung herangezogen werden. Eine Regelung auf konstante Drehzahl des Motors wäre nicht zweckmäßig. Der Motor müßte dann stets mit der verhältnismäßig hohen Drehzahl laufen, bei der er seine größte Leistung abgeben kann, damit diese gegebenenfalls zur Verfügung steht. Er würde bei langsamer Fahrt, etwa bei Stadtfahrten, mit unnötig hoher Drehzahl und deshalb unwirtschaftlich arbeiten. Ebenso wäre eine Regelung auf konstantes Drehmoment des Motors praktisch nicht verwertbar, da hierbei der Motor bei Absinken der Fahrgeschwindigkeit unter Vollgas, z. B. beim Durchfahren einer Steigung, abgewürgt würde. Denn das Drehmoment sinkt bei abnehmender Drehzahl nur wenig ab, so daß das Getriebe nicht schalten würde. Drehmoment und Drehzahl allein können deshalb nicht als bestimmend für eine Regelkennlinie verwendet werden. Es müssen vielmehr zwei Größen zur Regelung herangezogen werden, etwa Drehzahl und Leistung.

Eine praktisch brauchbare Regelkennlinie könnte gemäß Abb. 47 ausgebildet werden. In Abb. 47 ist in Abhängigkeit von Drehzahl und Leistung das Drehmoment des Motors bei Vollgas eingetragen, die Motorkennlinie. Von der Regelkennlinie sind zunächst die Endpunkte festgelegt. Bei Leerlaufdrehzahl, in dem Beispiel der Abb. 47 bei $n = 500$ U/min muß die vom Motor abgegebene Leistung Null sein. Bei der höchstzulässigen Drehzahl des Motors muß dessen Höchstleistung bei

Vollgas zur Verfügung stehen. In diesen beiden Punkten muß also die Regelkennlinie die Motorkennlinie schneiden. Im übrigen wird der Verlauf der Kurve zweckmäßig so festgelegt, daß sich ein möglichst günstiger Brennstoffverbrauch ergibt. Dabei ist allerdings noch in Betracht zu ziehen, daß viele Motoren bei kleiner Drehzahl und voller Füllung zum Klopfen und zu unruhigem Lauf neigen, so daß die Regelkennlinie jedenfalls für kleine Drehzahlen genügend weit von der Motorkennlinie abzurücken ist. Auf Grund dieser Überlegungen kommt man zu einer Kennlinie etwa derart, wie sie in Abb. 47 eingetragen ist.

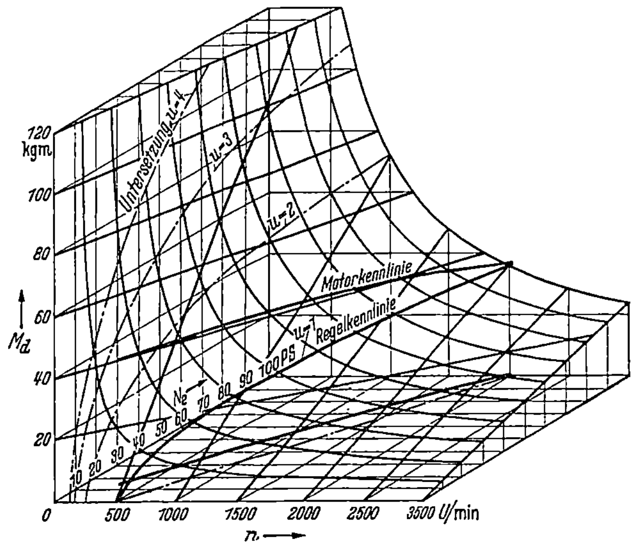

Abb. 47. Günstige Regelkennlinie eines stufenlosen Getriebes nach Thüngen (1).

Bei Verwendung eines Stufengetriebes, wie sie heute fast ausschließlich üblich sind, kann der Zustand des Motors nicht auf einer derartigen Regelkennlinie gehalten werden. Er muß vielmehr entsprechend dem Verhältnis zweier benachbarter Untersetzungsstufen um eine Regelkennlinie hin und herpendeln.

Bei der Schaltung des Getriebes durch den Fahrer ist dessen Gefühl für die Regelkennlinie maßgebend. Ein geübter Fahrer verwirklicht dabei angenähert eine Regelkennlinie gemäß Abb. 47.

b) Strömungsgetriebe.

Bezeichnungen:

M Drehmoment, n Drehzahl, D Durchmesser eines Strömungsgetriebes.

Flüssigkeitsgetriebe können als hydrostatische Getriebe und als Strömungsgetriebe ausgebildet werden. Strömungsgetriebe werden sowohl als Strömungskupplung ausgeführt, bei der nur eine Drehzahl- dagegen keine Drehmomentwandlung eintritt, als auch als Strömungswandler, bei welchem auch eine Drehmomentwandlung erzeugt wird. Als Flüssigkeit wird im allgemeinen Öl verwendet.

Hydrostatische Getriebe bestehen aus einer vom Motor angetriebenen Kolbenpumpe, welche Drucköl liefert. Dieses wird zum Antrieb einer zweiten ähnlichen Vorrichtung verwendet. Durch Änderung des Hubes, etwa der Pumpe, läßt sich das Übersetzungsverhältnis der Anordnung regeln. Der Wirkungsgrad solcher Getriebe ließ sich von 60%, bei älteren Ausführungen auf 80% und mehr steigern. Bei Kraftwagen sind solche Getriebe in größerem Maße bisher nicht angewendet worden.

Bei den Strömungsgetrieben wird, wie in einer Turbine, die Massenkraft einer strömenden Flüssigkeit zur Energieübertragung herangezogen. In einem als Pumpe wirkenden Teil wird der Flüssigkeit Energie zugeführt, in einem zweiten, als Turbine wirkenden Teil wird sie ihr wieder entzogen.

Für hydraulische Maschinen mit geometrisch ähnlichen Abmessungen und Strömungsvorgängen ist das Drehmoment M gegeben durch den Ausdruck

$$M = k \cdot n^2 D^5.$$

Darin ist k eine Konstante, n die Drehzahl und D eine kennzeichnende Abmessung, z. B. der Durchmesser. Das Auftreten der fünften Potenz der linearen Abmessung D erklärt sich dadurch, daß bei Vergrößerung der Abmessungen die Flüssigkeitsmenge mit D^3 zunimmt, außerdem aber die Kräfte mit D^2 steigen.

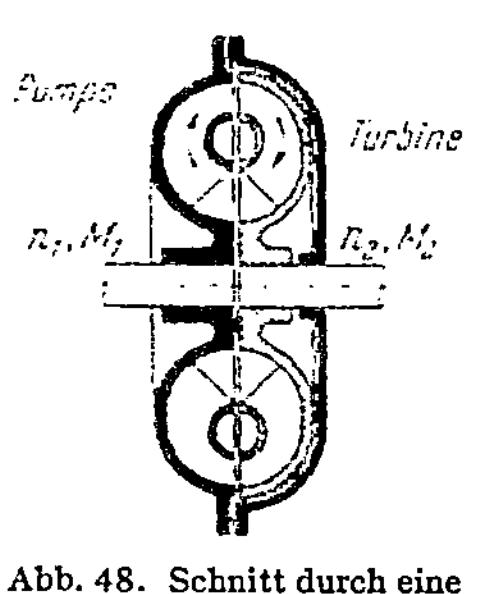

Abb. 48. Schnitt durch eine Strömungskupplung.

Für die übertragbare Leistung N gilt mit k_1 als Konstante

$$N = k_1 \cdot n^3 \cdot D^5.$$

Man wird also, um kleine Abmessungen zu erhalten, die Betriebsdrehzahl möglichst hoch halten. Es lohnt sich unter Umständen die Verwendung einer zusätzlichen Zahnradübersetzung, welche zwischen Motor und Strömungsgetriebe eine Übersetzung ins Schnelle erzeugt.

Strömungskupplung. Eine Strömungskupplung besteht, entsprechend Abb. 48, aus zwei in einem Gehäuse befindlichen Schaufelrädern, von denen das eine vom Motor angetrieben wird, das andere das Drehmoment weiterleitet. Zur Energieübertragung dient also ein Flüssigkeitsring, in dem sich zwei Kreisläufe überlagern. Der Flüssigkeitsring läuft zunächst mit dem Gehäuse um die Achse der Kupplung um. Außerdem läuft jedes Flüssigkeitsteilchen in einer angenähert durch die Achse der Kupplung gehenden Ebene um, wobei es abwechselnd die eine und die andere Kupplungshälfte durchströmt.

Da die Summe aller an dem Flüssigkeitsring angreifenden Kräfte gleich Null sein muß und Leiträder nicht vorhanden sind, ist das abgegebene Drehmoment gleich dem zugeführten. Die Wirkungsweise entspricht also in der Tat der einer Kupplung. Der Wirkungsgrad hängt nur vom Schlupf ab und ist gleich dem Verhältnis der Abgangs- und der Eingangsdrehzahl, Abb. 49. Die Kupplung hat, wenn sie Energie überträgt, immer Schlupf, da nur durch verschiedene Drehzahl der beiden Hälften die nötige Strömung in der Ebene der Kupplungsachse aufrechterhalten wird. Bei gleichem Schlupf ist das übertragene Drehmoment um so größer je höher die Umdrehungszahl liegt, und zwar wächst gemäß Gleichung (1) das Drehmoment mit dem Quadrat der Drehzahl. Bei kleiner Drehzahl wird deshalb auch bei großem Schlupf nur ein sehr kleines Moment übertragen. Dadurch wirkt eine Strömungskupplung bei richtiger Bemessung als selbsttätige Kupplung. Bei stehendem Fahrzeug und Leerlaufdrehzahl des Motors ist das von der Kupplung übertragene Drehmoment so klein, daß eine merkliche Belastung des Motors nicht vorhanden ist. Ein Abwürgen des Motors bei geringer Fahrgeschwindigkeit oder stehendem Fahrzeug kann nicht eintreten. Bei Beschleunigung des Motors steigert sich das von der Kupplung übertragene Drehmoment entsprechend der Drehzahlzunahme des Motors, wodurch ein sehr sanftes Anfahren ermöglicht wird. Der Spitzenwirkungsgrad, der bei hoher Drehzahl erreicht wird, beträgt bei üblichen Ausführungen bis zu 98%. Derartige Strömungskupplungen werden von verschiedenen Fabriken serienmäßig in Kraftwagen eingebaut.

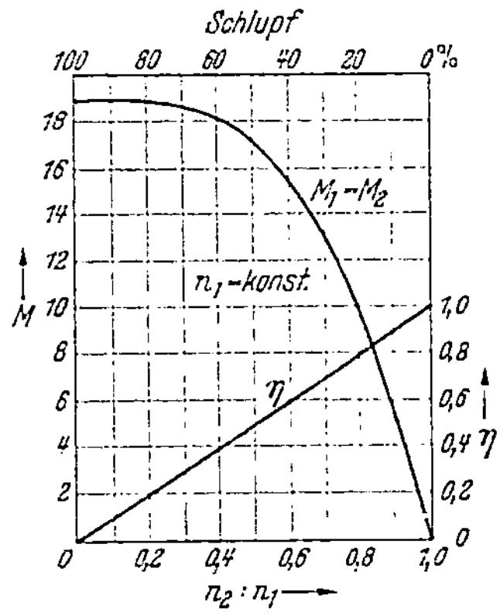

Abb. 49. Kennlinien einer Strömungskupplung. M_1 Antriebsmoment; M_2 Abtriebsmoment; η Wirkungsgrad; n_1 Antriebsdrehzahl; n_2 Abtriebsdrehzahl.

Strömungswandler. Strömungswandler enthalten außer den beiden Schaufelrädern noch eine Leitrad, Abb. 50. Das festgehaltene Leitrad nimmt die Differenz des Drehmomentes der Antriebs- und der Abtriebsseite auf und gibt dadurch die Möglichkeit einer Drehmomentwandlung. Das Abtriebsmoment kann sowohl größer als kleiner wie das Antriebsmoment sein. Dementsprechend wechselt das Leitradmoment bei einer bestimmten Drehzahl seine Richtung und zwar bei der Drehzahl, bei der Abtriebsmoment und Antriebsmoment gerade gleich groß sind. Die praktische Ausführung ist nicht auf die Verwendung von drei Schaufelrädern beschränkt. Es werden bei einzelnen Ausführungsformen auch mehrere Turbinen und Leiträder angeordnet. Im folgenden ist jedoch nur der Wandler mit drei Rädern näher behandelt.

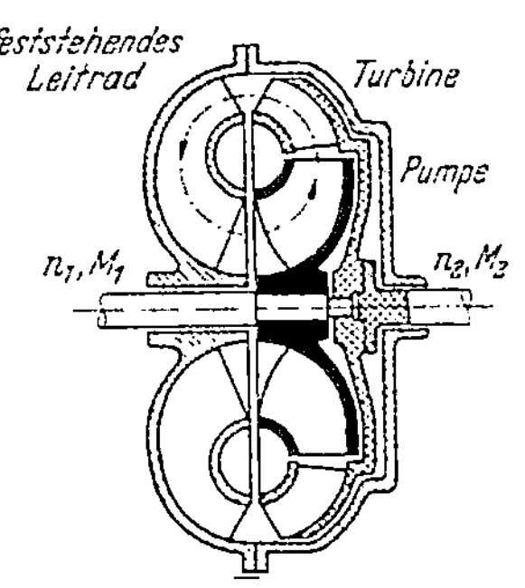

Abb. 50. Schnitt durch einen Drehmomentwandler. Bezeichnungen wie bei Abb. 49.

Im Gegensatz zur Strömungskupplung sind die Schaufeln aller drei Räder stark gekrümmt. Die Beschaufelung kann nur für ein Drehzahlverhältnis richtig gebaut sein. Bei anderen Drehzahlverhältnissen treten Verluste auf, welche den Wirkungsgrad herabsetzen. In Abb. 51 sind die Kennlinien eines Wandlers gemäß Abb. 50 dargestellt. Das vom Motor zu leistende Antriebsmoment hängt nur von seiner Umdrehungszahl ab und wächst mit deren Quadrat. Es ist unabhängig von der Abtriebsdrehzahl und damit von der Fahrgeschwindigkeit des Wagens. Das Abtriebsmoment ist ebenfalls proportional dem Quadrat der Motordrehzahl, sinkt jedoch außerdem mit zunehmender Fahrgeschwindigkeit.

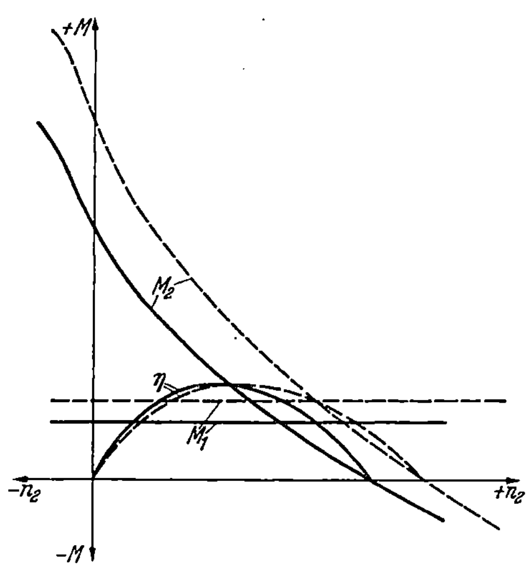

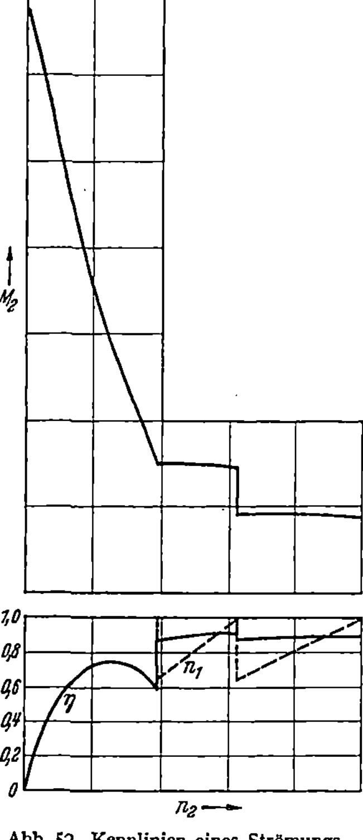

Abb. 51. Kennlinien eines Strömungswandlers für konstante Antriebsdrehzahl nach Kugel (1). Die gestrichelten Kurven gelten für eine um 20% erhöhte Drehzahl. Bezeichnungen wie bei Abb. 49.

Abb. 52. Kennlinien eines Strömungsgetriebes mit einem Wandler und zwei Kupplungen nach Benz (1).

Bei geringer Abtriebsdrehzahl, etwa beim Anfahren, beträgt das Abtriebsmoment infolge der starken Umlenkung der Strömung an dem langsam laufenden Turbinenrad ein Mehrfaches des Antriebsmomentes, bei üblichen Ausführungen das Vier- bis Fünffache. Bei Steigerung der Abtriebsdrehzahl wird das Abtriebsmoment kleiner und sinkt schließlich unter den Wert des Antriebsmomentes. Es findet dann eine Übersetzung ins Schnelle statt.

Ein mit einem Strömungswandler ausgestatteter Antrieb hat ein sehr elastisches Verhalten, ähnlich dem eines Gleichstrom-Hauptstrommotors. Der Wandler selbst stellt ein Getriebe mit unendlich vielen sich selbst

schaltenden Stufen dar und kommt in seiner Regelkennlinie dem in
Abb. 47 dargestellten Idealfall ziemlich nahe.

Nachteilig ist bei Strömungsgetrieben der bei hohen Abtriebsdreh-
zahlen absinkende Wirkungsgrad. Das Absinken des Wirkungsgrades
ist, wie schon erwähnt, dadurch bedingt, daß die Beschaufelung nur für
ein bestimmtes Drehzahlverhältnis richtig gebaut sein kann. Bei anderen
Zuständen treten außer den Reibungsverlusten noch Stoß- und Umsatzverluste auf, welche den Wirkungsgrad herabsetzen.

Diese Schwierigkeit sucht man auf verschiedene Weise zu umgehen.
Man kann gleichzeitig mehrere Strömungswandler anordnen, von denen
jeweils der der Fahrtgeschwindigkeit entsprechende durch eine mechanische Kupplung oder durch Füllen des vorher entleerten Gehäuses ein-
geschaltet wird. Zum Teil wird nur zum Anfahren ein Wandler und für

höhere Geschwindigkeiten
eine Kupplung verwendet.
Abb. 52 zeigt Drehmoment
und Wirkungsgrad eines
derartigen Getriebes in Abhängigkeit von der Ab-
triebsdrehzahl n_2. Bei einer
anderen Ausführungsform
ist das Leitrad drehbar angeordnet und durch einen
Freilauf gegen das beim
Anfahren auftretende Mo-

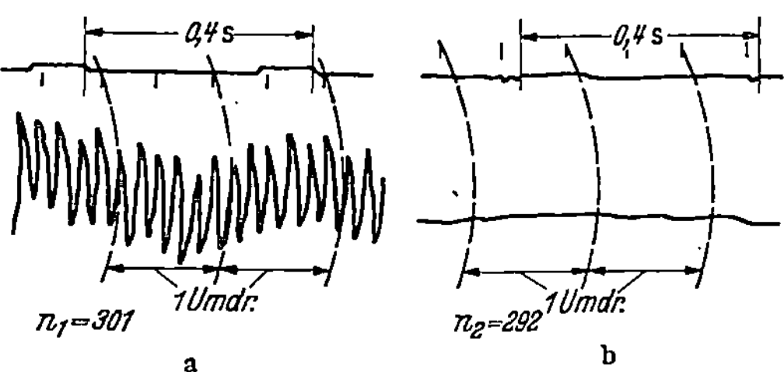

Abb. 53. Schwingungsdämpfende Wirkung einer
Strömungskupplung bei einem Sechszylinder-Dieselmotor nach
BENZ (1). Links Schwingungsausschläge der Antriebswelle;
rechts Schwingungsausschläge der Abtriebswelle; beide durch
Drehschwingungsmesser in gleichem Maßstab aufgezeichnet.

ment gesperrt. Bei der obenerwähnten Umkehr des Drehmomentes
wird das Leitrad freigegeben und läuft dann mit, wodurch die Stoß-
und Umsatzverluste herabgemindert werden und der Wandler ähnlich
wie eine Kupplung wirkt. Der Wirkungsgrad wird dadurch bei hohen
Drehzahlen gesteigert.

Der Spitzenwirkungsgrad eines Wandlers beträgt bei üblicher Ausführung 82 bis 85% gegenüber 97 bis 98% einer Strömungskupplung.

Eine Einsparung von Gelenkwelle und Differential durch räumliche
Trennung von Pumpe und Turbine ist bei Strömungsgetrieben nicht
durchführbar, da durch die erforderlichen Rohrleitungen und die ge-
trennte Anordnung an sich, der Wirkungsgrad zu stark herabgesetzt wird.

Von praktischem Interesse ist noch die Eigenschaft aller Strömungsgetriebe, die Fortleitung von Schwingungen zu unterbinden. Diese Unterdrückung von Schwingungen erklärt sich dadurch, daß die Flüssigkeit
infolge ihrer Trägheit nur zu einem geringen Bruchteil Schwingungen
des Turbinenrades folgen kann. Eine Strömungskupplung schützt deshalb
sowohl den Motor vor Stößen, die durch die Treibräder erzeugt werden,
als auch umgekehrt die Treibräder vor der Ungleichförmigkeit des Motors.
In Abb. 53 ist ein Beispiel für die Schwingungsdämpfung durch eine

Strömungskupplung dargestellt. Es sei noch erwähnt, daß die Schwingungsdämpfung durch Strömungskupplungen von besonderer Wichtigkeit beim Dieselantrieb im Schiffsbau war. Erst durch die Verwendung von Strömungskupplungen war es möglich, mehrere Dieselmaschinen auf eine Schraube arbeiten zu lassen.

3. Schmierung.

Als Schmiermittel werden im Motor Öle, für die anderen Lagerstellen Öle oder Fette verwendet. Diese Schmiermittel werden aus Erdöl, Braunkohlen, Steinkohlen, Schiefer, pflanzlichen oder tierischen Rohstoffen oder synthetisch hergestellt. Am meisten werden die

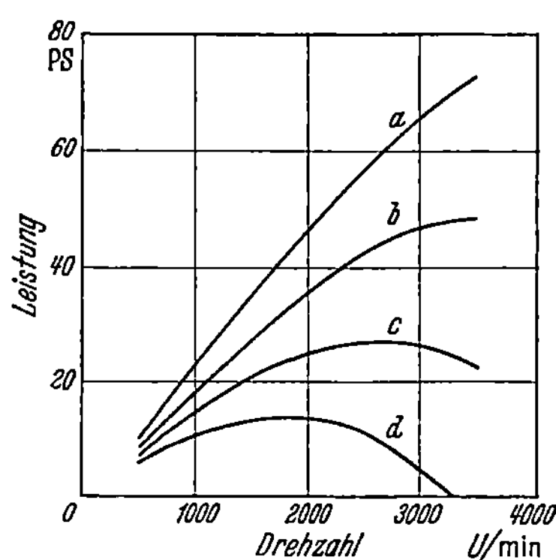

Abb. 54. Leistung eines 2,6-l-Sechszylindermotors bei verschiedener Zähigkeit des Öles. *a* indizierte Leistung; *b* Nutzleistung bei einer Zähigkeit des Öles von 25 cP (Centipoise); *c* Nutzleistung bei 100 cP; *d* Nutzleistung bei 225 cP.

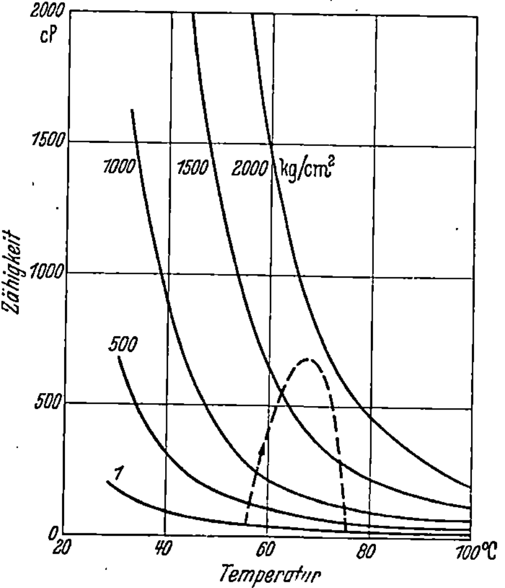

Abb. 55. Temperaturabhängigkeit der Zähigkeit einer Ölsorte für verschiedene Drücke. Die gestrichelte Linie zeigt die Zustandsänderung eines Ölteilchens beim Durchlaufen eines Lagers.

mineralischen aus Erdöl stammenden Öle verwendet, neuerdings in zunehmendem Maße synthetische Öle, seltener tierische oder pflanzliche Öle.

Eigenschaften der Schmieröle. Die wichtigste Eigenschaft eines Schmieröles ist seine Zähigkeit, welche für die Leistungsfähigkeit eines Motors von wesentlicher Bedeutung ist. Abb. 54 zeigt die Leistung eines Motors in Abhängigkeit von der Umdrehungszahl für verschiedene Zähigkeit des Öles. Hohe Zähigkeit vermindert die Nutzleistung, zu geringe ergibt mangelhafte Schmierung.

Die Zähigkeit der Schmieröle sinkt mit wachsender Temperatur und steigt mit wachsendem Druck. Unter einer gewissen Temperatur, am sog. Stockpunkt, wird das Öl schließlich fest. Dabei entsteht, insbesondere bei paraffinischen Ölen, eine den Paraffinkristallen entsprechende Struktur. Diese Struktur kann auch schon auftreten bei Temperaturen, bei denen das Öl noch nicht gestockt ist. Beim Anfahren muß dann die Struktur zerbrochen werden. Erst dann ist die Zähigkeit des Öles für den Bewegungswiderstand maßgebend. Bei Fetten tritt diese Erscheinung nicht auf, da die Seifenstruktur nur sehr geringe Festigkeit hat.

In Abb. 55 ist die Temperaturabhängigkeit der Zähigkeit für eine Ölsorte bei verschiedenen Drücken dargestellt. Bei einer Temperatursteigerung von 40° auf 60° geht die Zähigkeit z. B. bei kleineren Drücken auf etwa ein Viertel ihres ursprünglichen Wertes zurück.

Abb. 56 gibt die Druckabhängigkeit der Zähigkeit für drei verschiedene Ölsorten bei einer Temperatur von 54° C wieder. Bei

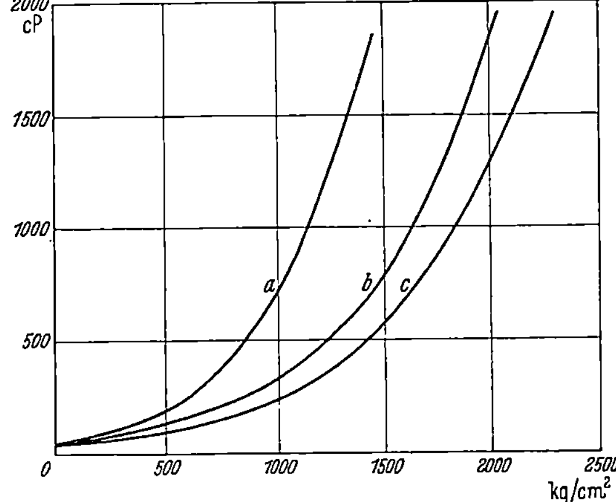

Abb. 56. Druckabhängigkeit der Zähigkeit für drei verschiedene Ölsorten a, b, c mit gleicher Anfangszähigkeit, gemessen bei 54° C.

geringen Drücken beträgt die Zähigkeit für alle drei Sorten etwa 50 cP. Der Anstieg mit wachsendem Druck ist jedoch für die drei Ölsorten ganz verschieden. Bei 1500 kg/cm² ist die Zähigkeit der Sorte a auf 2000 cP gestiegen die der Sorte c dagegen nur auf 600 cP.

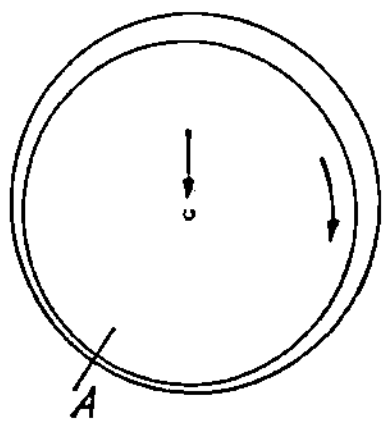

Beim Durchgang durch ein Lager durchläuft ein Öltröpfchen etwa die in Abb. 55 gestrichelt eingezeichnete Zustandsänderung. Bei seinem Eintritt steht es unter nur geringem Druck und hat beispielsweise eine Temperatur von 55° C. Bei seiner Annäherung an den engsten Querschnitt zwischen Welle und Lagerschale entsprechend der Stelle A der Abb. 57 steigt der Druck und infolge der Reibung auch die Temperatur an. Nach dem Durchgang durch A sinkt bei weiterem Ansteigen der Temperatur der Druck wieder auf kleine Werte ab.

Abb. 57. Gegenseitige Lage von Welle und Lagerschale; kleinste Dicke des Ölfilmes an der Stelle A.

Der Anstieg der Zähigkeit mit wachsendem Druck sorgt dafür, daß der Ölfilm auch an der Stelle A der höchsten Belastung nicht zu dünn wird. In Abb. 58 ist für eine bestimmte Ölsorte und ein bestimmtes Lager die an der Stelle A der Abb. 57 auftretende kleinste Filmdicke in Abhängigkeit von der Flächenpressung aufgetragen. Die mit wachsendem Druck steigende Zähigkeit sucht die Filmdicke zu erhöhen, die gleichzeitig steigende Temperatur und die unmittelbar wirkenden Kräfte suchen sie zu vermindern. Es ergibt sich ein tatsächlicher Verlauf gemäß Kurve a. Von einer Pressung von etwa 1000 kg/cm² der projizierten Lagerfläche ab . halten sich die beiden entgegengesetzt gerichteten

Wirkungen das Gleichgewicht. Die Filmdicke bleibt nahezu unverändert. Kurve *b* zeigt die Filmdicke bei Verhinderung des Temperaturanstieges, Kurve *c* ohne Berücksichtigung der Druckabhängigkeit der Zähigkeit unter den Einfluß des Temperaturanstieges allein.

Eine gewisse Druckabhängigkeit der Zähigkeit ist für hochbelastete Lager erwünscht oder jedenfalls nicht störend. Die Temperaturabhängigkeit der Zähigkeit ist dagegen stets unerwünscht. Die Zähigkeit des Öles soll vielmehr unter allen Betriebsbedingungen des Motors möglichst die gleiche sein. Bei kaltem Motor soll der Schmierstoff nicht zu zähflüssig sein, damit der Anlasser nicht zu stark belastet wird und· damit eine ausreichende Förderung von Öl an alle Lagerstellen gewährleistet ist. Bei der normalen Betriebstemperatur soll der Schmierstoff nicht zu dünnflüssig sein, da. sonst die Abdichtung zwischen Verbrennungsraum und Kurbelgehäuse verschlechtert wird und zuviel Öl in den Verbrennungsraum eindringt, wo es Verbrennungsrückstände hinterläßt.

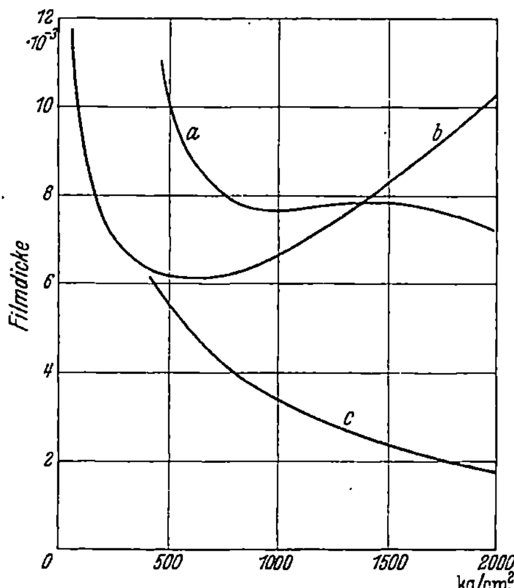

Abb. 58. Abhängigkeit der Filmdicke von der Lagerpressung bezogen auf die Projektion der Lagerfläche. *a* tatsächliche Filmdicke; *b* Filmdicke ohne Zähigkeitsminderung bei Temperaturanstieg; *c* Filmdicke ohne Zähigkeitssteigerung bei Druckanstieg.

Die Temperaturabhängigkeit der Zähigkeit ist durch den Aufbau der Ölmoleküle bedingt. Bei paraffinischen Kohlenwasserstoffen läßt sich grundsätzlich die geringste Temperaturabhängigkeit der Zähigkeit erzielen. Am günstigsten sind dabei langgestreckte Moleküle, am ungünstigsten Moleküle, deren Form sich durch Verzweigung der Kohlenstoffketten der Kugelform nähern. Auch die Anzahl und Stellung der Seitenketten ist von maßgebendem Einfluß. Bei natürlichen Schmierstoffen ist der Molekülaufbau durch die technische Verarbeitung nicht grundsätzlich zu ändern. Das Temperaturverhalten kann deshalb nicht über eine gewisse Grenze hinaus verbessert werden. Bei der synthetischen Herstellung von Schmierstoffen ist der Aufbau der Moleküle dagegen weitgehend zu beeinflussen und es sind Öle darstellbar, bei denen die Temperaturabhängigkeit der Zähigkeit wesentlich geringer ist als bei den günstigsten natürlichen Ölen.

Für die Schmierfähigkeit eines Öles spielen ferner die Molekularkräfte, durch welche die Moleküle des Schmiermittels untereinander und mit den gleitenden Flächen in Verbindung stehen, eine Rolle. Dies gilt insbesondere bei sog. Grenzschmierung, d. h. bei sehr geringem Abstand zweier gleitenden Flächen, bei denen die Vorgänge in der Flüssigkeit sich nicht mehr nach den Strömungsgesetzen abspielen. Die Ketten des Ölmoleküls klammern sich, wie durch Röntgenuntersuchungen festgestellt wurde, vielfach mit ihrem einen Ende an den Gleitflächen fest und stehen gestreckt und nahezu senkrecht dicht aneinander gedrängt auf der Fläche. Die Schmiereigenschaften eines Öles sind um so besser, je stärker die Bindung der Moleküle an die Oberfläche und untereinander ist. Die molekularen Bindekräfte werden durch ein aktives Kettenende gefördert, wodurch jedoch gleichzeitig die Empfindlichkeit des Öles gegen chemische Einflüsse wächst. Die Öle verharzen.

Die Bindung an den Gleitflächen hängt auch von deren Beschaffenheit ab, weshalb die Schmierwirkung auch von dem Material und dem Kristallgefüge der Gleitflächen beeinflußt wird. In manchen Fällen ist die Bindung des Schmiermittels an die Oberfläche offenbar sogar stärker als die Bindung der Moleküle des Werkstoffes untereinander. Dann tritt ein der Kavitation ähnliches Herausreißen von Oberflächenteilchen aus dem Werkstoff aus. Diese Erscheinung zeigt sich gelegentlich bei genau gearbeiteten Zahnrädern.

Der Flammpunkt, d. h. die Temperatur, bei der die aus dem Öl entweichenden Gase unter bestimmten Bedingungen zu entflammen sind, ist für Motoröl von untergeordneter Bedeutung, da er durch die unvermeidliche Aufnahme von Kraftstoff im Betrieb sofort verändert wird.

Verbesserung der Öle durch Zusätze. Die Eigenschaften der Öle lassen sich durch bestimmte Zusätze verbessern. Die Oxydationsbeständigkeit kann z. B. durch Metallseifen erhöht werden, deren Wirksamkeit jedoch bei höherer Temperatur zurückgeht. Korrodierende Zusätze, etwa in Form von organischen Säuren, werden dem Schmieröl, insbesondere für die Verwendung in hochbelasteten Lagern, beigegeben. Derartige Zusätze erzeugen auf den gleitenden Flächen eine Korrosionsschicht, welche die Freßneigung vermindert und die Laufeigenschaften verbessert. Schwefelhaltige Stoffe, Chlorverbindungen und manche andere Stoffe, welche die Korrosion unterstützen, beeinträchtigen aber mehr oder weniger die Oxydationsbeständigkeit der Öle. Die Anwendung derartiger Stoffe ist deshalb nur in beschränktem Umfange möglich.

Ferner wird häufig ein Zusatz von kolloidalem Graphit vorgeschlagen, welcher im allgemeinen die Schmiereigenschaft verbessert. Im Graphit besitzt jedes Atom drei in einer Ebene liegende Bindungen zu seinen Nachbaratomen und eine vierte schwächere Bindung zu der Nachbarebene. Durch diese ausgesprochene Blättchenstruktur besitzen die Graphitkristalle an sich eine gewisse Schmierfähigkeit. Außerdem sind die Molekularkräfte zwischen Graphit und Öl und wahrscheinlich auch zwischen Graphit und Metall besonders groß, so daß die Graphitkristalle gewissermaßen ein Bindemittel zwischen den Ölmolekülen untereinander und zwischen Öl und Gleitfläche darstellen. Ferner setzt sich Graphit in den durch die Rauhigkeit der Gleitflächen bedingten Vertiefungen fest, wo er ähnlich einem Docht Schmiermittel festhält.

Dem Motoröl werden bis zu 0,05% in Form von kolloidalem Graphit zugesetzt. Die größte Abmessung der Teilchen schwankt von weniger als 0,001 mm bis zu 0,004 mm. In manchen Produkten sind auch Teilchen bis zu 0,015 mm größter Abmessung vorhanden.

Sowohl korrodierende Zusätze als Graphit sind nicht geeignet bei Schmiermitteln für Wälzlager, welche durch derartige Zusätze angegriffen werden.

Veränderung der Schmiermittel im Betriebe. Bei neutraler Beanspruchung in Lagern und Zahnradgetrieben werden die Schmiermittel durch Aufnahme von Metallstaub, welcher unter Umständen eine katalythische Wirkung ausübt, sowie durch den Einfluß des Luftsauerstoffes und der erhöhten Temperatur verändert. Öle neigen zum Verharzen, Schmiermittel aus tierischen oder pflanzlichen Fetten zum Ranzigwerden und Fette auf Seifengrundlage zum Entmischen.

Das Motoröl unterliegt im Otto-Motor überwiegend reduzierender, im Dieselmotor überwiegend oxydierender Beanspruchung. Bei unterkühlten Otto-Motoren oder fetter Vergasereinstellung wird das Motoröl mit Kraftstoff angereichert, bei magerer Vergasereinstellung oder hoher Betriebstemperatur wird ihm der Kraftstoff wieder entzogen. Während des Verdichtungshubes unterliegt das Öl auch im Otto-Motor einer oxydierenden Beanspruchung. Durch Oxydation und den Einfluß der hohen Temperatur entstehen Ölkohle, Asphalt, Säuren und Polymerisationsprodukte.

Beim Dieselmotor tritt im allgemeinen eine Ölverdickung durch Herausverdampfen und Verbrennen der leichter siedenden Bestandteile aus dem Schmieröl auf, welche durch die Bildung von Ölkohle und Asphalt unterstützt wird. Unter Umständen kann jedoch auch eine Schmierölverdünnung durch Aufnahme unverbrannten Dieselkraftstoffes eintreten.

Einfluß der gleitenden Flächen. Wie schon erwähnt, hängen die Laufeigenschaften eines Lagers wesentlich von den aufeinander gleitenden Flächen ab. Schmiedeeisen und Gußeisen, Stahl und Holz, Metall und Kunstharz laufen auch mit wenig Schmierung gut aufeinander. Schmiedeeisen auf Schmiedeeisen, Kupfer auf Leichtmetall neigen zum Fressen und nutzen sich gegenseitig stark ab. Offenbar laufen Materialpaare, welche leicht miteinander verschweißen, schlecht aufeinander und umgekehrt.

Wäßrige Schmiermittel. Lagerschalen aus Gummi oder Kunstharz mit Wasserschmierung erfordern besondere Maßnahmen zur Wärmeableitung und außerdem Korrosionsschutz der Welle. Sie wurden im Kraftwagenbau bisher nicht in größerem Umfange verwendet. Das gleiche gilt für Emulsionen von Öl in Wasser oder für Seifenwasser als Schmiermittel.

Wasser und wäßrige Emulsionen haben jedoch den Vorteil, daß ihre Schmiereigenschaften im Gegensatz zu den mineralischen Ölen nur wenig von der Temperatur abhängen.

Einlaufen. Neue Laufflächen weisen von der Bearbeitung her Unebenheiten in der Größenordnung von 0,01 mm auf. Bei der Bewegung zweier Flächen gegeneinander wird der Ölfilm in unregelmäßiger Folge von einzelnen sich gerade gegenüber stehenden Erhebungen der beiden Gleitflächen durchbrochen, welche dann in unmittelbare Berührung kommen. Dadurch entstehen jeweils für eine Zeit von etwa 10^{-4} s oder weniger Brücken von der gleichen Festigkeit wie die Metalle selbst. Die in Berührung gekommenen Unebenheiten werden durch diese vorübergehende Brückenbildung verkleinert. Sobald Brückenbildung in großem Maßstabe auftritt, steigt die Temperatur stark an, die Zähigkeit und Haftfähigkeit des Öles nimmt ab und der Kolben oder die Welle beginnt zu fressen. Der Vorgang der Temperatursteigerung wird also von einer bestimmten Drehzahl ab labil.

Beim Einfahren ist, insbesondere mit Rücksicht auf Kolbenreibung im Zylinder, ein Öl mit großer Haftfähigkeit und hohem Siedepunkt erwünscht. Außerdem darf eine bestimmte Höchstdrehzahl nicht überschritten werden. Die gesamte Abnutzung eines Kolbens beim Einlaufen beträgt normalerweise 0,02 bis 0,05 mm.

Es wird vielfach als vorteilhaft bezeichnet, neue Gleitflächen nicht auf Hochglanz zu polieren. Eine gewisse Rauhigkeit erleichtert angeblich den Einlaufvorgang. In den Vertiefungen setzt sich eine Ölreserve fest. Außerdem kann der nötige Abrieb mit geringerer Materialentfernung erreicht werden.

Außer der rein mechanischen Glättung ist auch eine Gefügeveränderung der Laufflächen festzustellen. Das gilt insbesondere bei Gleitflächen aus harten Stoffen wie Bronze und Stahl, bei denen eine Vergütung eintritt. Ferner wird, wie schon erwähnt, durch korrodierende Schmiermittel eine Schicht auf die Gleitflächen aufgebracht oder in die Gleitflächen eingefressen, welche ein Verschweißen erschwert und die Laufeigenschaften verbessert.

Kaltstart. Besonders ungünstig sind die Schmierungsverhältnisse im Zylinder beim Kaltstart. Infolge der niedrigen Temperatur schlägt sich an den Zylinder- und Kolbenflächen Brennstoff nieder, verdünnt dort das Öl und vermindert seine Schmierfähigkeit. Die an den Zylinderflächen brennend herablaufenden Kraftstofftröpfchen hinterlassen Ansätze von Verbrennungsrückständen, welche die Schmierung weiter verschlechtern. Durch die große Zähigkeit des kalten Öles wird außerdem eine rasche Ölförderung an die Schmierstellen erschwert. Die Schmierungsverhältnisse sind also denkbar ungünstig, weshalb sich bei häufigem Kaltstart und raschem Hochtreiben der Drehzahl des Motors eine Beschädigung der Zylinderflächen und des Kolbens ergibt.

Durch Verzinnung konnten die Laufeigenschaften von Kolben unter schwierigen Verhältnissen verbessert werden. Eine Beschädigung von Kolben durch Kaltstart und unvorsichtiges Einfahren wird dadurch eingeschränkt. Eine Verzinnung ist durch einen chemischen Ansiedevorgang aus einer zinnhaltigen Lösung auch bei Leichtmetallkolben möglich.

4. Die Federung des Kraftwagens.

Bezeichnungen:

m Masse,
c Federkonstante,
k Dämpfung,
ξ Auslenkung der Achsen,
v Fahrgeschwindigkeit,
y zurückgelegter Weg,
t Zeit,

n Dämpfungsfaktor ($n = 1$ aperiodische Dämpfung),
l Radstand,
I Trägheitsmoment,
ω Kreisfrequenz der Erregung,
ω_0 Eigenfrequenz,
$\alpha = \omega_0/\omega$.

Der Aufbau eines Kraftwagens stellt zusammen mit der Federung und den Rädern gemäß Abb. 59 ein Schwingungssystem mit einer Anzahl von Eigenfrequenzen dar, die zum Teil miteinander gekoppelt sind. Die Räder sind durch die Reifen elastisch gegen die Straße abgestützt, der Wagenaufbau ist mit den Achsen bzw. Rädern durch die Federung verbunden und der Fahrer ist durch die Polsterung gegen den übrigen Wagen abgefedert.

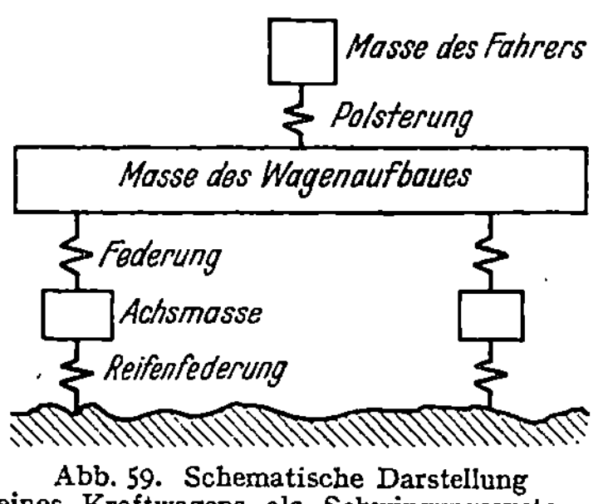

Abb. 59. Schematische Darstellung eines Kraftwagens als Schwingungssystem.

Wirkung der Fahrerschütterungen. Für etwaige Zerstörungen, für das Lockern von Verbindungen und das Klappern einzelner Teile sind die auftretenden Wechselbeschleunigungen maßgebend. Dabei ist auch die Frequenz in Betracht zu ziehen, da Zerstörungen in um so kürzerer Zeit auftreten je öfter in der Zeiteinheit gewisse Beschleunigungswerte überschritten werden.

Ferner strahlt die Karosserie entsprechend den ihr aufgezwungenen Erschütterungen Luftschwingungen ab, die, sofern sie eine gewisse Frequenz und Energie übersteigen, als Schall empfunden werden. Die abgestrahlte Schallenergie ist je nach Größe der schallabstrahlenden Fläche proportional der Beschleunigung oder der Geschwindigkeit, die Hörbarkeit nimmt außerdem stark mit der Frequenz zu, Abb. 60. Praktisch ist diese Erscheinung insbesondere als Dröhnen zu beobachten.

Für eine Störung oder Schädigung der Fahrgäste durch die Fahrzeugerschütterungen ist ein eindeutiges Maß nicht anzugeben. Die Ergebnisse verschiedener Autoren decken sich nicht. Abb. 61 zeigt die verschiedenen Empfindungsgebiete stehender und liegender Menschen nach MEISTER (1). Für sitzende Menschen liegt die Reizwelle höher, im übrigen gelten jedoch

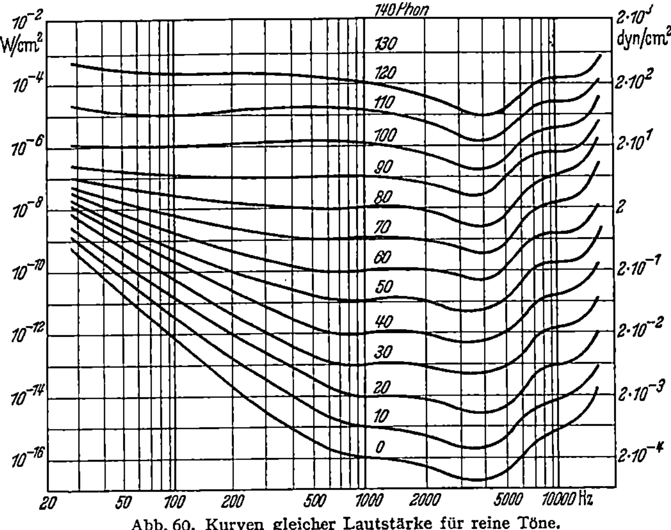

Abb. 60. Kurven gleicher Lautstärke für reine Töne.

nach MEISTER ähnliche Verhältnisse. Ausführliche Versuchsergebnisse liegen darüber noch nicht vor. Im Gebiet A der Abb. 61 ist für die Empfindungsstärke die Schwingungsgeschwindigkeit der maßgebende Kennwert, im Gebiet B die Beschleunigung, im Gebiet C der Ruck, die dritte Ableitung des Weges nach der Zeit. Für die Fahrzeugerschütterungen, die überwiegend im Frequenzgebiet zwischen 1 und 20 Hz liegen, gilt Gebiet B. Für eine Störung oder Schädigung der Fahrgäste ist also nach diesen Versuchen in der Hauptsache die Beschleunigung maßgebend.

Eigenschaften der Wagen- und Reifenfederung. Die Reifen wirken während der Fahrt wie eine verlustlos arbeitende Federung. Die auftretenden Verluste werden vom Motor aufgebracht. Die Federkonstante der Reifen ist 5- bis 10mal so

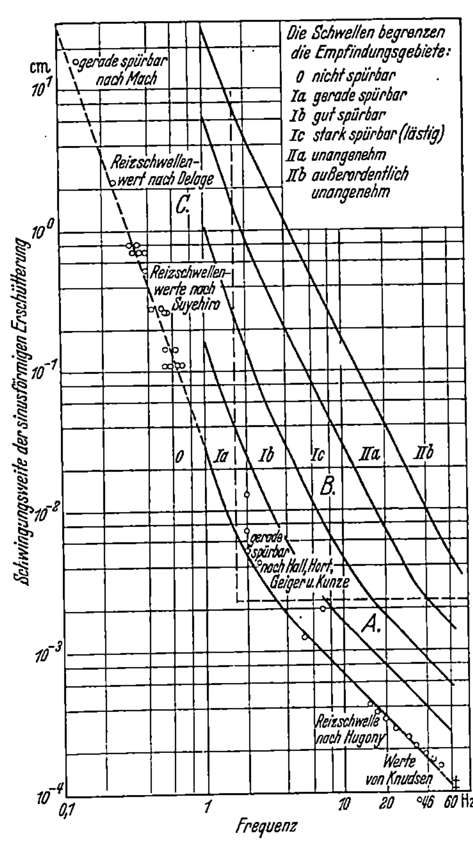

Abb. 61. Erschütterungsempfindlichkeit stehender und liegender Menschen.

groß wie die Wagenfederung. Die Masse der Räder mit Achsen beträgt $^1/_5$ bis $^1/_{10}$ der gesamten Masse des Wagens.

Die zwischen Achse und Wagenaufbau liegende Federung besitzt bei der Ausführung als Blattfeder, Schraubenfeder oder dergleichen eine nahezu gerade Kennlinie. Der Ausschlag ist proportional der Kraft. Bei Fahrzeugen, bei denen das Ladegewicht verhältnismäßig groß im Vergleich zum Eigengewicht ist, bietet eine Federung mit entsprechend nichtlinearer Kennlinie Vorteile. Bei linearer Kennlinie ändert sich

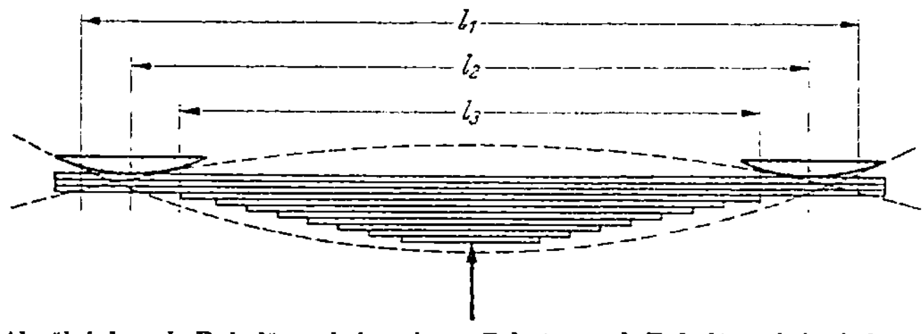

Abb. 62. Abwälzfeder. l_1 Federlänge bei geringer Belastung; l_2 Federlänge bei mittlerer Belastung; l_3 Federlänge bei großer Belastung.

unter dem Einfluß einer Zuladung nicht nur die statische Zusammendrückung, sondern auch die für die Federungseigenschaften des Fahrzeuges maßgebende Eigenfrequenz. Da die Federung so ausgebildet werden muß, daß sie bei beladenem Fahrzeug nicht zu weich wirkt, ist sie für das unbeladene Fahrzeug zu hart. Es wird deshalb angestrebt,

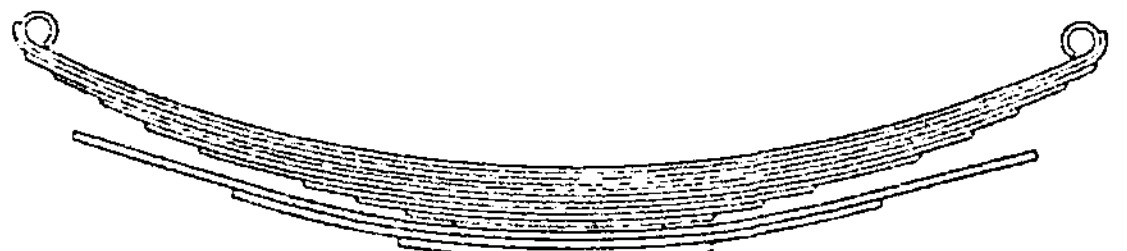

Abb. 63. Blattfeder mit Zusatzblättern.

sowohl die Eigenfrequenz als die statische Zusammendrückung durch eine geeignete Federkonstruktion unabhängig von der Zuladung zu machen.

Die Eigenfrequenz des Fahrzeuges für kleine Ausschläge kann durch eine Federung mit logarithmischer Kennlinie unverändert gehalten werden. Mit einer gewissen Näherung ist eine solche Kennlinie durch eine Abwälzfeder gemäß Abb. 62 zu verwirklichen. Solche Formen werden bei Lastwagen angewendet. Auch die Hintereinanderschaltung mehrerer Federn ist üblich, die dann so angeordnet werden, daß in unbelastetem Zustand nur eine und bei wachsender Zuladung zwei oder drei Federn die Last aufnehmen, Abb. 63.

Bei der Luftfederung läßt sich außer der Eigenfrequenz auch die gesamte statische Zusammendrückung unabhängig von der Zuladung halten. Die Übertragung der senkrechten Kräfte von der Achse auf den Wagenaufbau findet dabei durch einen mit Preßluft gefüllten Zylinder statt. In Amerika werden auch zwei aufeinandergesetzte, mit Preßluft gefüllte ringförmige Gummibälge verwendet. Durch ein mechanisch gesteuertes Ventil kann die Zusammendrückung der Luftfederung unabhängig von der Belastung auf stets den gleichen Wert eingestellt werden. Das Ventil läßt bei Zuladung und damit zunächst wachsender Zusammendrückung Preßluft in den Zylinder einströmen, bei Verminderung der Belastung austreten. Eine Dämpfungseinrichtung verhindert ein Ansprechen des Ventils bei kurzzeitigen Änderungen der Zusammendrückung, wie sie während der Fahrt auftreten.

Abb. 64 zeigt die Wirkungsweise einer Luftfederung im Vergleich zu einer linearen Federung. Die lineare Federungen besitzt eine Kennlinie a. Für die Zustandsänderung der Luft ist eine Polytrope mit dem Exponenten 1,3 vorausgesetzt. Die Feder mit gerader Kennlinie a und die Luftfederung mit der Kennlinie b sind so gewählt, daß die Gerade a bei normaler Belastung $P = P_0$ die Tangente an b bildet. Bei der Belastung P_0 sind dann für kleine Ausschläge die Federungseigenschaften für beide Federungsarten die gleichen.

BeiVerdoppelung derBelastung nimmt die Zusammendrückung

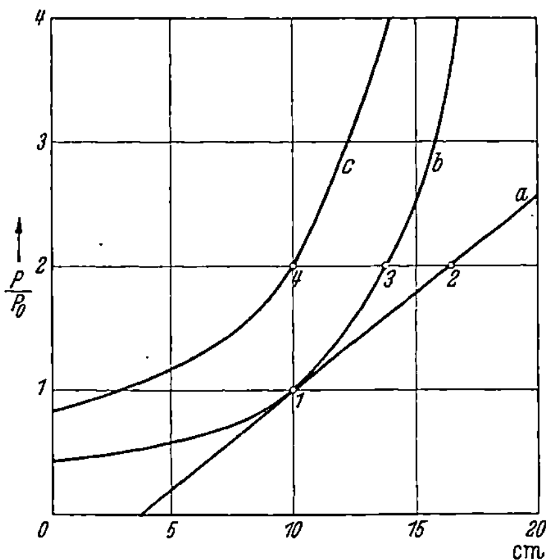

Abb. 64. Wirkung einer Luftfederung. a Gradlinige Kennlinie entsprechend einer Feder; b Luftfederung, deren Eigenschaften für normale Belastung $P = P_0$ mit der Federung a übereinstimmen; c dieselbe Luftfederung nach Erhöhung des Luftdruckes auf das Doppelte.

der Federung mit gerader Kennlinie um etwa 6 cm zu bis Punkt 2, wobei die Eigenschwingungsdauer auf das 1,4fache steigt. Bei Luftfederung ohne Nachfüllung (Kurve b) wird Punkt 3 erreicht, wobei die Zusammendrückung nur 4 cm beträgt. Bei Luftfederung mit Nachfüllung in der obenerwähnten Weise (Kurve c) wird weder die Zusammendrückung noch die Eigenfrequenz geändert (Punkt 4). In diesem Falle vermindert sich bei Zuladung nur der Dämpfungsfaktor der Federung, bei dem geringe Änderungen jedoch wenig fühlbar sind.

Federpakete weisen von Natur aus Reibungsdämpfung auf, welche verschiedene Nachteile besitzt. Man ist deshalb bestrebt, die Eigendämpfung der Federpakete klein zu halten. Zur Erzeugung der notwendigen Dämpfung werden dann besondere Dämpfer vorgesehen, welche in erster Näherung geschwindigkeitsproportionale Dämpfung aufweisen.

Vereinfachungen für die Rechnung. Eine strenge mathematische Behandlung des komplizierten Schwingungsgebildes, das ein Kraftwagen darstellt, führt auf unübersichtliche Lösungen. Es ist jedoch bei

Behandlung der einzelnen Probleme möglich, ohne große Fälschung der Ergebnisse einen Kraftwagen durch ein vereinfachtes Gebilde zu ersetzen. So können z. B. bei Betrachtung von Schwingungen, die in der Nähe der Eigenfrequenz eines Wagens liegen, die Räder als starr angenommen werden, da die Eigenfrequenz der durch die Reifen auf der Fahrbahn abgestützten Räder beim 5 bis 10fachen dieser Frequenz liegt. In ähnlicher Weise kann bei Behandlung der Schwingungen des Wagens die elastische Abstützung des Fahrers durch die Polsterung vernachlässigt werden, da die Masse des Fahrers nur einen geringen Bruchteil der Masse des Wagens beträgt, so daß keine merkliche Rückwirkung zu erwarten ist. Die an sich gekoppelten Schwingungen können also einzeln behandelt werden.

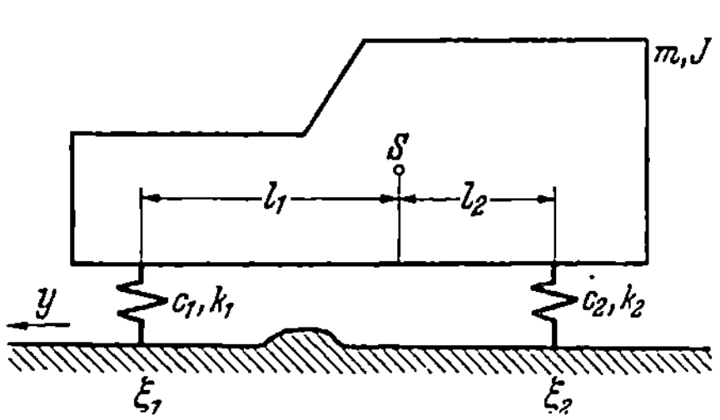

Abb. 65. Ersatzbild eines Wagens für Berechnung der Vorgänge beim Überfahren einer einzelnen Bodenunebenheit.

Zur Untersuchung der Vorgänge beim Überfahren einer einzelnen Bodenunebenheit kann ein Kraftwagen zweckmäßig durch eine an zwei Punkten federnd abgestützte Masse gemäß Abb. 65 ersetzt werden. Für die Feststellung der günstigsten Dämpfung und der Wirkung der Radmasse genügt es dagegen ein Zweimassensystem gemäß Abb. 70 zu betrachten. Zum Teil ist es sogar möglich, auch hierbei die Räder als starr zu betrachten, so daß nur eine elastisch gegen die Fahrbahn abgestützte Masse übrigbleibt.

Überfahren einer einzelnen Bodenunebenheit. Wir ersetzen den Kraftwagen durch ein System gemäß Abb. 65. Der Wagenaufbau hat die Masse m und das Trägheitsmoment I um die Querachse durch den Schwerpunkt S. Die Federkonstante der beiden Vorderräder zusammen hat den Wert c_1, die Dämpfung den Wert k_1. Die entsprechenden Werte für die Hinterräder sind c_2 und k_2. Der Schwerpunkt liegt um die Strecke l_1 von der Vorderachse und um die Strecke l_2 von der Hinterachse entfernt. Die vertikale Auf- und Abwärtsbewegung, welche der Vorderachse durch die Bodenunebenheiten aufgezwungen wird, sei durch eine Funktion $\xi_1(t)$ gegeben. Für die Hinterachse gelte entsprechend eine Funktion $\xi_2(t)$. Dabei bedeutet ξ den Ausschlag und t die Zeit. Die senkrechten Ausschläge des Schwerpunktes S sind mit x und Verdrehungen um die Querachse mit φ bezeichnet.

Die senkrechten Ausschläge des Aufbaues werden als Hubschwingungen oder Wogen, die Drehschwingungen um die Querachse als Nickschwingungen bezeichnet. Beide Schwingungsformen sind im allgemeinen miteinander gekoppelt. Ferner sind auch Schwingungen um die Längsachse des Wagens möglich. Diese Schwingungen sind jedoch von untergeordneter Bedeutung, da sie kaum stören und außerdem mit den beiden anderen Schwingungsarten infolge der Symmetrie des Wagens zu seiner

Längsachse nicht gekoppelt sind, worauf weiter unten noch näher eingegangen wird.

Sofern die Vorder- und Hinterräder in derselben Spur laufen, sind die beiden Funktionen ξ_1 und ξ_2 einander gleich bis auf eine zeitliche Verschiebung gegeneinander. Die Verschiebung entspricht der Zeit, die der Wagen braucht, um die Länge seines Radstandes zu durchlaufen.

Die Schwingungsgleichungen eines Wagens ergeben sich aus der Bedingung, daß die Summe aller senkrechten Kräfte und die Summe aller Drehmomente gleich Null sein muß. Man erhält

$$m\,\frac{d^2 x}{dt^2} + (k_1 + k_2)\,\frac{dx}{dt} + (k_1 l_1 - k_2 l_2)\,\frac{d\varphi}{dt} + (c_1 + c_2)\,x +$$
$$+ \varphi\,(l_1 c_1 - l_2 c_2) = k_1\,\frac{d\xi_1}{dt} + k_2\,\frac{d\xi_2}{dt} + c_1\,\xi_1 + c_2\,\xi_2 \tag{1}$$

$$I\,\frac{d^2\varphi}{dt^2} + (k_1 l_1{}^2 + k_2 l_2{}^2)\,\frac{d\varphi}{dt} + (k_1 l_1 - k_2 l_2)\,\frac{dx}{dt} + (c_1 l_1{}^2 + c_2 l_2{}^2)\,\varphi +$$
$$+ (c_1 l_1 - c_2 l_2)\,x = k_1 l_1\,\frac{d\xi_1}{dt} - k_2 l_2\,\frac{d\xi_2}{dt} + c_1 l_1\,\xi_1 - c_2 l_2\,\xi_2 \tag{2}$$

Da x und φ in beiden Gleichungen auftreten, sind die beiden Schwingungsarten gekoppelt. Durch die Erregung einer Schwingungsart schaukelt sich auch die andere Schwingungsart auf. Läßt man z. B. alle vier Räder gleichzeitig um eine bestimmte Strecke herabfallen, so wird dadurch der Wagen nicht nur zu Hubschwingungen sondern auch zu Nickschwingungen angeregt. Die Kopplung zwischen Hub- und Nickschwingung ist um so größer je näher die Hub- und die Nickeigenschwingungsdauer aneinanderliegen. Dabei kann auch die Schwingungsenergie zwischen Hub- und Nickschwingung hin- und herwandern.

Eine gegenseitige Kopplung verschwindet, wenn in der ersten Gleichung die Glieder mit φ und $d\varphi/dt$, in der zweiten Gleichung die mit x und dx/dt verschwinden. Dies ist der Fall, für

$$c_1 l_1 = c_2 l_2 \tag{3}$$

und

$$k_1 l_1 = k_2 l_2. \tag{4}$$

Die Federkonstanten c_1 der Vorderräder und c_2 der Hinterräder müssen danach umgekehrt proportional den Abständen l_1 und l_2 vom Schwerpunkt sein. Im gleichen Verhältnis stehen, wie man aus Abb. 65 ersieht, die Achsdrücke vorne und hinten. Macht man also die Federkonstanten porportional dem Achsdruck bzw. Raddruck und wählt man im selben Verhältnis auch die Dämpfungszahlen k_1 und k_2, so sind Hub- und Nickschwingung entkoppelt.

Diese Bedingung ist allerdings praktisch nicht immer zu erfüllen. Bei starrer Vorderachse und der üblichen Lenkung ist es zur Vermeidung von Flattererscheinungen meist erforderlich, die Abfederung der Vorderräder härter als die der Hinterräder auszuführen. Bei geeigneter Einzelaufhängung der Vorderräder ist die Bedingung jedoch ohne Verschlechterung der Lenkungseigenschaften zu verwirklichen, eine Tatsache, von der im steigenden Maße Gebrauch gemacht wird.

Bedingung 3 und 4 sind natürlich, wenn man sie statt auf die Vorder- und Hinterachse auf die beiden Seiten eines Wagens anwendet, stets erfüllt, da die Belastung der Räder auf den beiden Seiten eines Wagens die gleiche ist. Dies ist der Grund, warum, wie schon erwähnt, Schwingungen eines Wagens um seine Längsachse mit den beiden anderen Schwingungsformen nicht gekoppelt sind.

Wir wollen im folgenden nur den Fall, in dem durch entsprechende Bemessung der Vorder- und Hinterradfederung eine Entkopplung der Hub- und Nickschwingung erreicht ist, rechnerisch verfolgen. Bei der Lösung läßt sich stets überblicken, wie die Verhältnisse durch Auftreten von Kopplung geändert werden. Gleichung (1) und (2) vereinfachen sich dann auf die Form

$$m\,\frac{d^2 x}{dt^2} + (k_1 + k_2)\,\frac{d\varphi}{dt} + (c_1 + c_2)\,x = k_1\,\frac{d\xi_1}{dt} + k_2\,\frac{d\xi_2}{dt} + c_1\,\xi_1 + c_2\,\xi_2 \qquad (5)$$

$$\left.\begin{aligned} I\,\frac{d^2\varphi}{dt^2} + (k_1 l_1{}^2 + k_2 l_2{}^2)\,\frac{d\varphi}{dt} + (c_1 l_1{}^2 + c_2 l_2{}^2)\varphi \\ = k_1 l_1\frac{d\xi_1}{dt} - k_2 l_2\,\frac{d\xi_2}{dt} + c_1 l_1\,\xi_1 + c_2 l_2\,\xi_2 \end{aligned}\right\} \qquad (6)$$

Ferner sei die Fahrgeschwindigkeit so groß, daß ein einzelnes Hindernis etwa der in Abb. 65 angedeuteten Form, in einer Zeit überfahren wird, die klein im Vergleich zur Eigenschwingungsdauer des Wagens ist. Ein Abspringen der Räder von der Fahrbahn finde nicht statt. Der durch die kurzzeitige Zusammendrückung der Federung auf den Rahmen ausgeübte Impuls ist schon zu Ende, bevor sich dieser merklich aus seiner Ruhelage entfernt hat.

Der durch die Vorderräder auf den Wagen in senkrechter Richtung ausgeübte Impuls U_1 ergibt sich unter diesen Voraussetzungen zu

$$U_1 = \int\limits_{t_1}^{t_2} \xi_1\,c_1\,dt + \int\limits_{t_1}^{t_2} \frac{d\xi_1}{dt}\,k_1\,dt.$$

Das Integral ist zu nehmen über die Zeit von t_1 bis t_2, die zum vollständigen Überfahren des Hindernisses durch das Vorderrad benötigt wird. Der zweite Summand hat, wie man sofort sieht, den Wert Null. Durch die Dämpfung wird beim Zurückgehen des Rades ein ebenso großer Impuls nach unten ausgeübt, wie beim Hochgehen nach oben. Es bleibt also für U_1 nur das erste Integral.

$$U_1 = c_1 \int\limits_{t_1}^{t_2} \xi_1\,dt. \qquad (7)$$

Unter Berücksichtigung der Beziehung $dy = v\,dt$ zwischen Fahrgeschwindigkeit v und zurückgelegter Fahrstrecke y wird ferner

$$U_1 = \frac{c_1}{v} \int_{t_1}^{t_2} \xi_1\, dy. \tag{8}$$

Das Integral $\int \xi_1 dy$ stellt den Flächeninhalt der Profilkurve der Bodenunebenheit dar. Der auf den Wagen ausgeübte Impuls U_1 ist nach Gleichung (8) proportional der Federkonstanten c_1 der Radaufhängung und dem Flächeninhalt der Profilkurve und umgekehrt proportional der Fahrgeschwindigkeit.

Durch den Impuls U_1 wird dem Schwerpunkt des Wagens eine Geschwindigkeit $dx/dt = U_1/m$ nach oben erteilt. Da der Anstoß außerhalb des Schwerpunktes erfolgt, geht der Wagen außerdem in eine Drehbewegung um den Schwerpunkt über mit einer Winkelgeschwindigkeit $\frac{dx}{dt} = l_1 \frac{U_1}{I}$.

Ausgehend von diesen Augenblickswerten für die Geschwindigkeit des Schwerpunktes und die Drehgeschwindigkeit führt der Aufbau nun freie Schwingungen aus, die so lange ungestört verlaufen, bis das Hinterrad die Bodenunebenheit berührt. Der Einfachheit halber wollen wir bei diesem Schwingungsvorgang die Dämpfung nicht berücksichtigen. Der dadurch begangene Fehler ist gering, da die Zeit zwischen dem Überfahren des Hindernisses durch die Vorderräder und durch die Hinterräder bei üblichen Fahrgeschwindigkeiten klein ist im Vergleich zur Eigenschwingungsdauer des Fahrzeuges. Bei einem Radstand von 2,5 m und 60 km/h Fahrgeschwindigkeit beträgt sie z. B. 0,15 s, während die Eigenschwingungsdauer für die Hubschwingung eines Wagens in der Größenordnung von 0,5 bis 1 s liegt. Da zudem die Dämpfung wesentlich kleiner als aperiodisch ausgeführt wird, wirkt sie sich in einer so kurzen Zeitspanne nur wenig aus.

Gleichung (5) und (6) vereinfachen sich dann auf die Form

$$m \frac{d^2 x}{dt^2} + (c_1 + c_2)\, x = 0, \tag{9}$$

$$I \frac{d^2 \varphi}{dt^2} + (c_1 l_1^2 + c_2 l_2^2) = 0. \tag{10}$$

Die zugehörigen Lösungen sind in bekannter Weise

$$x = C_1 \cos \omega_1 t + C_2 \sin \omega_1 t, \tag{11}$$

$$\omega_1^2 = \frac{c_1 + c_2}{m}, \tag{12}$$

$$\varphi = C_3 \cos \omega_2 t + C_4 \sin \omega_2 t, \tag{13}$$

$$\omega_2^2 = \frac{c_1 l_1^2 + c_2 l_2^2}{I}. \tag{14}$$

Die Anfangsbedingungen für $t=0$ sind durch die oben abgeleiteten Werte $\dfrac{dy}{dt} = \dfrac{U_1}{m}$; $\dfrac{d\varphi}{dt} = l_1 \dfrac{U_1}{I}$ und durch die Bedingungen $x=0$ und $\varphi=0$ gegeben. Damit erhält man für die freie Schwingung des Wagens nach dem Überfahren der Bodenunebenheit durch die Vorderräder

$$x = \frac{U_1}{m\,\omega_1}\sin\omega_1 t, \tag{15}$$

$$\varphi = \frac{l_1 U_1}{I\,\omega_2}\sin\omega_2 t. \tag{16}$$

Nach einer gewissen Zeit t_0 überfahren die Hinterräder dieselbe Unebenheit, wodurch der Impuls

$$U_2 = \frac{c_2}{v} \int\limits_{t_1 + t_0}^{t_2 + t_0} \xi_2\, dy \tag{17}$$

ausgeübt wird. Das Integral stellt wieder den Flächeninhalt der Profilkurve der Bodenunebenheit dar, entspricht also dem der Gleichung (7) und (8). Im folgenden sind deshalb die Zeiger bei ξ fortgelassen, und der Einfachheit halber auch die Integrationsgrenzen. Die Wirkung des Impulses nach Gleichung (17) überlagert sich dem im Zeitpunkt $t=t_0$ gerade vorhandenen Bewegungszustand. Unter Berücksichtigung der Bedingung nach Gleichung (3) wird

$$l_1 U_1 = l_2 U_2. \tag{18}$$

Damit erhält man für den Zustand des Fahrzeuges unmittelbar nach dem Überfahren des Hindernisses durch die Hinterräder die Gleichungen

$$\frac{dx}{dt} = \frac{l_1}{m}\,(U_1 \cos\omega_1 t_0 + U_2), \tag{19}$$

$$\frac{d\varphi}{dt} = \frac{l_1 U_1}{I}\,(\cos\omega_2 t_0 - 1). \tag{20}$$

Die zugehörigen Werte von x und φ geben Gleichung (15) und (16) für $t=t_0$.

Mit dieser Grenzbedingung erhält man nach einer einfachen Umformung die Gleichungen für den Schwingungszustand des Wagens nach dem Überfahren der Bodenunebenheit durch die Vorder- und Hinterräder.

$$x = \frac{1}{m\,\omega_1 v}\,[c_1 \sin\omega_1 (t_0 + t) + c_2 \sin\omega_2 t]\int \xi\, dy, \tag{21}$$

$$\varphi = \frac{2 l_1 c_1}{I\,\omega_2 v}\sin\frac{\omega_2 t_0}{2}\cos\omega_2\Big(t + \frac{t_0}{2}\Big)\int \xi\, dy. \tag{22}$$

Für die Beschleunigung des Wagens in senkrechter Richtung folgt aus Gleichung (20) unter gleichzeitiger Einführung von $t_0 = l/v$ ($l=$ Radstand)

$$\frac{d^2 x}{dt^2} = -\frac{\omega_1}{m v}\Big[c_1 \sin\omega_1\Big(\frac{l}{v} + t\Big) + c_2 \sin\omega_1 t\Big]\int \xi\, dy \tag{23}$$

und für den Ausschlag der Nickschwingung

$$\varphi = \frac{2\,l_1\,c_1}{I\,\omega_2\,v}\,\sin\frac{\omega_2\,l}{2\,v}\cos\omega_2\!\left(t+\frac{t_0}{2}\right)\!\int \xi\,d\,y\,. \tag{24}$$

An diesen beiden Gleichungen ist zunächst interessant, daß die Fahrgeschwindigkeit auch im Argument einer Sinusfunktion vorkommt. Die durch das Überfahren einer Bodenunebenheit angeregten Schwingungen werden deshalb bei bestimmten Fahrgeschwindigkeiten besonders stark sein. Außerdem kommt die Fahrgeschwindigkeit aber im Nenner vor, so daß die Schwingungen im großen und ganzen jedenfalls mit wachsender Fahrgeschwindigkeit abnehmen.

Die beim Ausschwingen des Fahrzeuges auftretende größte Beschleunigungsamplitude wird nach den Gleichungen (23) und (11)

$$\frac{\omega_1}{m\,v}\,(c_1+c_2) = \frac{\omega_1^3}{v}\,. \tag{25}$$

Die größte Beschleunigung nach Überfahren des Hindernisses ist danach proportional der dritten Potenz der Eigenkreisfrequenz der Hubschwingung. Es ist also günstig, die Eigenfrequenz des Wagens möglichst niedrig zu halten. Da die Eigenfrequenz in der dritten Potenz auftritt, wirken sich schon kleine Veränderungen der Federung stark auf die Federungseigenschaften aus. Einer unbeschränkten Verminderung der Eigenfrequenz sind jedoch Grenzen gesetzt, weil bei zu weicher Federung unter dem Einfluß größerer Hindernisse ein Durchschlagen der Federung erfolgen kann. Auch ist es schwierig, bei sehr weicher Federung ein Überhängen des Wagens bei Kurvenfahrt zu vermeiden. Es ist deshalb ein entsprechender Kompromiß zu schließen.

Bei der Nickschwingung ist zunächst der Ausschlagwinkel von Bedeutung. Der Fahrer muß durch Kopfbewegungen die Schwingungen ausgleichen, was auf die Dauer anstrengt. Ferner wird es als störend empfunden, wenn der Strahl der Scheinwerfer zu sehr auf und abwandert.

Der durch das Überfahren einer Bodenunebenheit verursachte Ausschlagswinkel ist nach Gleichung (24) ebenfalls von der Fahrgeschwindigkeit abhängig. Seine Größe nimmt mit wachsender Fahrgeschwindigkeit rascher ab als die der Hubschwingung, da die von der Zeit abhängige Sinusfunktion als Faktor vorkommt. Der erste durch die Eigenschaften des Wagens gegebene Faktor wird besonders anschaulich für den Fall, daß $l_1 = l_2 = l/2$, d. h. für Lage des Schwerpunktes in der Mitte des Radstandes. Unter Berücksichtigung von Gleichung (13) erhält man

$$\varphi = \sqrt{\frac{c_1+c_2}{I}}\,\frac{1}{v}\,\sin\frac{\omega_2\,l}{2\,v}\cos\omega_2\!\left(t+\frac{t_0}{2}\right)\!\int \xi\,d\,y\,. \tag{26}$$

Die Größe der durch Überfahren eines Hindernisses angeregten Nickschwingung wächst also mit der Summe der Federkonstanten c_1 und c_2 der Radaufhängung und sinkt mit wachsendem Trägheitsmoment I. Die Federkonstanten sind durch die oben genannten Bedingungen schon festgelegt und auch das Trägheitsmoment ist bei Beibehaltung der üblichen Form von Kraftwagen wenig zu beeinflussen. Zudem kommen beide Größen unter einer Wurzel vor, so daß kleine Veränderungen nur wenig wirksam sind. Auch der Radstand l ist im allgemeinen als gegeben zu betrachten. Dem Konstrukteur ist somit wenig Möglichkeit gegeben, eine unmittelbare Anregung von Nickschwingungen durch entsprechende Gestaltung des Wagens zu verkleinern. Die Anregung von Nickschwingungen durch Kopplung mit der Hubschwingung ist jedoch unter den üblichen Verhältnissen schon bei mäßiger Abweichung von der Bedingung nach Gleichung (3) und (4) größer als die unmittelbare Anregung. Aus diesem Grunde bleiben im allgemeinen bei einer nach Gleichung (3) und (4) ausgeglichenen Federung die Nickschwingungen in erträglichen Grenzen.

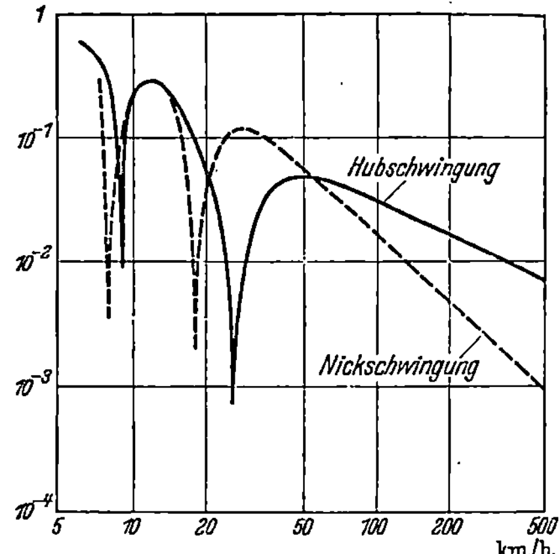

Abb. 66. Anregung von Hub- und Nickschwingungen eines Kraftwagens in Abhängigkeit von der Fahrgeschwindigkeit.

Die Nickschwingung wirkt sich auch dadurch unangenehm aus, daß alle Teile des Wagens proportional ihrer Entfernung vom Schwerpunkt eine zusätzliche Schwingungsbewegung ausführen. Zu der oben errechneten Amplitude der Hubschwingung oder deren Beschleunigung kommt also für alle Teile des Wagens außerhalb des Schwerpunktes noch eine entsprechende Komponente durch die Nickschwingung hinzu. Der Schwerpunkt des Wagens weist aus diesem Grunde stets die kleinsten Beschleunigungen auf. Die meist benutzten Sitze werden zweckmäßig in die Nähe des Schwerpunktes gelegt.

Die von der Fahrgeschwindigkeit abhängigen Faktoren der Gleichungen (23) und (24) sind für ein Zahlenbeispiel in Abb. 66 dargestellt. Die Werte der Kurven entsprechen den durch das Überfahren einer bestimmten Bodenunebenheit bei verschiedenen Fahrgeschwindigkeiten ausgelösten Hub- und Nickschwingungen. Zugrunde gelegt ist eine Hubschwingungsdauer des Wagens von 0,7 s und eine Nickschwingungsdauer von 0,5 s. Ferner ist der Schwerpunkt in der Mitte des Radstandes angenommen. Wie aus Abb. 66 zu ersehen ist, wechseln Geschwindigkeitsbereiche besonders geringer Anregung mit solchen besonders großer Anregung miteinander ab.

Bei einer Fahrgeschwindigkeit von etwa 9 km/h tritt zunächst sowohl für die Hub- als für die Nickschwingungen ein Kleinstwert der Erregung ein. Bei einer Geschwindigkeit von etwa 13 km/h erreicht die Anregung für beide Schwingungsarten einen Größtwert. Diese Fahrgeschwindigkeit wird deshalb zum Überfahren größerer Unebenheiten ungeeignet sein.

Bei 18 km/h werden keine Nickschwingungen, wohl aber Hubschwingungen angeregt, bei 26 km/h verschwindet umgekehrt die Anregung der Hubschwingungen. Bei weiterer Steigerung der Geschwindigkeit nimmt schließlich die Anregung der Nickschwingungen wesentlich rascher ab als die der Hubschwingungen. Von 30 bis 100 km/h bleibt die Anregung der Hubschwingungen fast unverändert, während die Anregung der Nickschwingungen auf etwa $^1/_{10}$ sinkt. Dies erklärt die bekannte Erscheinung, daß ein Wagen mit entsprechend ausgeglichener Federung bei hohen Geschwindigkeiten nur noch wogt.

Für den Entwurf von Fahrzeugen, welche z. B. innerhalb von Städten lange Zeit mit einer mittleren Geschwindigkeit fahren, und für Geländefahrzeuge ist die Frage von Interesse, ob es möglich ist, durch geeignete Maßnahmen die Kleinstwerte der Anregung von Hub- und der Nickschwingungen für eine mittlere Fahrgeschwindigkeit zusammenzulegen. Für diese Geschwindigkeit würde ein solches Fahrzeug dann auch auf schlechter Fahrbahn verhältnismäßig ruhig laufen. Um die beiden. Kleinstwerte zusammen zu legen, müßte, wie aus Gleichung (23) und (24) unter der Voraussetzung $l_1 = l_2$ folgt, die Dauer der Nickeigenschwingung halb so groß sein wie die der Hubeigenschwingung. Das Verhältnis der beiden Eigenschwingungsdauern ist bei üblichen Fahrzeugen im allgemeinen kleiner. Es wären also bei Beibehaltung der Hubeigenschwingung Maßnahmen zur Verminderung der Nickeigenschwingungsdauer zu ergreifen. Da die Federkonstante durch die Hubeigenschwingungsdauer festgelegt ist, bleiben zur Veränderung der Nickschwingung nur eine Verkleinerung des Trägheitsmomentes und eine Vergrößerung des Radstandes. Beide Maßnahmen sind nur in beschränktem Umfange durchzuführen. Eine Verkleinerung des Trägheitsmomentes kann nur durch Zusammendrängen aller Massen gegen die Wagenmitte zu erfolgen, wodurch der zur Verfügung stehende Laderaum verkleinert wird. Eine Verlängerung des Radstandes vermindert, wenn nicht gleichzeitig die Bodenfreiheit erhöht wird, die Geländegängigkeit. Bei Fahrzeugen der jetzt üblichen Form wird es deshalb nicht ohne weiteres möglich sein, durch Zusammenlegung der Kleinstwerte der Anregung von Hub- und Nickschwingungen besonders gute Fahreigenschaften für eine mittlere Geschwindigkeit zu erzielen.

Periodische Erregung. Unter Voraussetzung einer nach Gleichung (3) und (4) ausgeglichenen Federung gehen die für starre Räder geltenden Gleichungen (1) und (2) über in die Form

$$m \frac{d^2 x}{d t^2} + k_1 \frac{d(x - \xi_1)}{dt} + k_2 \frac{d(x - \xi_2)}{dt} + c_1(x - \xi_1) + c_2(x - \xi_2) = 0, \qquad (27)$$

$$I \frac{d^2 \varphi}{d t^2} + k_1 l_1 \frac{d(x - \xi_1)}{dt} + k_2 l_2 \frac{d(x - \xi_2)}{dt} + c_1 l_1(x - \xi_1) + c_2 l_2(x - \xi_2) = 0. \quad (28)$$

Für periodische Erregung lassen sich diese Gleichungen noch weiter vereinfachen. Man kann dann die Erregung zerlegen in einen Anteil,

der alle Räder gleichfasig erregt, und in einen zweiten Anteil der Vorder-
und Hinterräder ungleichfasig erregt. Der erste Anteil regt nur Hubschwingungen an, der zweite nur Nickschwingungen. Für die Erregung
der Hubschwingungen kann man also $\xi_1 = \xi_2 = \xi$ setzen und Abb. 67
als Ersatzbild verwenden. Dadurch vereinfacht sich Gleichung (27)
unter gleichzeitiger Einführung von $c = c_1 + c_2$ und $k = k_1 + k_2$ weiter
auf die Form

$$m \frac{d^2 x}{d t^2} + k \frac{d (x - \xi)}{d t} + c (x - \xi) = 0. \tag{29}$$

Unter der Voraussetzung, daß ξ sich als eine Summe periodischer
Funktionen darstellen läßt, ist für den eingeschwungenen Zustand auch x
als eine solche Funktion darzustellen. Durch diese Darstellungsweise
erhält man einen guten Überblick über die Verhältnisse,
wenn man als Lösung die Ausschläge des Wagenaufbaues
im Vergleich zu denen der Räder in Abhängigkeit von
der Erregerfrequenz der Räder betrachtet.

Die sinusförmige Erregung der Räder sei in komplexer Darstellung gegeben durch

$$\xi = a\, e^{j \omega t}. \tag{30}$$

$$j = \sqrt{-1}, \qquad \omega = \text{Kreisfrequenz.}$$

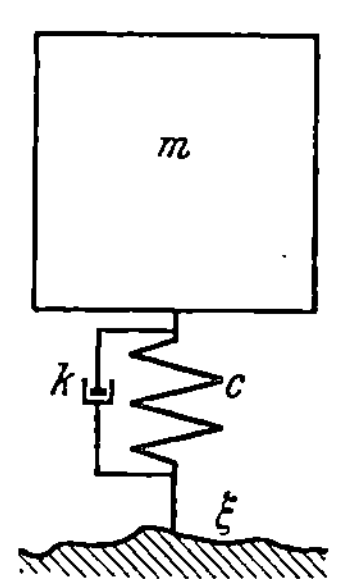

Abb. 67. Ersatzbild eines Wagens für Untersuchung der Vorgänge bei periodischer Erregung.

Dann muß, da Gleichung (29) nur lineare Beziehungen
enthält, auch die Lösung von der Form sein

$$x = b\, e^{j \omega t}. \tag{31}$$

Die Phasenverschiebung zwischen a und b wird in einfacher Weise dadurch
berücksichtigt, daß man b als komplexe Größe betrachtet. Das Verhältnis b/a sei als Vergrößerung V bezeichnet. Es stellt das Verhältnis
der Ausschläge, der Geschwindigkeiten oder der Beschleunigungen des
Wagenaufbaues im Vergleich zur entsprechenden Größe der Räder dar.
Durch Eintragen von Gleichung (30) und (31) in Gleichung (29) erhält
man nach einer einfachen Umformung die Gleichung

$$V = \frac{j\, 2\, n\, \alpha + \alpha^2}{j\, 2\, n\, \alpha + \alpha^2 - 1}. \tag{32}$$

Darin bedeuten $\alpha = \omega_0/\omega$; $\omega_0 =$ Eigenfrequenz der ungedämpften Schwingung

$$\omega_0^2 = \frac{c}{m}, \tag{33}$$

$$n = \frac{k}{2\, \omega_0\, m}. \tag{34}$$

Die Größe n stellt den Dämpfungsfaktor dar. Der Wert $n = 1$ gibt eben
aperiodische Dämpfung, größeres n stärkere Dämpfung, kleineres n
geringere Dämpfung.

Der Absolutbetrag der Vergrößerung V ist gegeben durch

$$|V|^2 = \frac{4\,n^2\,\alpha^2 + \alpha^4}{4\,n^2\,\alpha^2 + (\alpha^2 - 1)^2}\,. \tag{35}$$

Er ist für verschiedene Dämpfungsfaktoren n in Abb. 68 dargestellt. Bei Erregerfrequenzen bis zur halben Eigenfrequenz des Fahrzeuges macht der Aufbau die Bewegung der Achsen praktisch vollkommen mit. Bei Annäherung an die Eigenfrequenz findet eine mehr oder weniger starke Vergrößerung dieser Ausschläge statt, bei Frequenzen über der 1,4fachen Eigenfrequenz eine mit wachsender Frequenz stetig zunehmende Verkleinerung. In dem letzten Bereich sind die Ausschläge des Wagens um so kleiner, je geringer die Dämpfung ist. Bei Erregerfrequenzen über dem 1,4fachen der Eigenfrequenz wirkt also die Dämpfung verschlechternd auf die Federungseigenschaften eines Wagens.

Diese Tatsache kann man auch unmittelbar aus Gleichung (27) und (28) ersehen. Die durch die Hubschwingung verursachte Beschleunigung des Wagenaufbaues d^2x/dt^2 ist

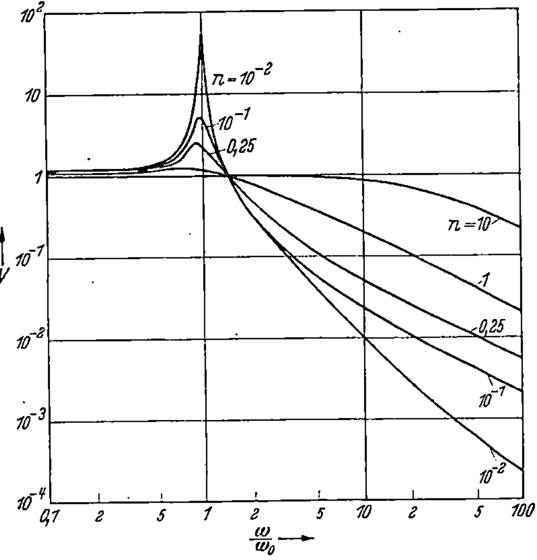

Abb. 68. Resonanzkurven für ein System gemäß Abb. 67.
V Verhältnis der Ausschläge ξ der Erregung zu denen der Masse m; ω_0 Eigenfrequenz der Anordnung; ω Erregerfrequenz; n Dämpfungsfaktor ($n = 1$ aperiodische Dämpfung).

nach Gleichung (27) gleich den letzten vier Summanden der linken Seite geteilt durch m. Während eines Stoßes von kurzer Dauer im Vergleich zur Eigenschwingungsdauer des Fahrzeuges ändert sich x ausgehend von $x=0$ nur wenig im Vergleich zu der rasch erfolgenden Auslenkung der Achsen ξ_1 und ξ_2. Wenn alle Räder entweder angehoben oder gesenkt werden, dann haben ξ_1 und ξ_2 gleiches Vorzeichen und damit auch alle vier Glieder der Gleichung. Für $k_1=k_2=0$, d. h. bei fehlender Dämpfung sind nur die beiden Glieder mit c_1 und c_2 vorhanden, während sonst noch die beiden Glieder mit k_1 und k_2 dazukommen. Bei einem kurzzeitigen Stoß vergrößert also die Dämpfung den Ausschlag des Aufbaues.

Die Beschleunigungsamplitude des Aufbaues bei unverändertem Ausschlag 1 der Räder ist gegeben durch $V\omega^2$. Dieser Wert ist in Abb. 69 in Abhängigkeit von der Frequenz aufgetragen. Die Abbildung zeigt die bekannte Tatsache, daß zu schwach eingestellte Stoßdämpfer mit kleiner

Dämpfungszahl n starke Beschleunigungen in der Umgebung der Eigenfrequenz des Wagens verursachen, zu stark eingestellte Stoßdämpfer mit großem n dagegen vorwiegend Beschleunigungen höherer Frequenz. Bei aperiodischer Dämpfung mit $n=1$ sind z. B. bei einer Erregung der Räder mit 10facher Eigenfrequenz die auftretenden Beschleunigungen 20mal so groß als ohne Dämpfung, oder mit geringer Dämpfung.

Aus Abb. 69 ist nicht ohne weiteres der günstigste Wert der Dämpfung zu entnehmen, da die Voraussetzung einer von der Frequenz unabhängigen Erregeramplitude der Achsen in Wirklichkeit nicht erfüllt ist. Tatsächlich sind an der Achse die hohen Frequenzen stets mit geringerer Amplitude vertreten als die niedrigen. Erstens haben Straßenunebenheiten geringer Wellenlänge im großen und ganzen eine geringere Tiefe als solche größerer Wellenlänge, zweitens vermindert der endliche Raddurchmesser die Wirkung kurzwelliger Unebenheiten dadurch, daß die Räder darüber hinwegrollen ohne ganz einzudringen, und drittens unterdrückt die Federung der Reifen die hohen Frequenzen. Der letzte Punkt wird weiter unten noch eingehender behandelt werden.

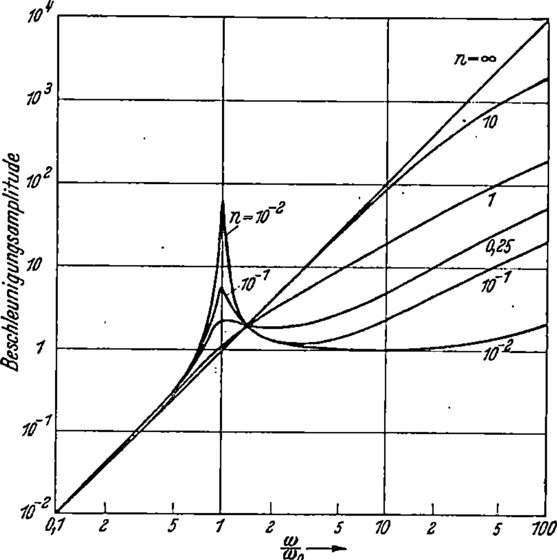

Abb. 69. Beschleunigungsamplitude der Masse m eines Systems gemäß Abb. 67 bei konstanter Erregeramplitude. Bezeichnungen wie bei Abb. 68. Beschleunigung in willkürlichem Maßstab.

Der günstigste Wert der Dämpfung hängt also außer von den Eigenschaften der Räder und Achsen auch von der Art der Straßenoberfläche und der Fahrgeschwindigkeit ab. Bei einer Fahrt auf Großsteinpflaster werden z. B. mehr höhere Frequenzen angeregt als auf einer Betonstraße oder einer glatten Asphaltstraße. Im ersten Fall würde deshalb die beste Federungswirkung mit einem kleineren Dämpfungsfaktor erreicht als im zweiten.

Über die Unebenheit von Straßenoberflächen liegen keine umfangreichen Meßergebnisse vor. Es ist deshalb nicht möglich, die Frequenzspektren der Erregung für verschiedene Straßenoberflächen und damit die günstigsten Dämpfungsfaktoren von vornherein anzugeben. Man muß vielmehr auf die an ausgeführten Fahrzeugen empirisch gewonnenen Werte zurückgreifen.

Von verschiedenen Autoren wird ein Dämpfungsfaktor n von 0,25 bis 0,5 als der günstigste vorgeschlagen.

Berücksichtigung von Radmasse und Reifenelastizität. In Abb. 70 ist m die Masse des Wagenaufbaues, m_1 die Masse der Räder, c die Federkonstante der Wagenfederung, c_1 die der Reifen und k die parallel zur Wagenfederung geschaltete Dämpfung. Die Reifen wirken, wie schon erwähnt, während der Fahrt wie eine verlustlos arbeitende Federung. Die Energie für die Formänderungsarbeit wird vom Motor aufgebracht.

Durch Ansatz von zwei Differentialgleichungen für die an den Massen m und m_1 angreifenden Kräfte und Einführung von periodischen Funktionen für die Ausschläge von der Form $\mathrm{const} \cdot e^{i\omega t}$ erhält man nach einer einfachen Umformung für das Verhältnis V der Ausschläge des Wagenaufbaues zu denen der Räder

$$|V|^2 = \frac{4\,n^2\,\alpha^2 + \alpha^4}{4\,n^2\,\alpha^2\left[1 - \left(1 + \frac{m}{m_1}\cdot\frac{1}{\alpha_1{}^2}\right)\right]^2 + \left[\alpha^2 - \frac{1}{\alpha_1{}^2} - 1 + \frac{c}{c_1} + \left(\frac{\omega_0}{\omega_1}\right)^2\right]^2} \cdot \tag{38}$$

Darin bedeuten zunächst n, α, ω_0 dasselbe wie in Gleichung (32) und (34). Ferner ist

$$\omega_1{}^2 = \frac{c_1}{m_1}$$

die Eigenfrequenz des auf dem Boden aufliegenden Rades und

$$\alpha_1 = \frac{\omega_1}{\omega} \cdot$$

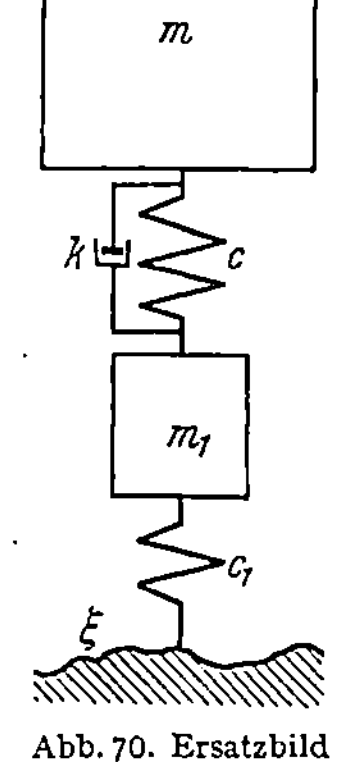

Abb. 70. Ersatzbild eines Wagens für Berechnung des Einflusses der Radmasse bzw. Achsenmasse.

Für die in Abb. 71 dargestellte Auswertung von Gleichung (38) ist zugrunde gelegt eine Achsmasse von $^1/_7$ der Wagenmasse und eine Federkonstante der Reifen vom 7fachen Wert der Federkonstanten der Wagenfederung. Dementsprechend liegt die Eigenfrequenz der Räder allein beim 7fachen der Eigenfrequenz des Wagens. Der Dämpfungsfaktor n, definiert durch Gleichung (34), ist zu 0,25 angenommen. In Abb. 71 gibt Kurve a das Verhältnis der Ausschläge des Wagenaufbaues zu denen der Wagenunterlage an. Kurve b gibt zum Vergleich die entsprechenden Werte bei starren Rädern. Kurve c stellt schließlich das Verhältnis der Ausschläge der Achse zu denen der Unterlage dar. Sowohl aus dem Vergleich der Kurven a und b als auch unmittelbar aus Kurve c ersieht man, daß in dem gewählten Beispiel die federnde Wirkung der Reifen erst von der 10fachen Eigenfrequenz des Wagens ab vorteilhaft in Erscheinung tritt.

Abb. 72 zeigt für das gleiche Beispiel die Beschleunigung des Aufbaues bei konstant gehaltenen Ausschlägen der Unterlage.

Setzt man eine Eigenschwingungsdauer des Wagens von 0,7 s voraus, so würden bei einer Fahrgeschwindigkeit von 60 km/h (17 m/s) Bodenwellen über 8 m Länge vom Aufbau des Wagens unvermindert oder verstärkt mitgemacht, Bodenwellen von 1,2 m Länge, die einer Anregung mit 10facher Wagenfrequenz entsprechen, würden dagegen nur mit $^1/_{20}$ ihrer Amplitude in Erscheinung treten, wobei die Abfederung allein von der Wagenfederung herrührt. Bei Bodenwellen von 12 cm Länge würde dagegen der Aufbau nur einen Bruchteil in der Größenordnung von $2,5 \cdot 10^{-5}$ mitmachen, wobei die Federungswirkung etwa zu gleichen Teilen auf die Wagenfederung und die Reifen verteilt ist.

Die Eigenschwingung der Räder ist bei dem für Abb. 71 gewählten Beispiel etwa im gleichen Maße gedämpft wie die Eigenschwingung des Aufbaues, wobei die Dämpfung in beiden Fällen auf die zur Wagenfederung parallel geschalteten Dämpfer zurückzuführen ist.

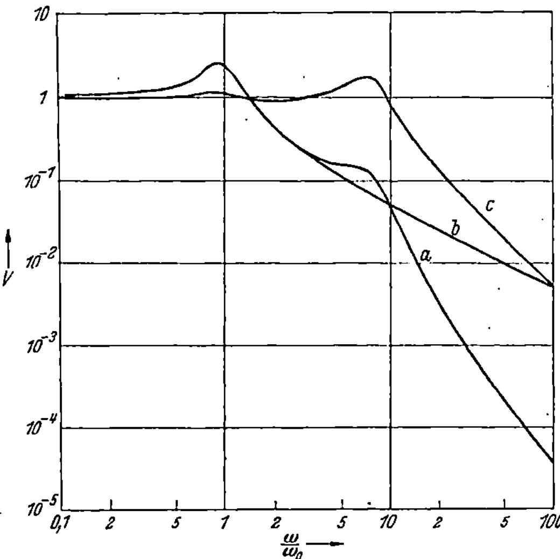

Abb. 71. Resonanzkurven für ein Zweimassensystem gemäß Abb. 70. *a* Ausschläge der Masse *m* (Wagenaufbau) für die im Text angegebenen Verhältnisse; *b* Ausschläge der Masse *m* für $c_1 = \infty$ (starre Räder); *c* Ausschläge der Masse m_1 (Achse); jeweils im Verhältnis zu den Ausschlägen der Erregung; Dämpfungsfaktor $n = 0,25$; übrige Bezeichnungen wie bei Abb. 68.

Die Eigenfrequenz der Räder bzw. Achsen liegt bei um so tieferen Frequenzen je größer unter sonst gleichen Umständen ihre Masse ist. Dementsprechend wird der zweite Höchstwert der Abb. 71 und 72 und damit der fallende Teil der Kurve bei wachsender Radmasse nach links verschoben, wodurch sich bei höheren Frequenzen kleinere Ausschläge bzw. Beschleunigungen des

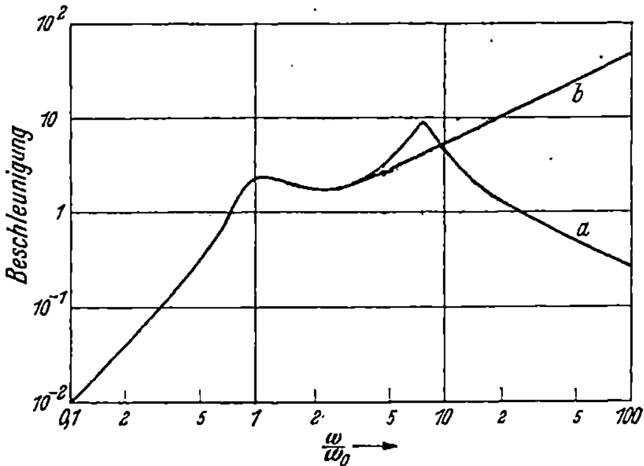

Abb. 72. Beschleunigung der Masse *m* eines Systems gemäß Abb. 70 bei konstanter Erregeramplitude für den Fall der Abb. 71 (Kurve *a*); Kurve *b* gilt für starre Räder, $c_1 = \infty$. Beschleunigung im willkürlichen Maßstab.

Wagens ergeben. Man müßte demnach annehmen, daß die Federungseigenschaften eines Wagens durch Vergrößerung der Radmasse verbessert werden, was in der Tat der Fall ist. Es verschlechtern sich jedoch dabei die Fahreigenschaften, da mit Vergrößerung der Achsmasse gemäß Gleichung (34) der Dämpfungsfaktor der Radschwingungen verkleinert wird, so daß die Eigenfrequenz der Räder stärker ausgeprägt wird. Außerdem nimmt die größte Beschleunigung, die den Rädern durch die Wagenfederung nach abwärts erteilt werden kann, mit wachsender Radmasse ab. Diese beiden Erscheinungen begünstigen ein Abspringen der Räder von der Fahrbahn und verschlechtern dadurch die Fahreigenschaften. Es besteht deshalb im allgemeinen das Bestreben, die Masse der Räder oder Achsen möglichst gering zu halten.

Dämpfung der Nickschwingungen. Der Dämpfungsfaktor der Nickschwingungen läßt sich entsprechend der Ableitung von Gleichung (34) aus Gleichung (28) gewinnen. Man erhält

$$n_1 = \frac{k_1 l_1^2 + k_2 l_2^2}{2\sqrt{(c_1 l_1^2 + c_2 l_2^2)\,I}} \cdot \quad (39)$$

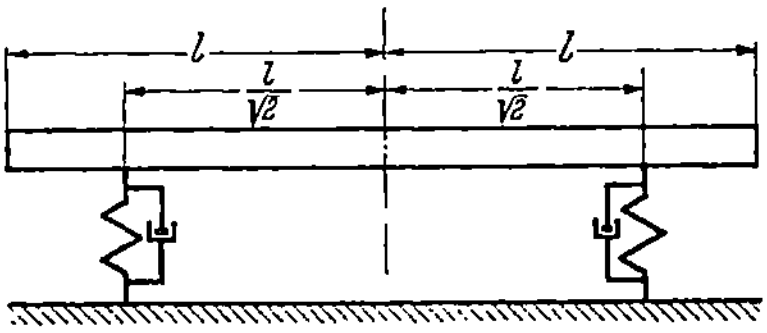

Für die Hubschwingung wird nach Gleichung (34)

$$n = \frac{k}{2\sqrt{c\,m}} \cdot \quad (40)$$

Abb. 73. Beispiel für gleiche Dämpfung von Hub- und Nickschwingung.

Zur Unterdrückung der Nickschwingungen ist ein möglichst großer Dämpfungsfaktor n_1 anzustreben. Diese Forderung wird gemäß Gleichung (39) erfüllt durch großes l_1 und l_2, also durch langen Radstand und durch kleines Trägheitsmoment I des Wagens um seine Querachse. Die letzte Bedingung erfordert eine Zusammendrängung aller Massen nach der Wagenmitte zu. Die Federkonstanten c_1 und c_2 und die zugehörigen Dämpfungswerte k_1 und k_2 sind für eine Veränderung der Dämpfung der Nickschwingung nicht heranzuziehen, da sie bereits durch die im vorhergehenden Abschnitt genannten Bedingungen für eine einwandfreie Federung festgelegt sind.

Für einen Wagen, dessen Schwerpunkt in der Mitte zwischen Vorder- und Hinterrädern liegt, eine Voraussetzung, von der übliche Wagen nicht allzu sehr abweichen, und bei Erfüllung der Bedingung nach Gleichung (3) und (4), also für $l_1 = l_2$, $c_1 = c_2$ usw. läßt sich durch Vergleich von Gleichung (39) und (40) feststellen, für welchen Radstand l die Dämpfung der Hub- und der Nickschwingung dieselbe ist. Man erhält

$$l = 2\sqrt{\frac{I}{m}} \cdot \quad (41)$$

Für einen Stab mit gleichmäßig verteilter Masse ist diese Bedingung erfüllt, wenn die Abstützung gemäß Abb. 73, an zwei Punkten erfolgt, deren Abstand 0,7 der Stablänge beträgt. Bei größerem Abstand ist die Nickschwingung stärker, bei kleineren schwächer gedämpft. Dies erklärt die bekannte Tatsache, daß Wagen mit kurzem Radstand mehr zu Nickschwingungen neigen als solche mit langem Radstand.

Dämpfung durch trockene Reibung. Bei den bisherigen Überlegungen war die Dämpfungskraft proportional der Geschwindigkeit vorausgesetzt. Gelegentlich findet man Dämpfer, bei denen durch

Verwendung trockener Reibung die Kraft unabhängig von Ausschlag und Geschwindigkeit ist. Dies gilt auch angenähert für ungeschmierte Blattfederpakete. An Stelle von Gleichung (29) ist dann mit $\varkappa$ als Konstante der Ansatz zu machen

$$m\,\frac{d^2\,x}{d\,t^2} \pm \varkappa + c\,(x-\xi) = 0\,. \tag{42}$$

Kräfte unter einer gewissen Größe $\varkappa$ reichen nicht hin, die Reibung des Dämpfers zu überwinden. Das ganze Federungssystem wirkt infolge der Reibung der Ruhe als starr, der Wagen folgt genau den Unebenheiten der Fahrbahn. Die Lösung der Gleichung lautet dann $x=\xi$. Eine Bewegung des Reibungsdämpfers tritt erst ein, wenn die Beschleunigung der Erregung den Betrag

$$\frac{d^2\,x}{d\,t^2} = \frac{\varkappa}{m} \tag{43}$$

überschreitet. Die Einzelheiten der Bewegung sind im allgemeinen Fall dabei wenig übersichtlich. Einfach ist jedoch die Lösung der Gleichung für das Abklingen der angestoßenen Eigenschwingung, wobei bekanntlich die Amplituden nach einer arithmetischen Reihe abnehmen, im Gegensatz zur geometrischen Reihe bei geschwindigkeitsproportionaler Dämpfung. Bei dauernder Erregung mit Resonanzfrequenz tritt je nachdem, ob die Erregung eine bestimmte Aplitude unter- oder überschreitet, entweder keine Resonanzerscheinung oder ein Aufschaukeln bis zu großen Werten ein.

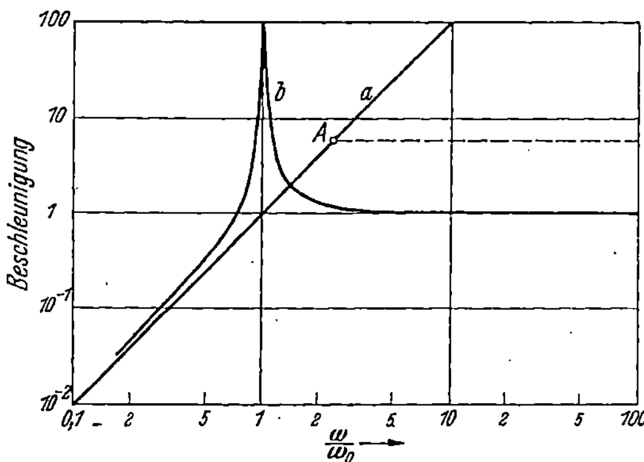

Abb. 74. Eigenschaften eines Schwingungssystems mit Reibungsdämpfung. Beschleunigung in willkürlichem Maßstab; *a* für sehr kleine Ausschläge; *b* für sehr große Ausschläge.
ω Erregerfrequenz, ω_0 Eigenfrequenz.

Unter der Voraussetzung einer periodischen Erregung, ähnlich wie bei dem Beispiel der Abb. 69 läßt sich als anschauliche Näherung die Abhängigkeit der Beschleunigung des Wagenaufbaues von der Erregerfrequenz bei konstant gehaltener Erregeramplitude angeben. Streng genommen, ist diese Darstellung nur richtig und möglich für kleine Ausschläge, bei denen der nach Gleichung (43) gegebene Wert der Beschleunigung nicht überschritten wird, und für unendlich große Amplituden der Erregung. Bei ganz kleinen Ausschlägen macht der Aufbau, wie oben erwähnt, die Bewegungen der Räder unverändert mit. Seine Beschleunigung ist, sinusförmige Erregung konstanter Amplitude vorausgesetzt, proportional dem Quadrat der Erregerfrequenz. Für diesen Fall gilt die Gerade *a* der Abb. 74. Bei sehr großer Erregung tritt der Einfluß von $\varkappa$ in Gleichung (42) zurück. Es handelt sich dann um eine wenig gedämpfte Schwingung, für die Kurve *b* gilt. Für eine Erregung konstanter

Amplitude, deren Größe jedoch zwischen diesen beiden Grenzen liegt, gilt bei tiefen Frequenzen zunächst Kurve *a*. Von einer bestimmten Frequenz ab, entsprechend Punkt *A*, beginnt jedoch der Dämpfer zu arbeiten. Punkt *A* rückt zu um so höheren Frequenzen je kleiner die Erregung und stärker die Dämpfung sind. Liegt Punkt *A* über der Resonanzfrequenz so bleibt bei steigender Frequenz die maximal auftretende Beschleunigung auf dem Wert $\varkappa/m$. Liegt er unter der Resonanzfrequenz, so wird von diesem Punkt an einschließlich der Resonanz etwa die Kurve *b* durchlaufen.

Die Wirkung eines Systemes mit Dämpfung durch trockene Reibung ist also ganz verschieden je nach der Erregeramplitude. Im Gegensatz zur Flüssigkeitsdämpfung werden kleine Ausschläge der Räder unverändert übertragen. Der Wagen erleidet auch auf verhältnismäßig guter Fahrbahn merkliche Stöße. Mit großer Amplitude angestoßene Eigenschwingungen werden wenig gedämpft.

Dämpfung durch trockene Reibung ist also weniger vorteilhaft als Flüssigkeitsdämpfung, und wird deshalb heute nur selten angewendet. Man sorgt vielmehr bei Blattfederpaketen durch gute Schmierung für möglichst geringe Reibung und erzeugt die notwendige Dämpfung durch zusätzliche Flüssigkeitsdämpfer.

Andere Dämpfung. Ausgeführte Flüssigkeitsdämpfer weichen in ihrer Wirkung mehr oder weniger von reiner Geschwindigkeitsdämpfung ab. Zunächst wird der Dämpfungsfaktor für die Abwärtsbewegung des Rades meist größer gewählt als für die Aufwärtsbewegung. Dadurch wird eine Verbesserung der Federungseigenschaft erzielt. Ein Rad kann beim Überfahren von Unebenheiten grundsätzlich beliebig große Geschwindigkeiten und Beschleunigungen nach oben erhalten. Die Bewegung nach unten in eine Vertiefung der Straßenoberfläche hinein kann aber nicht schneller erfolgen, als es dem Fall des Rades, unter dem Einfluß der Federkraft entspricht. Es können deshalb größere Geschwindigkeiten des Rades gegen den Wagenaufbau nach oben auftreten als nach unten und dementsprechend größere Kräfte durch den Schwingungsdämpfer nach oben als nach unten übertragen werden. Diesen Umstand sucht man durch die ungleichmäßige Einstellung der Flüssigkeitsdämpfer auszugleichen. Es wurden auch Flüssigkeitsdämpfer vorgeschlagen, welche nur bei der Rückkehr in die Mittelstellung arbeiten.

Weiter oben wurde schon darauf hingewiesen, daß ein Flüssigkeitsdämpfer nur für Erregerfrequenzen in Umgebung der Resonanzfrequenz die Ausschläge und Beschleunigungen des Wagens vermindert, für höhere Frequenzen sie jedoch vergrößert. Auch diesem Umstand sucht man durch entsprechende Ausbildung der Dämpfer Rechnung zu tragen. Die ungedämpfte Eigenschwingung schaukelt sich zu verhältnismäßig großen Ausschlägen auf. Erschütterungen höherer Frequenz machen die Achsen vorwiegend mit kleiner Amplitude mit. Aus diesem Grunde werden häufig Flüssigkeitsdämpfer so ausgebildet, daß sie für kleine

Ausschläge geringe Dämpfung, für große Ausschläge große Dämpfung ergeben. Dies ist durch eine Vergrößerung der Strömungsquerschnitte in der Umgebung der Nullage z. B. gemäß Abb. 75 möglich.

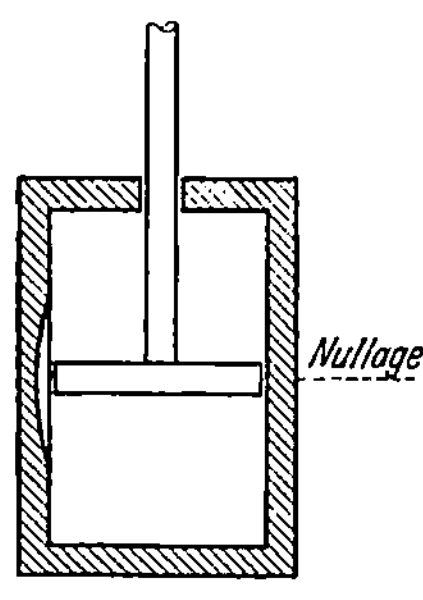

Abb. 75.
Flüssigkeitsdämpfer mit geringer Dämpfung in der Umgebung der Nullage. Der Strömungsquerschnitt ist in der Umgebung der Nullage durch eine Einfräsung im Gehäuse vergrößert.

Die Forderung nach großer Dämpfung bei tiefen Frequenzen, insbesondere in der Umgebung der Eigenfrequenz, und geringer Dämpfung bei hohen Frequenzen kann auch unmittelbar erfüllt werden durch Ausnutzung der sog. Materialdämpfung. Gummi und ähnliche Stoffe verwandeln bei Formänderungen unabhängig von der Frequenz, einen bestimmten Bruchteil der Formänderungsarbeit in Wärme. Wie sich zeigen läßt, kann die Wirkung eines derartigen Materials in erster Näherung durch einen der Frequenz umgekehrt proportionalen Dämpfungsfaktor dargestellt werden. Bei tiefen Frequenzen ist dann ein größerer, bei hohen Frequenzen ein kleinerer Dämpfungsfaktor wirksam.

Abb. 76 zeigt entsprechend der Abb. 68 das Verhältnis der Ausschläge des Wagenaufbaues im Vergleich zu denen der Räder in Abhängigkeit der Erregerfrequenz. Die den einzelnen Kurven zugrunde liegenden Dämpfungswerte sind so gewählt, daß die Wirkung der Dämpfung in nächster Umgebung der Eigenfrequenz des Fahrzeuges für je eine Kurve der Abb. 68 und 76 dieselbe ist. Im Gegensatz zur Flüssigkeitsdämpfung wird durch Materialdämpfung auch bei starker Unterdrückung der Eigenfrequenz keine merkliche Vergrößerung der Ausschläge des Wagens bei hohen Erregerfrequenzen hervorgerufen.

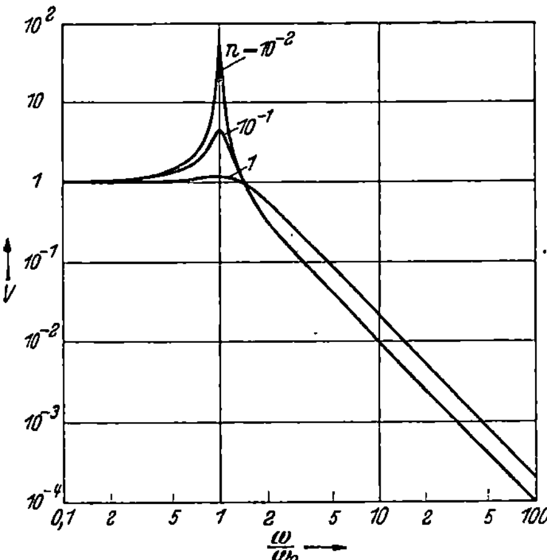

Abb. 76. Resonanzkurven für ein System nach Abb. 64 mit Materialdämpfung. Bezeichnungen wie bei Abb. 68. Die angegebenen Dämpfungsfaktoren n gelten für Resonanznähe.

Zusammengesetzte Federanordnung. Eine Verminderung der bei raschen Radbewegungen durch einen Flüssigkeitsdämpfer übertragenen Kräfte läßt sich auch durch elastische Verbindung des Dämpfers erzielen. Grundsätzlich kann man dadurch, wie bei den soeben genannten Methoden, bei Beibehaltung einer ausreichenden Dämpfung in Resonanznähe eine Verminderung der Dämpfung bei hohen Frequenzen erreichen. Eine derartige Wirkung kann entweder durch Parallelschaltung oder durch Hintereinanderschaltung einer gedämpften und einer ungedämpften Feder erzielt werden. Abb. 77 und

Abb. 78 zeigen schematisch diese beiden Möglichkeiten. Nach Abb. 77 ist der Stoßdämpfer am Wagen oder auch an der Achse elastisch gelagert, nach Abb. 78 nur ein Teil der Feder gedämpft. Im ersten Fall kommt bei Frequenzen, bei denen die Kräfte im Dämpfer groß werden, die Feder c_k zur Wirkung. Bei sehr hohen Frequenzen wirkt die Anordnung so, als ob der Wagen durch eine Feder mit der Federkonstanten $c + c_k$ abgefedert wäre. Bei tiefen Frequenzen sind die Kräfte am Stoßdämpfer kleiner, so daß sich die gesamte Zusammendrückung in entsprechender Weise auf die Feder c_k und den Stoßdämpfer verteilt, der Dämpfer also zur Wirkung kommt. Entsprechendes gilt für die Anordnung nach Abb. 78. Die bei tiefen Frequenzen wirksame gesamte Federkonstante c_0 ist im letzteren Falle

$$c_0 = \frac{c\,c_k}{c + c_k}.$$

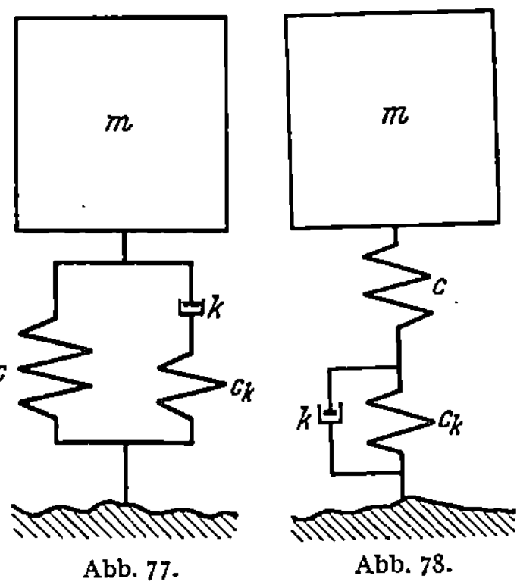

Abb. 77.   Abb. 78.
Abb. 77 und 78. Zusammengesetzte Federanordnung.

Da mit Rücksicht auf die Zulademöglichkeit, die Kurvenlage und das Durchschlagen der statische Wert der Wagenfederung maßgebend ist, ist im ersten Fall c, im zweiten Fall c_0 als festgelegt zu betrachten.

Für das Verhältnis V der Ausschläge des Wagenaufbaues im Verhältnis zu denen der Räder erhält man durch ähnliche Ableitung wie früher für den Fall der Abb. 77

$$|V|^2 = \frac{4\,n^2\,\alpha^2 + \left[\alpha^2 + 4\,n^2\,\dfrac{c}{c_k}\left(1 + \dfrac{c}{c_k}\right)\right]^2}{4\,n^2\,\alpha^2\left[\alpha^2 + 4\,n^2\,\dfrac{c}{c_k}\left(1 + \dfrac{c}{c_k} - \dfrac{1}{\alpha^2}\dfrac{c}{c_k}\right) - 1\right]^2},\qquad(36)$$

für die Anordnung gemäß Abb. 78

$$|V|^2 = \frac{4\,n^2\,\alpha^2\left(\dfrac{c_0}{c_k}\right)^2 + \alpha^4}{4\,n^2\,\alpha^2\left[\dfrac{c_0}{c_k} - \dfrac{c_0^2}{c\,c_k}\dfrac{1}{\alpha^2}\right]^2 + (\alpha^2 - 1)^2}.\qquad(37)$$

Ein Beispiel für den Frequenzverlauf einer Federung nach Abb. 77 und 78 ist in Abb. 79 dargestellt. Für die gewählten Abmessungen ergeben sich für die beiden Fälle Kurven, die nur sehr wenig voneinander abweichen, so daß sie in der Abb. 79 als eine Kurve a erscheinen. Zum Vergleich ist noch die für eine einfache Federung gemäß Abb. 67 geltende Kurve b eingetragen.

Durch die zusammengesetzte Federung wird bei hohen Frequenzen in der Tat eine wesentliche Herabsetzung der Ausschläge des Wagenaufbaues erzielt. Die Verbesserung wird jedoch erst fühlbar bei Erregerfrequenzen von mehr als etwa der 10fachen Eigenfrequenz des Fahrzeuges, bei denen, wie oben gezeigt, schon durch die Bereifung eine wesentliche Verminderung der Erschütterungen eintritt. Für Frequenzen in der Nähe der Eigenfrequenz wird dagegen durch zusammengesetzte Federanordnung keine Verkleinerung der Beschleunigung, sondern eher eine Vergrößerung erreicht. Auch durch andere Wahl der Bestimmungsstücke ist eine merkliche Verminderung in dem Bereich bis zur 10-fachen Eigenfrequenz des Fahrzeuges nicht zu erzielen. Die Ausführung einer Wagenfederung nach Abb. 77 oder 78 wird also bei luftbereiften Fahrzeugen praktisch keine Vorteile bringen.

Wohl aber ist ein solches System für Eisenbahnfahrzeuge brauchbar. Dort treten infolge des Fehlens eines elastischen Radkranzes auch an den Achsen Beschleunigungen hoher Frequenz mit großer Amplitude auf. Bei Drehgestellwagen wird deshalb mit Erfolg die Hintereinanderschaltung ungedämpfter Schraubenfedern mit gedämpften Blattfederpaketen angewendet.

Sofern bei Kraftwagen die Schraubenfedern und Blattfedern hintereinandergeschaltet sind, werden die Stoßdämpfer nicht parallel zu den an sich gedämpften Blattfedern, sondern zwischen Achse und Wagen geschaltet. Unter der Voraussetzung gepflegter Blattfedern mit geringer Reibungsdämpfung

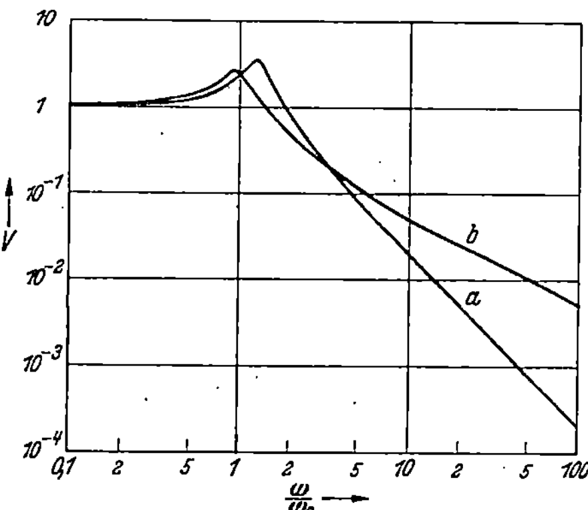

Abb. 79. Resonanzkurve für Anordnungen gemäß Abb. 77 und 78. $c_k = c$; k ist so gewählt, daß der Dämpfungsfaktor n bei der Anordnung nach Abb. 77 für $c_k = \infty$ und der Anordnung nach Abb. 78 für $c = \infty$ den Wert 0,5 hat. Für beide Anordnungen gilt die gleiche Kurve a. Kurve b ist aus Abb. 68 für $n = 0,25$ zum Vergleich übernommen.

tritt eine besondere Wirkung durch die zusätzliche Verwendung von Schraubenfedern bei dieser Ausführung nicht ein.

Erschütterung der Fahrgäste. Die Fahrgäste machen die Erschütterungen des Wagenaufbaues nur zu einem Teil mit. Ihre Masse ist über die Polsterung elastisch gegen den Wagen abgestützt. Die Eigenfrequenz eines auf einer Polsterung sitzenden Menschen ist dabei ziemlich unabhängig von seinem Gewicht, da mit wachsendem Gewicht auch die Auflagerfläche und dadurch die wirksame Federkonstante der Polsterung steigt.

Die Federung der Polsterung wird zweckmäßig so bestimmt, daß die Eigenfrequenz der Fahrgäste nicht genau mit der Eigenfrequenz des Wagens zusammenfällt. Die Eigenfrequenz der Fahrgäste ist allerdings nicht scharf ausgeprägt, da die Polsterung normalerweise stark gedämpft ist. Die Art der Dämpfung dürfte etwa der oben näher beschriebenen Materialdämpfung entsprechen.

Für den Fall, daß die Eigenfrequenz des Fahrgastes auf die Polsterung beim 0,8fachen der Eigenfrequenz des Wagens liegt, ergibt sich als Verhältnis der Ausschläge des Fahrgastes zu denen der Straßenoberfläche etwa ein Verlauf gemäß Abb. 80. Dabei ist für die Federung des Wagens der Fall der Abb. 71, Kurve *a*, und für die Federung der Polsterung die Kurve für $n = 1$ der Abb. 76 vorausgesetzt. Hohe Frequenzen werden also nur in sehr geringem Maße auf die Fahrgäste übertragen.

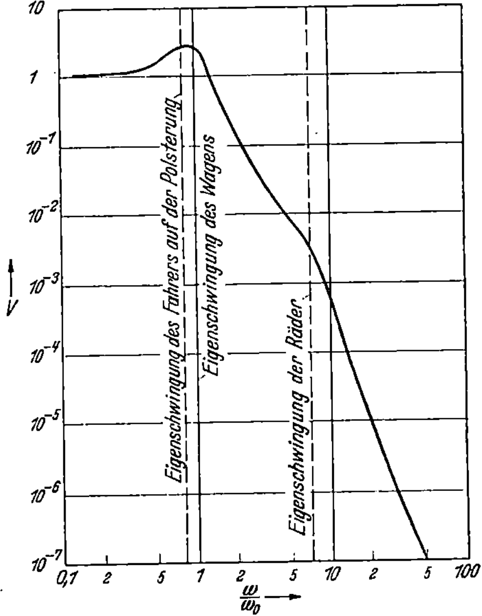

Abb. 80. Verhältnis V der Ausschläge eines Fahrgastes zu denen der Fahrbahnoberfläche unter Berücksichtigung der Elastizität der Reifen und der Polsterung. ω_0 Eigenfrequenz des Wagens, ω Erregerfrequenz.

Abspringen der Räder von der Fahrbahn. Für das Abspringen der Räder von der Fahrbahn ist auch die Dämpfung von Einfluß. Eine kleine Dämpfung begünstigt das Aufschaukeln von Eigenschwingungen, welche bei periodischer Anregung zum Abspringen der Räder führen können. Eine große Dämpfung erschwert rasche Relativbewegungen der Räder gegen den Wagen, wodurch beim Überfahren von Bodenunebenheiten ebenfalls ein Abspringen begünstigt wird. Eine mittlere Dämpfung wird also auch von diesem Gesichtspunkt aus am vorteilhaftesten sein.

Wir betrachten den Fall, daß die Räder eines Wagens plötzlich ihrer Unterlage beraubt werden, wie das beim Überfahren einer Stufe auftritt. Das Rad erhält dann eine zusätzliche Beschleunigung nach abwärts, die bestimmt ist durch die Zusammendrückung der Wagenfederung und die Radmasse. Zahlenmäßig hat diese Beschleunigung den Wert $g\,m/m_1$. Darin bedeuten g die Erdbeschleunigung, m die dem Achsdruck entsprechende Wagenmasse und m_1 die Radmasse. Verfolgt man die Bewegung des Rades nur für einen Zeitpunkt, der kurz ist im Vergleich zur Hubeigenschwingung des Wagens, so kann man den Wagen selbst als ruhend betrachten. Das System entspricht dann der Darstellung nach Abb. 81, wobei m festgehalten zu denken ist. Für eine solche Anordnung gilt die bekannte Gleichung

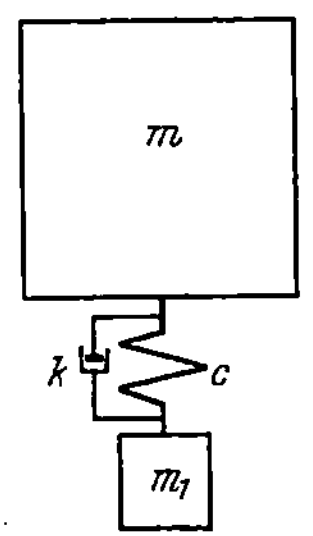

Abb. 81. Ersatzbild eines Wagens für Berechnung des Abspringens der Räder von der Fahrbahn. m Masse des Wagenaufbaues; m_1 Masse der Räder bzw. Achsen; c Federkonstante der Wagenfederung; k Dämpfung.

$$m_1 \frac{d^2 x}{d t^2} + k \frac{d x}{d t} + c x = 0. \tag{44}$$

Als Grenzbedingungen ist einzusetzen für die Zeit $t = 0$ eine Zusammendrückung $x = x_0$ und eine Geschwindigkeit $dx/dt = 0$. Dann erhält man für den Weg des Rades in lotrechter Richtung

$$x = x_0 e^{-\beta t}\left(\frac{\beta}{\alpha}\sin\alpha + \cos\alpha t\right) \tag{45}$$

mit

$$\beta = \frac{k}{2 m_1} \tag{46}$$

und

$$\alpha^2 = \frac{c}{m_1} - \left(\frac{k}{2 m_1}\right)^2. \tag{47}$$

Unter der Voraussetzung, daß die Masse m des Wagenaufbaues 7mal so groß ist wie die unabgefederte Masse m_1, erhält man mit einem Dämpfungsfaktor der Hubschwingung des Wagens $n = 0,25$ Kurve a der Abb. 82, für fehlende Dämpfung Kurve b. Die Kurven stellen den zeitlichen Verlauf der Bewegung eines plötzlich seiner Auflage beraubten Rades dar. Sinkt die Fahrbahn rascher ab, dann hebt sich das Rad von ihr ab. In Abb. 82 ist statt des Zeitmaßstabes der Weg eines

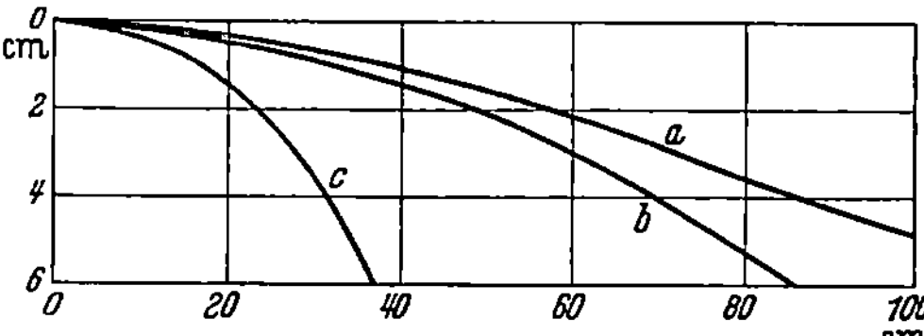

Abb. 82. Profilkurven einer Fahrbahn, die eben ohne Abheben der Räder durchfahren werden können. Radmasse = $^1/_7$ Wagenmasse; Geschwindigkeit 72 km/h; a Dämpfungsfaktor der Federung $n = 0,25$; b ungedämpfte Federung; c Weg der Achsenmitte eines Rades von 75 cm Durchmesser beim Abrollen über eine scharfe Kante.

mit einer Geschwindigkeit von 72 km/h fahrendem Wagens aufgetragen. Die Kurven a und b stellen also Profilkurven einer Straße dar, welche von einem starren Rad unter den obengenannten Voraussetzungen eben ohne Abheben überfahren werden können.

Streng genommen ist an Stelle der Profilkurve der Straße die Bewegung der Radachse bei langsamem Durchfahren der Strecke zu setzen. Wenn die Profilkurve keine Teile mit kleinem Krümmungsradius im Vergleich zum Durchmesser des Rades enthält, sind diese beiden Kurven jedoch nahezu gleich.

Beim Rollen eines starren Rades über eine scharfkantige Stufe hinab bewegt sich bei einem Durchmesser des Rades von 75 cm die Achse nach Kurve c. Bei der angenommenen Geschwindigkeit von 72 km/h würde in diesem Falle also stets ein Anheben des Rades von der Kante erfolgen, da Kurve c unter den Kurven a und b liegt.

Der Vergleich der beiden Kurven a und b zeigt, daß in dem gewählten Beispiel die Dämpfung für das Durchfahren kleiner Fahrbahnvertiefungen bis zu etwa 1 cm Tiefe unwesentlich ist. Die beiden Kurven a und b für die ungedämpfte und die mit $n = 0,25$ gedämpfte Wagenfederung fallen praktisch zusammen. Für größere Vertiefungen von 3 bis 4 cm ist jedoch ein Unterschied festzustellen. Das Rad des ungedämpften Fahrzeuges vermag noch einer Fahrbahnwelle zu folgen, welche die Straßenoberfläche auf 0,7 m um 4 cm absenkt. Das Rad des gedämpften Fahrzeuges würde sich dagegen unter sonst gleichen Umständen schon bei 3 cm Absenkung von der Fahrbahn abheben.

Bei üblichen Fahrgeschwindigkeiten auf normalen Straßen wird, wie das Beispiel zeigt, das Abheben der Räder von der Fahrbahn durch die Dämpfung nicht wesentlich beeinflußt. Nur beim Durchfahren tieferer Schlaglöcher mit hoher Geschwindigkeit könnte eine Verminderung der Dämpfung unter das übliche Maß von Vorteil sein.

5. Lenkung.

a) Lenkgetriebe.

Bedingung des gleitungsfreien Rollens. Damit die Bedingung gleitungsfreien Rollens für alle Räder eines Fahrzeuges erfüllt ist, müssen die Richtungen sämtlicher Radachsen durch eine zur Fahrbahnebene

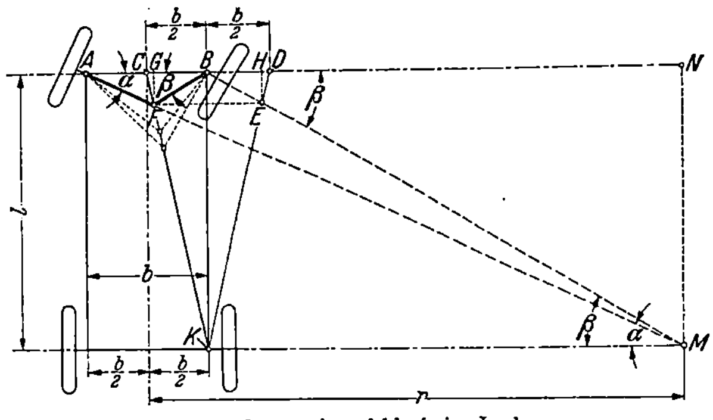

Abb. 83. Schema einer fehlerfreien Lenkung.

senkrechte Gerade gehen. Abb. 83 zeigt die senkrechte Projektion der Lenkung eines Wagens mit der bei Kraftfahrzeugen üblichen Vorderradlenkung. Die Projektion der Radachsen geht durch den Punkt M. Der Einschlag des kurveninneren Rades, in Abb. 83 also des rechten Rades, muß größer sein als der des äußeren Rades.

Aus Abb. 83 ersieht man die beiden Bedingungen

$$r + \frac{b}{2} = l \cdot \operatorname{ctg} \alpha, \tag{1}$$

$$r - \frac{b}{2} = l \cdot \operatorname{ctg} \beta. \tag{2}$$

Dabei ist b der Abstand der Achsschenkelbolzen und l der Radstand. Aus Gleichung (1) und (2) erhält man

$$\operatorname{ctg} \alpha - \operatorname{ctg} \beta = \frac{b}{l}. \tag{3}$$

Die Einschlagwinkel der beiden Vorderräder müssen also zur Erzielung gleitungsfreien Rollens der Bedingung nach Gleichung (3) genügen. Die

Aufgabe beim Entwurf einer einwandfreien Lenkung besteht darin, ein Getriebe zu finden, welches die Verdrehungswinkel α und β zweier drehbarer Teile, in unserem Falle der beiden Vorderachsen, in die nach Gleichung (3) gegebene Beziehung setzt.

Diese Beziehung kann man übrigens nach MEISSNER (1) auch anders ausdrücken, wenn man als Nullage für die Verdrehungswinkel der beiden Lenkachsen diejenige Stellung des Getriebes annimmt, bei der die Ungleichförmigkeit der Bewegungsübertragung ihren größten Wert hat. Die von diesem Nullpunkt aus gerechneten Winkel seien mit α_1 und β_1 bezeichnet. Dann gilt

$$\frac{\operatorname{ctg}\alpha_1}{\operatorname{ctg}\beta_1} = \left[\sqrt{1+\left(\frac{b}{2l}\right)^2} - \frac{b}{2l}\right]^2. \tag{4}$$

Nach Gleichung (4) ist das Verhältnis der Kotangenten der Verdrehungswinkel bei gegebenen Abmessungen eines Wagens eine Konstante. Diese zweite Form der Bedingung ist unter Umständen zur Auffindung eines fehlerfreien Lenkgetriebes geeigneter.

Fehlerfreie Lenkgetriebe. Als Lenkgetriebe kommen Anordnungen in Frage, welche die Bedingung nach Gleichung (3) oder (4), entweder streng oder mit ausreichender Näherung erfüllen. Praktisch wird fast ausschließlich das bekannte Lenktrapez verwendet, welches eine Näherungslösung darstellt. Es lassen sich jedoch auch verschiedene genaue Lösungen angeben, von denen im folgenden einige erwähnt sind.

In Abb. 83 ist eine derartige Lösung mit eingezeichnet. Der Winkel GBF sei zunächst mit x bezeichnet, dann gilt

$$\operatorname{ctg}\alpha = \frac{AC+CG}{GF} \quad \text{und} \quad \operatorname{ctg}x = \frac{AC-CG}{GF}.$$

Daraus ergibt sich

$$\operatorname{ctg}\alpha - \operatorname{ctg}x = \frac{2CG}{GF} = \frac{b}{l}.$$

Durch Vergleich mit Gleichung (3) ersieht man $x=\beta$. Verbindet man also die Mitte der Vorderachse C mit Punkt K, der auf der Hinterachse im Abstand $b/2$ liegt, durch eine Gerade, so geben die Verbindungslinien irgendeines Punktes dieser Geraden mit den Punkten A und B, den Mitten der beiden Achsschenkelbolzen, jeweils zusammengehörige Winkel α und β. Man könnte also eine genaue Lenkungsvorrichtung dadurch bauen, daß man eine Verlängerung der einen Vorderachse AF durch ein Auge einer längs der Geraden CK verschiebbaren Muffe führt und durch ein darunterliegendes Auge derselben Muffe eine auf dem rechten Achsschenkel feste zweite Stange.

Die Drehbewegung dieser zweiten Stange müßte noch umgekehrt werden. Ebenso könnte man die unmittelbare Verlängerung der Achse des rechten Rades in einer Muffe, entsprechend dem Punkt E, führen. Bei einer praktischen Ausführung würde das ganze Getriebe ähnlich verkleinert, so daß es in einem Gehäuse zusammengebaut werden könnte. Die Bewegungen entsprechend den Winkeln α und β ließen sich durch Parallelhebelübertragung den Vorderrädern zuführen.

Dieses Getriebe nach Abb. 83 wird zwar nicht praktisch ausgeführt. Es wird aber allgemein zur rechnerischen Nachprüfung beim Entwurf der üblichen Lenkanordnung verwendet, worauf wir weiter unten noch zurückkommen werden.

Ein zweites Getriebe, das die Bedingung gleitfreien Rollens genau erfüllt, ist in Abb. 84 dargestellt. Die Achsschenkel sind verbunden mit Stangen, deren Schnittpunkte parallel zur Vorderachse geführt werden. Der Abstand der Drehpunkte muß zum Abstand des Schnittpunktes der beiden Stangen von der Vorderachse im Verhältnis b/l stehen, damit die Bedingung nach Gleichung (3) erfüllt ist.

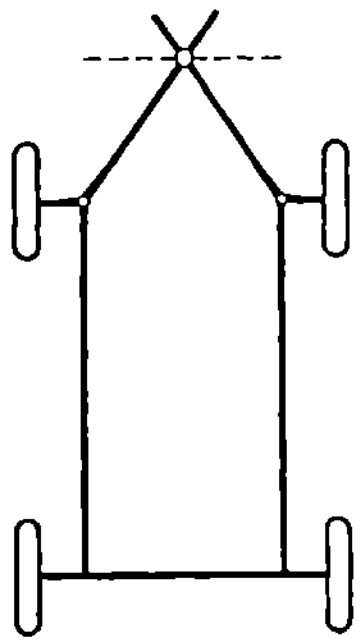

Ferner kann nach MEISSNER (1) ein genaues Lenkgetriebe unter Verwendung von eliptischen Zahnrädern erhalten werden oder durch Kreuzgelenke, welche zwei unter einem bestimmten Winkel gegeneinander geneigte Achsen miteinander verbinden. In beiden Fällen ist durch bestimmte Formgebung die Bedingung nach Gleichung (4) zu erfüllen. Kreuzgelenke können z. B. auf beiden Seiten zwischen Achse und Spurstange geschaltet werden. Die eine Achse jedes Kreuzgelenkes fällt zusammen mit dem Spurzapfen, die zweite Achse ist in einem mit der Vorderachse fest verbundenen Lager so anzuordnen, daß sie mit dem

Abb. 84. Fehlerfreies Lenkgetriebe.

Spurzapfen einen gewissen Winkel einschließt, der sich rechnerisch festlegen läßt. An dieser zweiten Achse sind dann in üblicher Weise die Spurhebel und an dieser die Spurstange angebracht. Die Spurhebel können jedoch parallel ausgeführt werden. Die Anpassung des Lenkgetriebes an die gegebenen Verhältnisse geschieht durch Wahl des Winkels, unter dem sich die beiden Achsen des Kreuzgelenkes schneiden.

Lenktrapez. In der Praxis verzichtet man im allgemeinen auf eine genaue Lösung und begnügt sich mit dem bekannten Lenktrapez, welches so ausgeführt werden kann, daß es für nicht zu große Einschlagwinkel eine gute Näherung ergibt. Die Güte der Näherung läßt sich in einfacher Weise durch die in Abb. 83 gezeigte Lösung für ein fehlerfreies Lenkgetriebe nachprüfen. Trägt man von den Punkten A und B die Winkel α und β auf, so müssen sich zwei zusammengehörige Strahlen auf der Linie CK schneiden, wenn gleitende Reibung vermieden werden soll. Bei einem fehlerhaften Lenkgetriebe werden sich zusammengehörige Strahlen nicht auf dieser Linie schneiden. Die Abweichung der Schnittpunkte von der Linie CK gibt ein Maß für die Fehlerhaftigkeit des Getriebes. In Abb. 85 ist ein Beispiel nach KAMM (1) gezeigt. Die Konstruktion gilt für eine Anordnung der Spurhebel unter Winkeln von $\varphi = 15°$ und $\varphi = 20°$ gegen die Wagenlängsachse bei Geradeausfahrt.

Für Lenkausschläge bis zu 30° gibt der Winkel $\varphi = 20°$, für größere Ausschläge dagegen der Winkel $\varphi = 15°$ im Durchschnitt kleinere Fehler.

Diejenige Größe des Winkels φ, welche für einen bestimmten Einschlagwinkel, also für das Durchfahren einer Kurve von bestimmtem Radius, gleitungsfreies Rollen ergibt, läßt sich zeichnerisch mit guter Näherung ermitteln. Abb. 86 zeigt schematisch ein Lenktrapez in Nullstellung, in der beide Spurhebel den Winkel φ_0 mit der Fahrzeugachse einschließen, und in eingeschlagenem Zustand. Für den gezeichneten

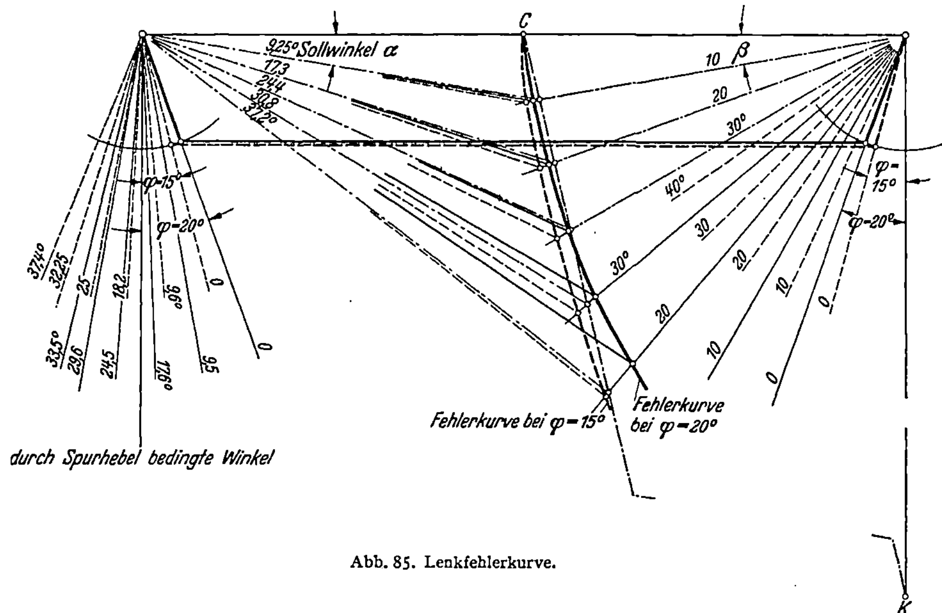

Abb. 85. Lenkfehlerkurve.

Einschlagwinkel sollen die Winkel α und β die Bedingung des gleitungsfreien Rollens gemäß Gleichung (1) erfüllen. Die dazu erforderliche Ausbildung des Lenktrapezes ist gesucht.

Zunächst sei die Spurstange als sehr lange im Vergleich zu den Spurhebeln angenommen, so daß sie beim Einschlag der Räder ihre Richtung beibehält. Dann gilt mit den Bezeichnungen der Abb. 86

$$S_0 T_0 = b - 2y \sin \varphi_0,$$

$$S U = S T = b - y \sin (\varphi_0 - \alpha) - y \sin (\varphi_0 + \beta)$$

und daraus

$$\sin \varphi_0 = \frac{1}{2} \sin (\varphi_0 - \alpha) + \frac{1}{2} \sin (\varphi_0 + \beta). \tag{5}$$

Die rechte Seite der Gleichung kann man auch auf die Form bringen

$$\sin \varphi_0 = \cos \frac{\alpha + \beta}{2} \sin \left(\varphi_0 + \frac{\beta - \alpha}{2}\right). \tag{6}$$

Diese Gleichung wird durch die in Abb. 87 dargestellte Konstruktion, den sog. Causant-Plan, gelöst. Von M aus ist mit der Länge der Spurhebel y ein Kreis geschlagen und sind ferner die Winkel α und β angetragen. Die Gerade MN verbindet die Mitte F der Geraden BE mit M, und steht dadurch zur Grundlinie DM im Winkel $\frac{\alpha+\beta}{2}$. Die Verbindungslinie des Punktes C mit F gibt den gesuchten Winkel φ_0.

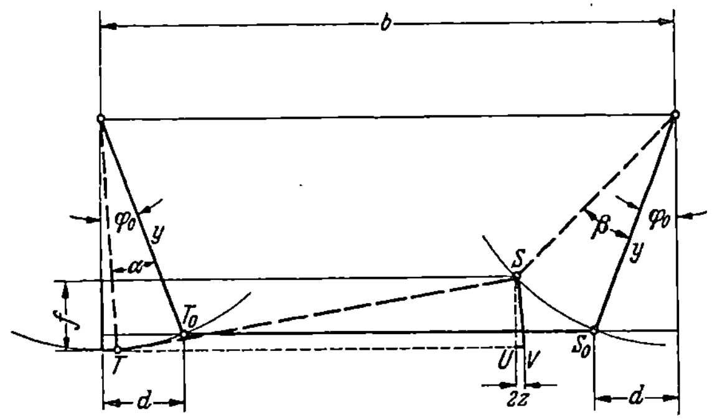

Abb. 86. Lenktrapez.

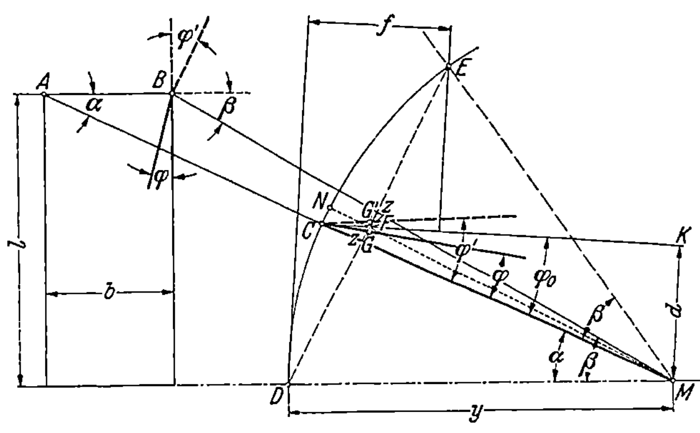

Abb. 87. Causant-Plan.

Die Richtigkeit der Konstruktion ersieht man sofort, wenn man noch die Hilfslinie KM senkrecht auf KC zieht. Dann ist

$$\sin\varphi_0 = \frac{d}{y}; \qquad \cos\frac{\alpha+\beta}{2} = \frac{FM}{y} \qquad \text{und} \qquad \sin\left(\varphi_0 + \frac{\beta-\alpha}{2}\right) = \frac{FM}{d},$$

womit Gleichung 6 in der Tat erfüllt ist.

Der auf diese Weise ermittelte Winkel φ_0 gilt für eine im Vergleich zu den Spurhebeln sehr lange Spurstange. Bei endlicher Spurstange ist deshalb noch eine Korrektur anzubringen. Nach dem Causant-Plan wird von φ_0 eine von dem Winkel STU (Abb. 86), um den sich die Spurstange verdreht, abhängige Größe abgezogen bzw. bei der weniger üblichen Anordnung der Spurhebel nach vorn dazugezählt. Der richtige

Winkel φ bzw. φ' wird danach mit guter Näherung erhalten, wenn man die Größe z von den Punkten F senkrecht zu der Linie CK nach oben und unten abträgt, und die entstehenden Punkte G und G' mit C verbindet. Die Größe z hat dabei, wie sich aus Abb. 86 ersehen läßt, den Wert:

$$z = \frac{1}{2}\left[(b-2d) - \sqrt{(b-2d)^2 - f^2}\right].$$

b) Lenkungsschwingungen.

Lenkungsschwingungen treten als Flattern der Vorderräder in Erscheinung. Man bezeichnet damit Schwingungen der Vorderräder um eine senkrechte Achse, Abb. 88. Solche Schwingungen werden insbesondere bei starrer Vorderachse unter bestimmten Bedingungen angeregt. Sie treten stets mit anderen Schwingungen gekoppelt auf, wobei ein Kreislauf der Schwingungsenergie zwischen den verschiedenen Schwingungsarten festzustellen ist. Durch die Flatterbewegung wird die ganze Vorderachse hin und her geschoben Abb. 89. Die Schiebekräfte greifen in der Fahrbahnebene an den Rädern an. Da der Schwerpunkt der Achse höher liegt, tritt dadurch ein Moment auf, das die Achse

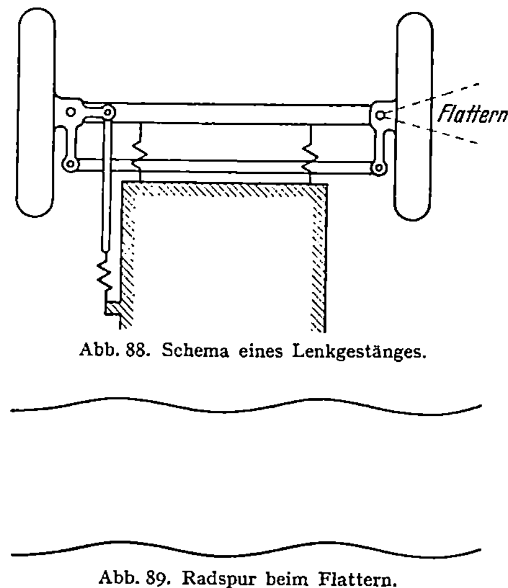

Abb. 88. Schema eines Lenkgestänges.

Abb. 89. Radspur beim Flattern.

zu Trampelbewegungen, d. h. Verdrehungen um eine der Wagenlängsachse parallele Achse veranlaßt. Durch die Kreiselwirkung der Räder führt diese Trampelbewegung wieder auf eine Flatterbewegung.

Ferner schneidet die Verlängerung der Lenkzapfenachsen im allgemeinen nicht die Resultierende der von der Fahrbahn auf den Reifen ausgeübten Kräfte, so daß die Schiebebewegung auch unmittelbar eine Flatterbewegung anregt.

Auch durch Unsymmetrie der Blattfedern, mit denen die Vorderräder gegen den Wagen abgestützt sind, durch die Lenkschubstange und durch nichtlineare Federung, z. B. infolge Abspringens der Räder von der Fahrbahn, kann eine Kopplung erfolgen.

Die Schwingungen werden in der Hauptsache durch Anfachung erregt, ähnlich wie beim Anblasen einer Pfeife durch einen konstanten Luftstrom. Der Luftstrom wird durch die periodische Bewegung in der Öffnung der Pfeife so gesteuert, daß er Energie zur Unterhaltung der Schwingung abgibt. In ganz ähnlicher Weise vollzieht sich die Aufnahme von Schwingungsenergie durch flatternde Räder. Voraussetzung für Anfachung von Flatterschwingungen der Vorderräder ist, wie BECKER-FROMM-MAHRUN (1) theoretisch gezeigt haben, das Vorhandensein von Seitenelastizität der Reifen und von Schlupf zwischen Reifen und Fahrbahn.

Neben Anfachung gibt es noch andere Erregungsmöglichkeiten, wie mangelnder Massenausgleich der Räder, geometrische oder elastische Unrundheit der Wagenräder oder periodische Beschaffenheit der Fahrbahn. Diese Erregungsmöglichkeiten sind jedoch von untergeordneter Bedeutung.

Die Frequenz der Schwingungen entspricht ungefähr der der Trampelschwingungen ohne Berücksichtigung der Kreiselwirkung. Die Abweichung von der reinen Trampelschwingungszahl wächst infolge der Kreiselkräfte mit der Fahrgeschwindigkeit und hängt außerdem von der Elastizität des Lenkgestänges ab. Bei einem von FROMM untersuchten Wagen betrug die Flatterschwingungszahl z. B. 9 Hz.

Die Anfachung hängt außer von den Eigenschaften aller an den Schwingungen beteiligten Wagenteile von der Fahrgeschwindigkeit ab. Mit der Fahrgeschwindigkeit nimmt die Anfachung, von kleinen Werten kommend, zunächst zu, um bei höheren Geschwindigkeiten wieder abzusinken. Einen Höchstwert erreicht sie im allgemeinen bei der Fahrgeschwindigkeit, bei der die Umdrehungszahl der Räder der Eigenschwingungszahl der Trampelschwingungen entspricht. Die Anfachung kann insbesondere bei kleinen Fahrgeschwindigkeiten auch negative Werte annehmen. Dann ergibt sich statt Anfachungen eine vermehrte Dämpfung. Überwiegende Anfachung tritt im allgemeinen bei um so geringerer Fahrgeschwindigkeit auf, je niedriger die Trampeleigenschwingung liegt. Diese wird durch Erhöhung des Radgewichtes und der Nachgiebigkeit der Reifen nach unten verlegt. Deshalb traten Flatterschwingungen insbesondere durch Einführung von Niederdruckreifen und von Vierradbremsen mit zusätzlichen Bremstrommeln an den Vorderrädern störend in Erscheinung.

Der Anfachung wirkt ein gewisser Dämpfungswert entgegen, verursacht durch Widerstände in den Gelenken, durch den Reifenschlupf, durch die Dämpfung der Federblätter und etwaiger Schwingungsdämpfer sowie durch die Vorspur der Räder. Unter Vorspur versteht man einen geringen Einschlag der Vorderräder nach innen bei Normalstellung der Lenkung. Durch diesen Einschlag, der zu 1 bis 3° gewählt wird, werden während der Fahrt die Vorderräder nach innen zu gedrückt, so daß Bewegungen in lockeren Gelenken usw. unterdrückt werden.

Der Dämpfungswert hängt von der Amplitude ab. Wie Versuche von FROMM ergaben, ist der Dämpfungswert bei kleinen Amplituden verhältnismäßig groß. Er sinkt bei Vergrößerung der Amplitude auf einen Kleinstwert und steigt bei weiterer Vergrößerung wieder an. Die gegenüber dem Kleinstwert erhöhte Dämpfung bei kleinen Amplituden erklärt sich aus dem Vorhandensein von Reibungsdämpfung, deren Wirkung bekanntlich mit wachsenden Ausschlägen abnimmt. Das Ansteigen bei größeren Ausschlägen rührt offenbar von Widerständen her, welche rascher als proportional der Geschwindigkeit ansteigen. Die Amplitudenabhängigkeit der Dämpfung kann mehr oder weniger stark ausgeprägt sein.

Unter diesen Voraussetzungen ergibt sich grundsätzlich ein Verhalten, wie es Abb. 90 einem Versuch entsprechend zeigt. Mit wachsender Fahrgeschwindigkeit nehmen die Flatteramplituden allmählich zu, zunächst nur verursacht durch unvollkommenen Massenausgleich oder unrunde Räder. Dabei steigt gleichzeitig der Anfachungswert. Es überwiegt jedoch die Dämpfung, solange der Anfachungswert kleiner als der Kleinstwert der Dämpfung ist. Bei einer Fahrgeschwindigkeit von 53 km/h erreicht der Anfachungswert den Kleinstwert der Dämpfung, so daß für mittlere Ausschläge die Anfachung überwiegt. Für große und für kleine Ausschläge überwiegt jedoch die Dämpfung. Solange also die von außen aufgezwungenen Ausschläge einen gewissen Wert nicht übersteigen, tritt auch jetzt noch kein Aufschaukeln ein. Wird aber bei einer

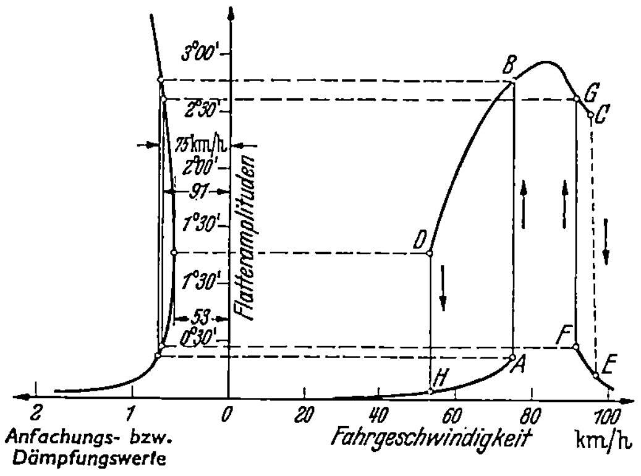

Abb. 90. Aufschaukeln und Abklingen von Lenkungsschwingungen nach BECKER-FROMM-MAHRUN (1).

Fahrgeschwindigkeit von mehr als 53 km/h durch die Unregelmäßigkeit der Räder oder durch einen von der Fahrbahn herrührenden Stoß eine Amplitude erzeugt, deren Größe einen bestimmten Wert überschreitet, so schaukelt sich die Flatterschwingung bis zu einer Amplitude auf, für die Dämpfungs- und Anfachungswert einander gleich sind. In dem Fall der Abb. 90 ist die Aufschaukelung bei Punkt A erfolgt. Bei einer weiteren Geschwindigkeitssteigerung bleiben die Flatterschwingungen in ungefähr derselben Größe bestehen. Beim Zurückgehen der Geschwindigkeit nehmen die Schwingungen nur wenig ab, und fallen erst bei Unterschreitung der Grenze von 53 km/h ab. Dies erklärt die bekannte Erscheinung, daß angesprungene Flatterschwingungen bei Verminderung der Fahrgeschwindigkeit meist nicht sofort verschwinden. Sie können sogar, wenn das Anspringen etwa erst bei Punkt F erfolgte, bei Verminderung der Fahrgeschwindigkeit zunächst zunehmen.

Da für ein Überwiegen der Anfachung die Differenz zwischen Anfachungs- und Dämpfungswert maßgebend ist, können schon geringfügige Änderungen einer dieser beiden Größen zu einem Überwiegen der Anfachung führen. So veranlassen bisweilen scheinbar unwesentliche

Änderungen von Konstruktionselementen eines Lenkungssystems oder eine mit der Zeit sich einstellende Verminderung der Zapfenreibung infolge Lockerung der Gelenke ein vorher ruhiges Lenksystem zu Flatterschwingungen.

Bei Einzelaufhängungen der Vorderräder fällt die Kopplung über Trampelschwingungen fort. Es bleiben aber auch dann noch Kopplungsmöglichkeiten bestehen. Deshalb ist auch bei Einzelradaufhängung ein Auftreten von Lenkungsschwingungen möglich, jedoch weniger wahrscheinlich als bei starrer Vorderachse.

Lenkungsschwingungen lassen sich auch mathematisch verfolgen. Die Rechnung führt auf verhältnismäßig umfangreiche Ausdrücke, die nur durch langwierige Auswertung zu überblicken sind. Aus diesem Grunde ist auf die Wiedergabe der Theorie verzichtet.

6. Fahrwiderstände.

a) Rollwiderstand.

Der Rollwiderstand ist bedingt durch die Walkarbeit im Innern des Reifens, die Lagerwiderstände und den Lüfterwiderstand des Rades.

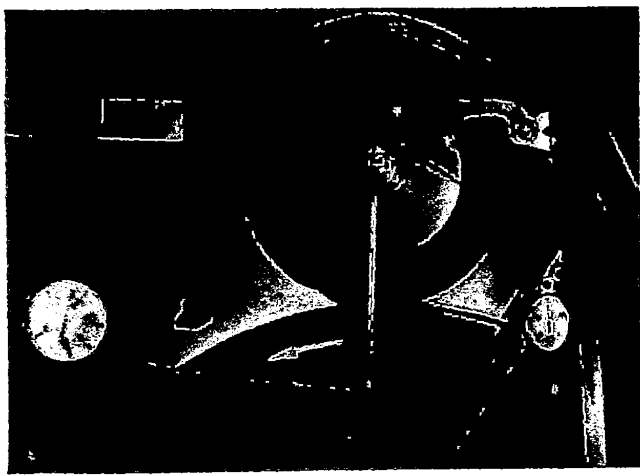

Abb. 91. Wellenbildung an der Ablaufseite eines glatten Continentalreifens nach H. KLUGE (1). Belastung 400 kg, Luftdruck im Reifen 2 atü, Fahrgeschwindigkeit 170 km/h.

Der Walkwiderstand ist bei kleinen Fahrgeschwindigkeiten nahezu unveränderlich, da die Walkarbeit pro Radumdrehung dann konstant ist. Bei höheren Geschwindigkeiten treten jedoch entsprechend Abb. 91 Schwingungen der Reifenoberfläche auf, welche die Walkarbeit je Radumdrehung vergrößern und ein Ansteigen des Walkwiderstandes bedingen. Lager- und Lüfterwiderstand steigen in erster Näherung mit dem Quadrat der Geschwindigkeit. Bei kleinen Fahrgeschwindigkeiten treten keine Schwingungen der Reifenoberfläche auf und überwiegt außerdem der Walkwiderstand, so daß der Rollwiderstand, wie Abb. 92 zeigt, zunächst sehr wenig mit der Fahrgeschwindigkeit ansteigt. Bei höheren Geschwindigkeiten ist jedoch ein beträchtliches Anwachsen des Rollwiderstandes festzustellen. Bei neuen Reifen ist der Walkwiderstand größer als bei abgefahrenen Reifen, in deren geringerer Gummimenge nur eine kleinere Walkarbeit aufgenommen werden kann.

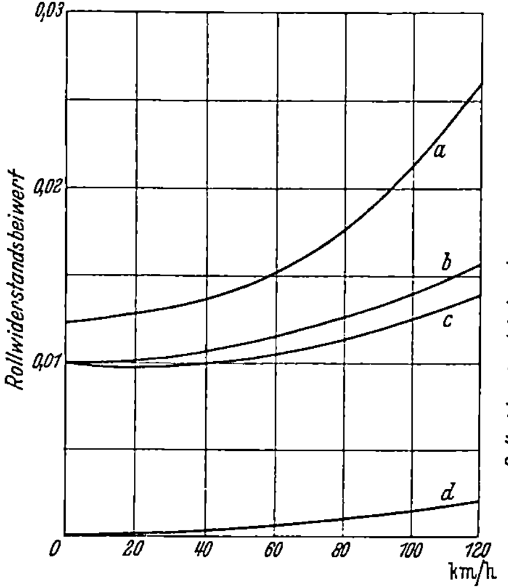

Abb. 92. Rollwiderstandsbeiwerte eines Reifens in neuem und abgefahrenem Zustand nach C. Schmidt (2). *a* Reifen neu; *b* Profil stark abgefahren; *c* Profil bis auf die Leinwand abgefahren; *d* Lager- und Lüfterwiderstand.

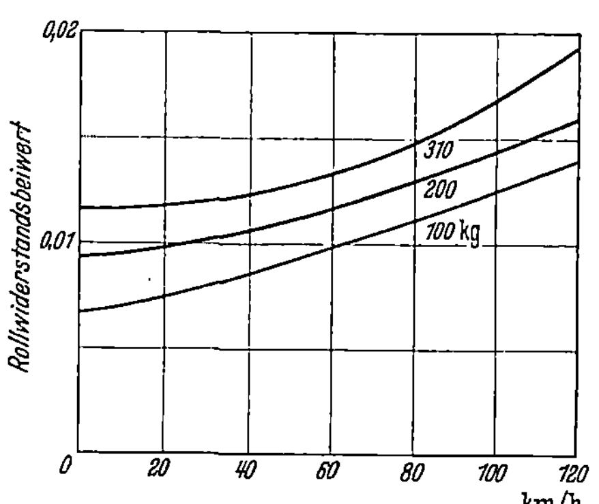

Abb. 93. Rollwiderstandsbeiwerte eines Reifens bei verschiedener Belastung nach C. Schmidt (2).

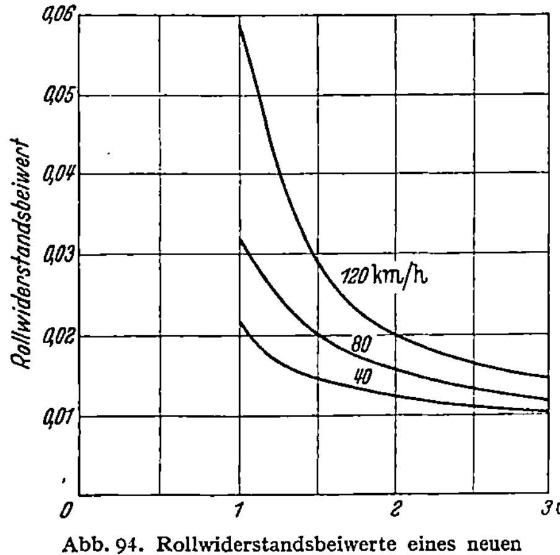

Abb. 94. Rollwiderstandsbeiwerte eines neuen Reifens in Abhängigkeit vom Reifendruck nach C. Schmidt (2).

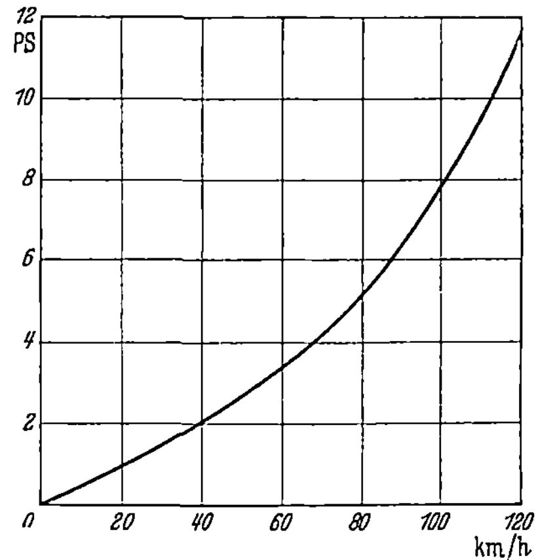

Abb. 95. Rollwiderstandsleistung für einen Wagen von 1000 kg Gewicht. Rollwiderstandsbeiwerte nach Abb. 92, Kurve *a*.

Der Rollwiderstandsbeiwert steigt mit wachsender Radbelastung und mit sinkendem Luftdruck. Abb. 93 und 94 zeigen dafür je ein Beispiel. Die Rollwiderstandsleistung ist für einen Wagen von 1000 kg Gewicht und unter Voraussetzung des Rollwiderstandsbeiwertes für einen neuen Reifen gemäß Abb. 92 in Abb. 95 dargestellt.

b) Luftwiderstand.

Bezeichnungen:

W Widerstand,	F Querschnittsfläche senkrecht zur
w Geschwindigkeit,	Strömungsrichtung,
ϱ Dichte der Luft,	c_w Widerstandsbeiwert.

Strömungstechnische Grundlagen. Die auf einen in einer Flüssigkeit oder in einem Gas bewegten Körper wirkenden Kräfte hängen ab von der Geschwindigkeit des Körpers gegenüber der ruhenden Flüssigkeit, seiner Form, dem Strömungszustand in seiner Umgebung und der Art der Flüssigkeit oder des Gases. Bei geringer Geschwindigkeit, in dem Gebiet der laminaren Strömung, ist der Widerstand proportional der Geschwindigkeit, bei höheren Geschwindigkeiten, in dem Gebiet der turbulenten Strömung, in erster Näherung proportional dem Quadrat der Geschwindigkeit. Dieser zweite Fall ist bei Kraftfahrzeugen normalerweise vorauszusetzen. Der Widerstand W läßt sich dann darstellen in der Form

$$W = \frac{\varrho}{2}\, w^2 F\, c_w. \qquad (1)$$

Der durch Gleichung (1) gegebene Widerstand bei turbulenter Strömung ist bedingt durch den Energieverbrauch für Wirbelbildung. Dazu kommt noch ein Anteil, welcher durch die Flüssigkeitsreibung nahe der Oberfläche des Körpers verursacht wird, wo eine laminar strömende Grenzschicht vorhanden ist. Dieser reine Reibungswiderstand ist proportional der Geschwindigkeit. Er tritt deshalb gegenüber den mit dem Quadrat der Geschwindigkeit wachsenden Trägheitskräften bei höheren Geschwindigkeiten weniger in Erscheinung als bei geringen und außerdem bei ungünstig geformten Körpern weniger als bei günstig geformten, bei denen die Trägheitskräfte klein sind.

Der Strömungszustand hängt bei geometrisch ähnlichen Körpern von der REYNOLDSschen Zahl Re ab. Diese ist gegeben durch den bekannten Ausdruck

$$Re = \frac{w \cdot d}{\nu}. \qquad (2)$$

Darin bedeuten d eine Längenabmessung des Körpers und ν die kinematische Zähigkeit. Die Strömung ist wie bereits erwähnt, bei den üblichen Geschwindigkeiten von Kraftfahrzeugen turbulent, der Strömungszustand in der Umgebung des Kraftfahrzeuges bleibt jedoch im allgemeinen derselbe. Der Widerstandsbeiwert c_w kann deshalb mit ausreichender Näherung als unveränderlich betrachtet werden (Abb. 96).

Es gibt allerdings auch Fälle, in denen der Strömungszustand sich im turbulenten Gebiet von einer gewissen REYNOLDSschen Zahl ab plötzlich ändert. Dies ist z. B. bei einer Kugel der Fall. Bei Überschreitung einer bestimmten REYNOLDSschen Zahl geht ein Teil der Grenzschicht vom laminaren in den turbulenten Zustand über, dadurch tritt ein besseres Anliegen der Strömung und damit eine Verminderung des Widerstandsbeiwertes ein. Der Widerstandsbeiwert einer Kugel geht deshalb von $c_w = 0{,}48$ bei kleinen REYNOLDSschen Zahlen auf $c_w = 0{,}1$ bei großen REYNOLDSschen Zahlen zurück (Abb. 96). Bei Kraftfahrzeugen ist das Auftreten einer derartigen Erscheinung bei kleineren Einzelteilen, etwa den Scheinwerfern, möglich. Von praktischer Bedeutung ist sie nicht, da der Beitrag derartiger Teile zum gesamten Widerstand gering ist.

Bei günstig geformten Strömungskörpern, bei denen der reine Reibungswiderstand einen merklichen Anteil des gesamten Widerstandes darstellt, ist ein Absinken des Widerstandsbeiwertes mit wachsender Anblasegeschwindigkeit festzustellen. Der reine Reibungswiderstand ist wie oben erwähnt proportional der Geschwindigkeit w. Er tritt deshalb gegenüber dem mit w^2 wachsenden Trägheitskräften bei höheren Geschwindigkeiten weniger in Erscheinung als bei geringen. Bei normalen Personenwagen ist diese Erscheinung nicht festzustellen, dagegen bei gutgeformten Rennwagen. Kurve d der Abb. 96 ist dafür ein Beispiel.

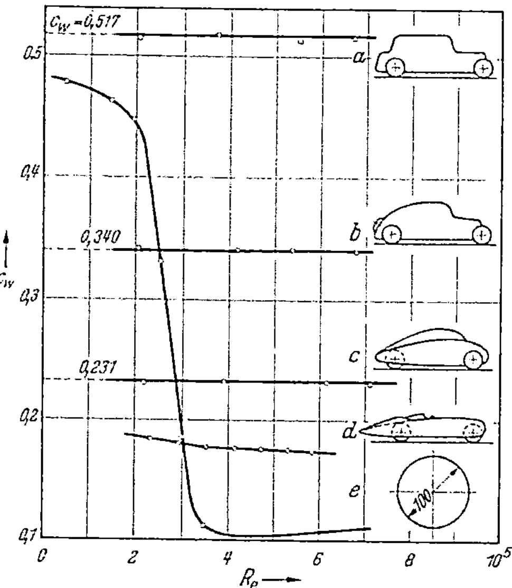

Abb. 96. Widerstandsbeiwerte in Abhängigkeit von der REYNOLDSschen Zahl. a Kastenwagen; b Halbstromlinienfahrzeug; c Stromlinienfahrzeug; d Rennwagen; e Kugel.

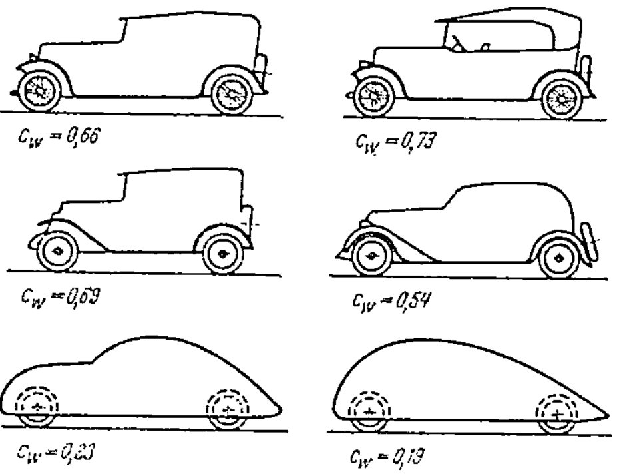

Abb. 97. Luftwiderstandsbeiwerte älterer und neuerer Kraftwagenmodelle nach C. SCHMIDT (1).

Abb. 97 gibt die Widerstandsbeiwerte einiger Kraftwagenmodelle. Ältere Ausführungen haben einen Widerstandsbeiwert von 0,66 bis 0,73, die zur Zeit vorwiegend verwendeten Formen einen Widerstandsbeiwert von etwa 0,5. Mit strömungstechnisch günstigen Formen, wie sie allerdings heute noch wenig ausgeführt werden, lassen sich Widerstandsbeiwerte von etwa 0,2 erreichen.

Ein günstig geformter Luftschiffkörper hat in freier Strömung einen Widerstandsbeiwert $c_w = 0{,}05$ und ein etwa nach Abb. 98 geformter

Körper geringen Strömungswiderstandes in Bodennähe einen Widerstandsbeiwert $c_w = 0{,}1$. Eine derartige Form ist jedoch mit Rücksicht auf die Wendigkeit im Stadtverkehr für einen Kraftwagen nicht brauchbar.

Luftwiderstandsleistung. Für eine Geschwindigkeit von 100 km/h beträgt bei den heute üblichen Kraftwagen mit einem Luftwiderstandsbeiwert 0,5 die Leistung zur Überwindung des Luftwiderstandes etwa $^2/_3$ der gesamten Motorleistung. In Abb. 99 ist für eine Querschnittsfläche von 2 m² und verschiedene Werte von c_w

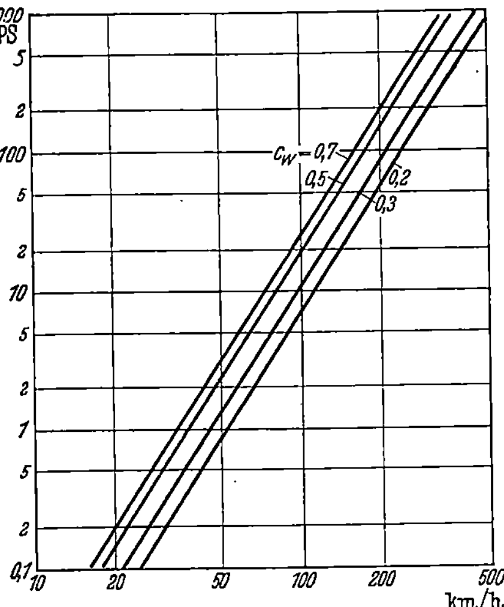

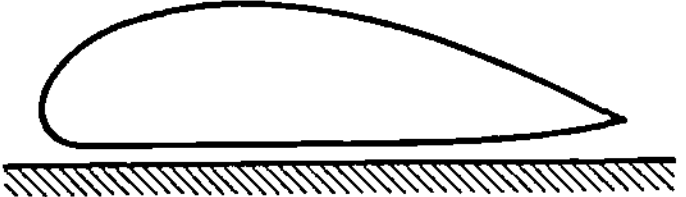

Abb. 98. Körper geringen Luftwiderstandes in Bodennähe.

Abb. 99. Luftwiderstandsleistung eines Wagens mit einer Querschnittsfläche von 2 m² für verschiedene Widerstandsbeiwerte.

die Luftwiderstandsleistung eingetragen. Der gesamte Leistungsbedarf eines Wagens von 1000 kg Gewicht und 2 m² Querschnittsfläche ist für einen Widerstandsbeiwert 0,5 in Abb. 100 dargestellt. Der Roll-

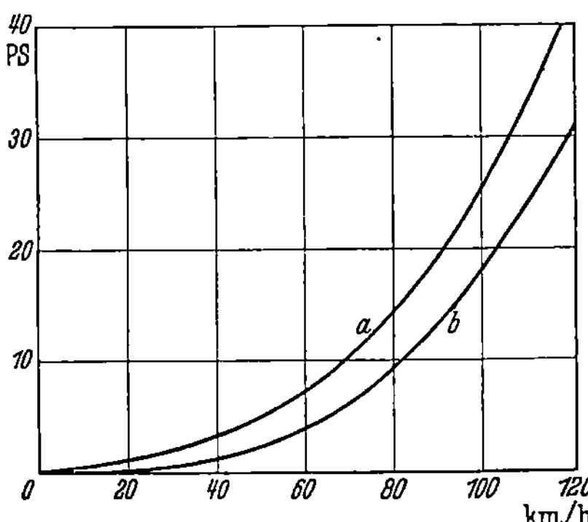

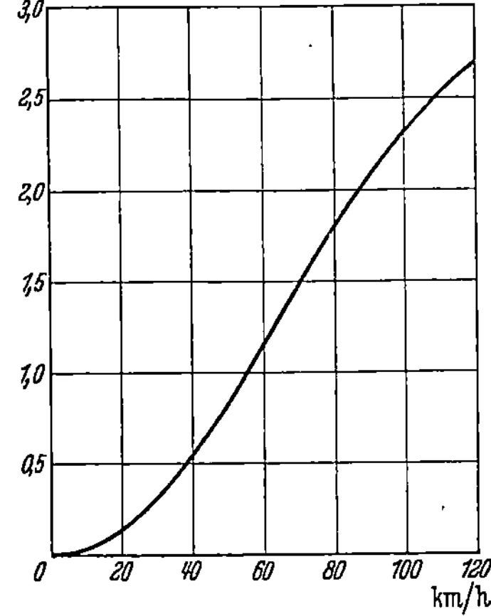

Abb. 100. Leistungsbedarf eines Wagens von 1000 kg Gewicht und einer Querschnittsfläche von 2 m² bei $c_w = 0{,}5$; *a* gesamter Leistungsbedarf; *b* Luftwiderstandsleistung allein.

Abb. 101. Verhältnis der Luftwiderstandsleistung zur Rollwiderstandsleistung für einen Wagen von 1000 kg Gewicht; $c_w = 0{,}5$, Rollwiderstandsbeiwert nach Abb. 92, Kurve *a*.

widerstand ist dabei gemäß Kurve *a* der Abb. 92 vorausgesetzt. Das Verhältnis der Luftwiderstandsleistung zur Rollwiderstandsleistung ist für dieselben Verhältnisse aus Abb. 101 zu entnehmen.

Meßverfahren. Der Widerstandsbeiwert eines Kraftwagens kann unmittelbar durch Auslaufversuche bestimmt werden. Bei Kenntnis der übrigen Widerstände ist aus der Verzögerung der Widerstandsbeiwert zu ermitteln.

Abb. 102. Aufnahme von Strömungsbildern in Wasser.

Modellversuche im Windkanal geben bei sorgfältiger Ausführung des Modells mit der Wirklichkeit gut übereinstimmende Werte. Eine möglichst getreue Nachbildung der wirklichen Strömungsverhältnisse wird

Abb. 103. Strömungsuntersuchung mit Fadensonden.

durch Anordnung einer laufenden Fahrbahn erreicht, die mit Windgeschwindigkeit angetrieben wird.

Maßgebend für den Widerstandsbeiwert eines Körpers ist die Größe des Wirbelgebietes, das er nach sich zieht. Es ist deshalb anzustreben, daß die Strömung möglichst über die ganze Länge des Körpers anliegt. Ein Ablösen der Strömung ist nach Möglichkeit zu vermeiden. Experimentell kann das Ablösen der Strömung durch Aufnahme von Strömungsbildern im Wasser (Abb. 102) oder durch das Aufkleben von Faden-

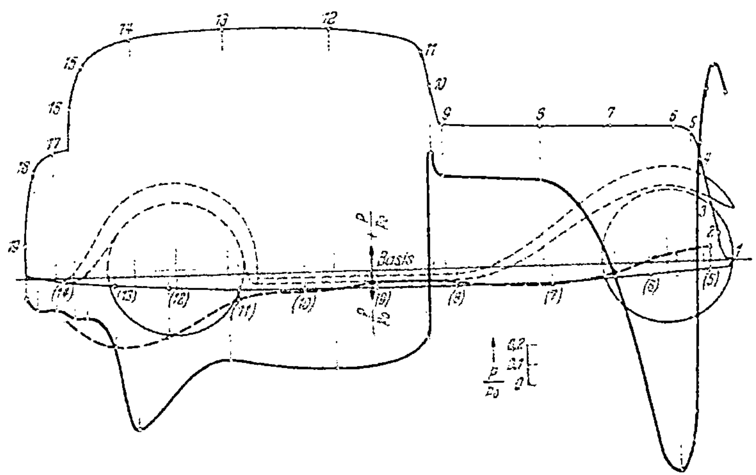

Abb. 104. Druckverteilung in der Hauptlängsebene eines Modells. p gemessener Druck; p_0 Staudruck.

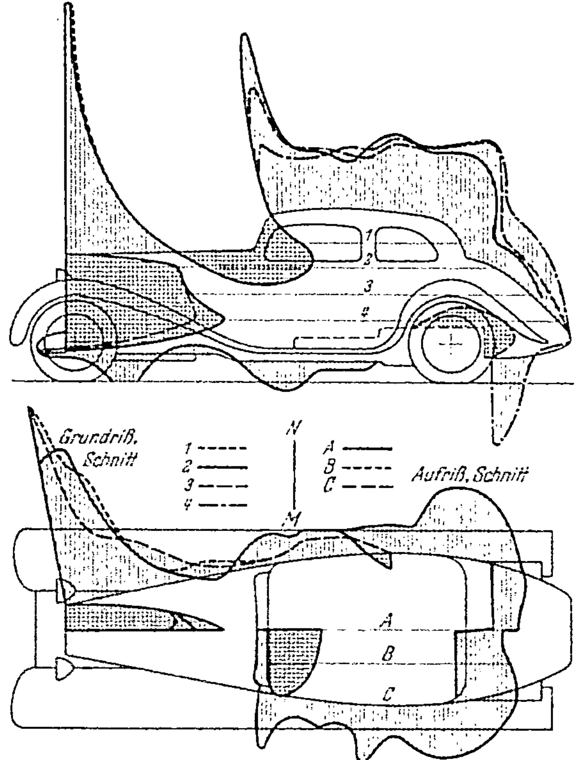

Abb. 105. Druckverteilung in mehreren Längs- und Höhenschnitten eines Modells. Unterdruck ist nach außen, Überdruck nach innen aufgetragen.

sonden auf das Modell erfolgen (Abb. 103). Die Fadensonden liegen bei einwandfreier Strömung glatt an der Wand an, flattern dagegen, wenn sie in Wirbel- oder Abreißgebieten liegen. Nach einem anderen Verfahren werden Rauchfahnen in die das Modell umgebende Luft eingebracht.

Ein guter Überblick über die Strömungsverhältnisse an der Oberfläche eines Modells kann auch durch Druckmessungen gewonnen werden. An die Oberfläche des Modells werden von innen heraus kleine Sonden geführt, welche mit Druckmessern in Verbindung stehen. Abb. 104 zeigt das Ergebnis eines derartigen Versuches. Die Fahrbahn war durch eine feste Platte dargestellt. Eine Druckerhöhung gegenüber dem statischen Druck ist nach oben, eine Druckerniedrigung nach unten aufgetragen. Stellen erhöhten Druckes entsprechen verminderter Strömungsgeschwindigkeit und umgekehrt. An Stellen, an denen die Kurve durch Null geht, herrscht etwa die mittlere Anblasegeschwindigkeit. Der größtmögliche Druck ist der Staudruck p_0. Er tritt an Stellen auf, an denen die Geschwindigkeit Null ist. In Abb. 104 ist dies bei Punkt *2* an dem während des Versuches verschlossenen Kühler der Fall. Bei Umströmung der Kante des Kühlers tritt zwischen Punkt *5* und *7* starker Unterdruck und demnach eine stark erhöhte Geschwindigkeit auf. Vor und an der Windschutzscheibe ist die Geschwindigkeit wieder vermindert

und über dem Wagendach vergrößert.

Abb. 105 gibt das Ergebnis ähnlicher Messungen für einen Wagen in je drei senkrechten und waagerechten Schnitten wieder. Die Luftgeschwindigkeit ist besonders groß an der Stelle, an der normalerweise die Scheinwerfer sitzen. Sie ist dort, wie andere Messungen zeigten, bis zu 40% vergrößert. Der Widerstand der Scheinwerfer ist deshalb bei ihrer Anordnung am Wagen wesentlich größer als bei Anblasung in freier Strömung.

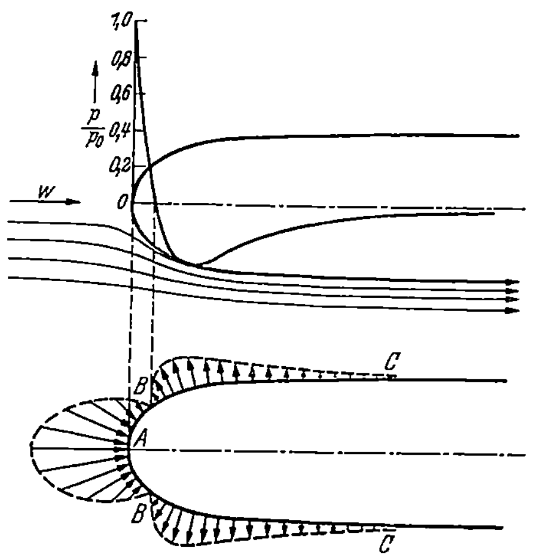

Abb. 106. Strömungs- und Druckverlauf am vorderen Ende eines rotationssymmetrischen Körpers nach C. Schmidt (2). w Anströmgeschwindigkeit; p Druck an der Oberfläche des Körpers; p_0 Staudruck.

Verringerung des Luftwiderstandes. Eine Verringerung des Luftwiderstandes wird durch alle Maßnahmen erzielt, welche ein Ablösen der Strömung erschweren. Dabei ist in gleicher Weise auf richtige Ausbildung des Vorder- und des Hinterteiles Wert zu legen. Eine sorgfältige Ausbildung des Hinterteiles allein genügt nicht, da die aus irgendeinem Grund einmal abgerissene Strömung nicht mehr zum Anliegen kommt. Bei günstigster Ausbildung ist der Formwiderstand der vorderen Hälfte sehr gering. Abb. 106 zeigt den Strömungs- und Druckverlauf an dem vorderen Ende eines rotationssymmetrischen Körpers. Die in Strömungs-

richtung liegende Komponente des Überdruckgebietes BB ist ebenso
groß wie die Komponente des Unterdruckgebietes BC, so daß der Widerstand im ganzen verschwindet.

Abb. 107 gibt einen Vergleich der Widerstandsbeiwerte bei verschiedener Kopf- und Heckausbildung. Nach diesen Messungen sind
Widerstandsbeiwerte von weniger als 0,2 nur bei sehr langem Heck
erreichbar, wie es für die praktische Verwendung nicht geeignet ist.

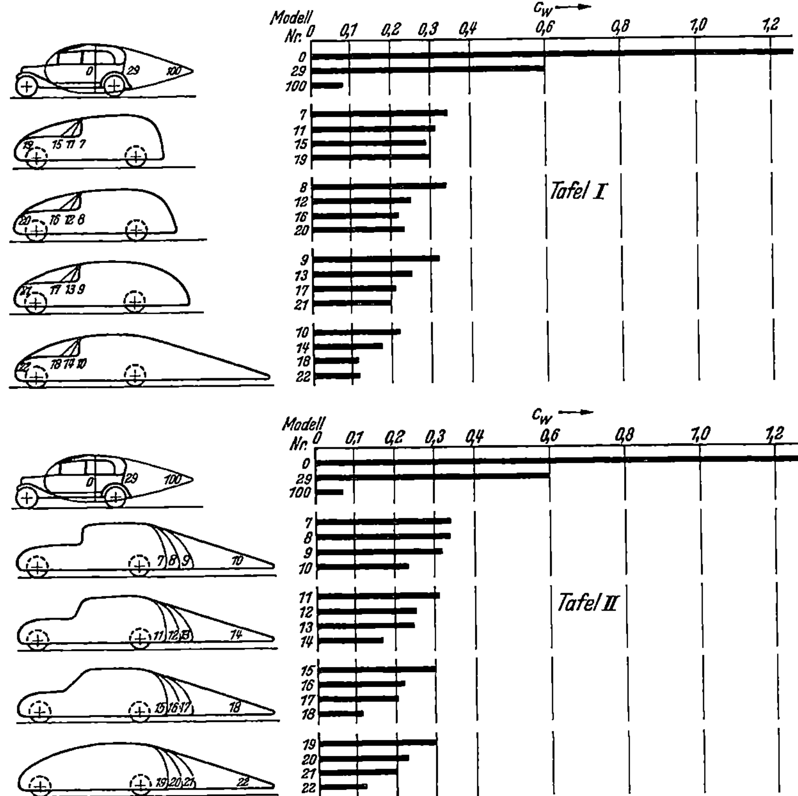

Abb. 107. Luftwiderstandsbeiwerte bei verschiedener Kopf- und Heckausbildung.

Andererseits wurden aber bei Modellen mit verkürztem Heck entsprechend
Abb. 108 und 109 Widerstandsbeiwerte von 0,165 bzw. 0,152 gemessen.
Die Messungen erfolgten im Windkanal über laufender Straße.

Einen frühzeitigem Abreißen der Strömung kann auch durch besondere
Hilfsmittel begegnet werden. An Stellen starker Krümmung kann die
Strömung durch Anordnung von Hilfsleitflächen zu einem besseren
Anliegen gezwungen werden. Abb. 110 zeigt ein Beispiel dafür. Derartige Hilfsleitflächen können entsprechend Abb. 111 auch am Heck
angebracht werden. Eine weitere Möglichkeit zur Verhinderung eines
frühzeitigen Ablösens besteht in der Absaugung der durch die Reibung

an der Oberfläche des Körpers gebremsten Grenzschicht oder im Einblasen von Luft zur Beschleunigung der Grenzschicht. Beide Verfahren wären grundsätzlich anwendbar bei Kraftwagen mit Heckmotor.

Auftriebs- und Seitenkräfte. Die an einem Kraftwagen angreifenden Luftkräfte haben auch eine senkrechte Komponente. Von der Formgebung des Wagens hängt es ab, ob diese Kräfte einen Auftrieb oder

Abb. 108. Wagenkörper nach Kamm.

Abtrieb darstellen. Es kann auch an der Vorderachse Abtrieb und an der Hinterachse Auftrieb vorhanden sein oder umgekehrt. Bei Rennwagen werden bei hohen Geschwindigkeiten die Auftriebskräfte unter

Abb. 109. Wagenkörper nach Everling.

Umständen so stark, daß sie durch Entlastung der Räder die Lenkung oder den Antrieb merklich beeinträchtigen.

Bei schnellen Fahrzeugen sind auch die bei Seitenwind auftretenden Seitenkräfte in Betracht zu ziehen. Der Schwerpunkt D der Luftangriffskräfte liegt bei einem Strömungskörper gemäß Abb. 112 stets vor dem Körper, bei Anströmung in Achsrichtung unendlich weit vor ihm. Der Körper sucht sich deshalb, wenn er an einem in seinem Innern gelegenen Punkt drehbar abgestützt ist, quer zur Strömung zu stellen. In Strömungsrichtung bleibt er nur, wenn die Aufhängung genügend weit vor dem Körper angreift. Der Schnittpunkt des resultierenden Luftwiderstandes mit der Achse des Körpers rückt im allgemeinen um so weiter nach vorne je strömungsgünstiger der Körper ist. Strömungsungünstige Körper verhalten sich deshalb stabiler als strömungsgünstige, wobei allerdings die auftretenden Kräfte dementsprechend größer sind.

Abb. 110. Verhinderung der Wirbelablösung durch Hilfsleitflächen.

Infolge der Luftkräfte ist die Lage eines Fahrzeuges auf der Straße von einer gewissen Geschwindigkeit ab nicht mehr stabil. Sofern es genau von vorne angeströmt wird, d. h. bei Windstille, reicht die Haftfähigkeit der Räder zur Führung des Fahrzeuges aus, da dann kein Drehmoment

Abb. 111. Verkleinerung des Wirbelgebietes durch Hilfsleitflächen.

um die Hochachse auftritt. Bei schräger Anströmung jedoch, wie sie bei Seitenwind auftritt, wird von einer bestimmten Grenze ab die Luftkraft größer als die Reibungskraft der Räder. Das Fahrzeug stellt sich dann quer und wird aus der Bahn geschleudert.

Eine Besserung kann durch Anbau von Stabilisierungsflossen am hinteren Ende des Fahrzeuges erzielt werden. Abb. 113 zeigt den Verlauf des Momentes um die Hochachse für ein Stromlinienfahrzeug mit und ohne Stabilisierungsflosse. Das instabile Moment des Wagens wird durch das stabilisierende Moment der Flosse vermindert. Bei Seitenwind

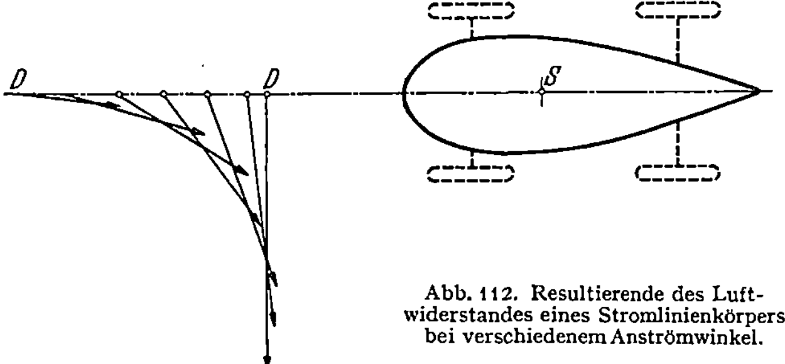

Abb. 112. Resultierende des Luftwiderstandes eines Stromlinienkörpers bei verschiedenem Anströmwinkel.

ergeben derartige Flossen jedoch unerwünschte Seitenkräfte auf die Hinterräder. Ein anderer Weg zur Erhöhung der Stabilität ist die Entwicklung einer Form, bei welcher an sich geringe Seitenkräfte auftreten. Dieser Weg erscheint der vorteilhaftere.

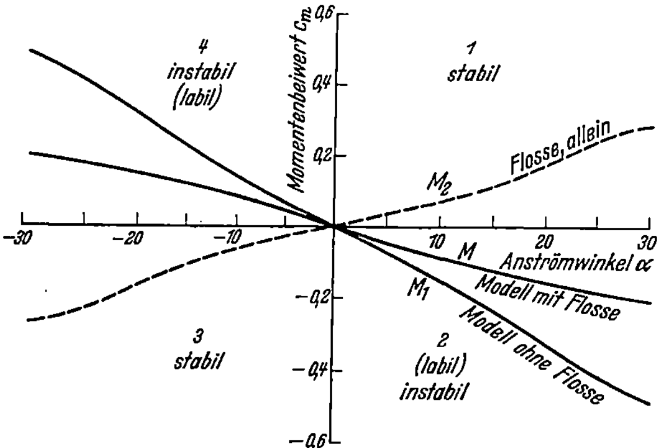

Abb. 113. Moment eines Stromlinienfahrzeuges um seine Hochachse in Abhängigkeit vom Anströmwinkel mit und ohne Stabilisierungsflosse nach C. Schmidt (2).

Vorderradantrieb ergibt stabilere Verhältnisse als Hinterradantrieb. Der Angriffspunkt der Vortriebskräfte liegt bei Vorderradantrieb näher an dem Angriffspunkt der Luftkräfte, so daß das bei schräger Anströmung auftretende Moment kleiner wird.

7. Kraftübertragung zwischen Reifen und Fahrbahn.

a) Trockene Fahrbahn.

Bezeichnungen:

Q Raddruck, P Bremskraft, μ Reibungszahl.

Die Reibungszahl zwischen Reifen und trockener Fahrbahn ist praktisch von der Fahrgeschwindigkeit unabhängig. Größte Bremswirkung wird bei kurzen Bremswegen durch Blockieren, d. h. Verhinderung der Drehung der Räder erreicht. Bei größeren Bremswegen kann durch Schmelzen von Gummi die Bremswirkung beim Blockieren vermindert werden. Bei hoher Fahrgeschwindigkeit ist ein Blockieren der Räder allerdings gefährlich, da durch geringe Verschiedenheit der Reibungszahl für beide Fahrzeugseiten ein Moment auftritt, welches das Fahrzeug quer zur Fahrtrichtung stellt oder ganz um seine Hochachse dreht. Blockieren ist deshalb möglichst zu vermeiden. Die Reibungszahl schwankt zwischen 0,1 oder noch weniger auf vereister Fahrbahn und 0,8 auf trockenem Asphalt, Kleinsteinpflaster, Holzpflaster und ähnlicher fester Fahrbahn.

Auf unebener Fahrbahn ist eine Abnahme der größtmöglichen Reibungskraft mit der Fahrgeschwindigkeit festzustellen. Diese Erscheinung wird durch den wechselnden Raddruck hervorgerufen. Infolge der durch die Bodenunebenheiten auf das Rad ausgeübten Beschleunigungskräfte schwankt der Druck zwischen Reifen und Fahrbahn um den statischen Wert. Die Beschleunigungskräfte wachsen mit der Fahrgeschwindigkeit. Auch Lenkungsschwingungen oder andere, z. B. durch den Bremsvorgang angefachte Schwingungen nehmen mit wachsender Geschwindigkeit zu.

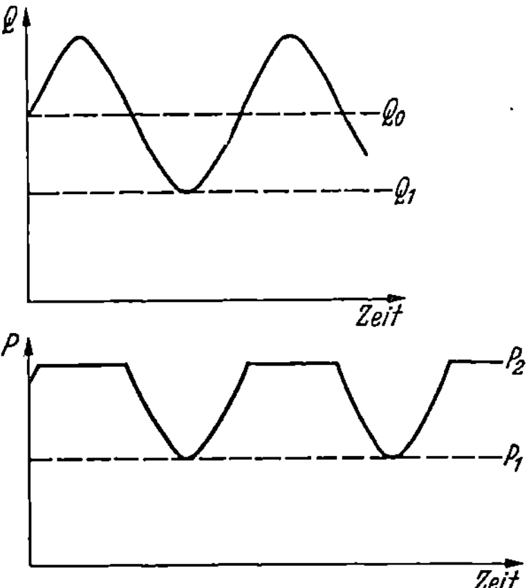

Abb. 114. Reibungskraft P zwischen Reifen und Fahrbahn bei veränderlichem Raddruck Q.

Hat der Raddruck den konstanten Wert Q_0, so beträgt die größtmögliche Reibungskraft zwischen Reifen und Fahrbahn $P_0 = \mu Q_0$. Schwankt dagegen der Raddruck Q, wie in Abb. 114 angedeutet, um den mittleren Raddruck Q_0, so ist für den Beginn des Gleitens maßgebend der Kleinstwert des Raddruckes Q_1, dem eine Kraft $P_1 = \mu Q_1$ entspricht. Bei einer Bremsung, die bei konstantem Raddruck eine unveränderliche Reibungskraft P_2 ohne Gleiten des Rades ergibt, tritt deshalb bei wechselndem Raddruck teilweises Gleiten auf. Die von der Fahrbahn auf die Reifen übertragene Kraft verläuft dann gemäß der in Abb. 114 unten dargestellten Kurve. In den den horizontalen Stücken der Kurve entsprechenden Zeiten rollen die Räder, im übrigen gleiten sie. Bei vollkommener Vermeidung von Gleiten kann deshalb nur eine Kraft P_1 ausgenützt werden.

Bei starken Schwingungen, wie sie beim Überfahren von Schlaglochserien oder durch Flattern der Vorderräder auftreten können, werden infolge des nichtlinearen Zusammenhanges zwischen Reifenzusammendrückung und Raddruck die Zeiten erhöhten Raddruckes kürzer als die verminderten Raddruckes. Besonders tritt diese Erscheinung bei

Abspringung der Räder von der Fahrbahn auf. Der Kräfteverlauf ist für diesen Fall in Abb. 115 dargestellt. Eine Bremsung des Fahrzeuges ist unter diesen Umständen nur in geringem Maße möglich. Der Reibungskoeffizient ist scheinbar sehr gering.

Von Einfluß auf die Reibung zwischen Reifen und Fahrbahn ist auch der Schlupf des Reifens auf der Fahrbahn. Bei senkrecht auf die Fahrbahn aufgedrücktem Reif enübertragen die einzelnen mit der Fahrbahn in Berührung befindlichen Profilflächen nicht nur senkrechte, sondern auch horizontale Kräfte. Die von einem Profilstück auf die Fahrbahn übertragenen Horizontalkräfte sind etwa gegen die Mitte der Auflagefläche gerichtet und, wenn auf den Reifen keine äußeren Horizontalkräfte übertragen werden, miteinander im Gleichgewicht. Wirkt dagegen auf den Reifen etwa infolge des Bremsvorganges eine Horizontalkraft, so werden die vorhandenen Horizontalkräfte der einen Hälfte der Auflagerfläche verkleinert und die der anderen vergrößert. Bei einer bestimmten äußeren Horizontalkraft, die zu einem vollkommenen Gleiten des Reifens als Ganzes noch nicht ausreichen würde, beginnen deshalb einzelne Profilstücke zu gleiten. Das Gleiten findet jedoch sein Ende, wenn die Kräfte sich entsprechend ausgeglichen haben. Durch diese Erscheinung tritt bei äußeren Horizontalkräften ein Schlupf zwischen Reifen und Fahrbahn auf.

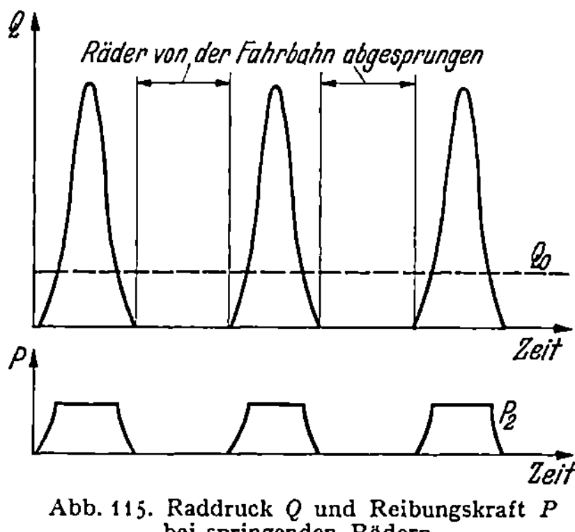

Abb. 115. Raddruck Q und Reibungskraft P bei springenden Rädern.

b) Nasse Fahrbahn.

Bezeichnungen:

p Druck } eines Flüssigkeitsteil- t Zeit,
w Geschwindigkeit } chens im Spalt zwischen $2b$ Breite eines Profilstückes,
μ Zähigkeit } Reifen und Fahrbahn, $2P$ Belastung eines Profilstückes.

Die auf nasser Fahrbahn befindliche Flüssigkeitsschicht muß vom Reifen soweit verdrängt werden, daß er die Fahrbahn wenigstens stellenweise berührt. Eine Berührung erfolgt um so leichter, je rauher die Fahrbahn ist, da die Vertiefungen Abflußmöglichkeiten für die zwischen Reifen und Fahrbahn eingeschlossene Flüssigkeit bilden, so daß die erhöhten Punkte leichter mit dem Reifen in Berührung kommen können. Ob eine Berührung zwischen Reifen und Fahrbahn überhaupt stattfindet, hängt auch von der Fahrgeschwindigkeit, der Belastung des Rades, der Zähigkeit der Flüssigkeit und dem Reifenprofil ab.

Abb. 116 stellt den Schnitt durch einen quer durch Fahrtrichtung liegenden Streifen eines Reifenprofiles dar. Die Länge des Streifens sei

groß im Vergleich zu seiner Breite 2 b, was bei verschiedenem Ausführungsformen von Feinprofilierung mit guter Näherung gilt. Das Profilstück
wird durch die Kraft 2 P gegen die Fahrbahn gedrückt. Die Kraft
2 P wirke während der ganzen Zeit, während der das Profilstück auf
die Fahrbahn gedrückt wird, unveränderlich und senkrecht zur Fahrbahn. In Wirklichkeit wird jedes Profilstück des rollenden Rades periodisch für eine kurze Zeit mit wechselndem Druck gegen die Fahrbahn
gedrückt. Durch die Voraussetzung konstanten Druckes wird das Ergebnis jedoch nicht grundsätzlich verändert, die Rechnung aber wesentlich vereinfacht und übersichtlicher gestaltet.

Unter dem Einfluß der Kraft 2 P wird bei Verkleinerung der
Spaltbreite s Flüssigkeit aus dem Spalt verdrängt. Die Bewegung der
Flüssigkeit im Spalt ist bestimmt durch die
Kraft 2 P und die Zähigkeit der Flüssigkeit.
Die Massenkräfte der Flüssigkeit seien gegenüber den Zähigkeitskräften klein, was bei
entsprechend geringer Spaltbreite stets gilt.
Durch Betrachtung des Kräftegleichgewichtes an einem mit der Geschwindigkeit w
strömenden Flüssigkeitsteilchen im Spalt erhält man

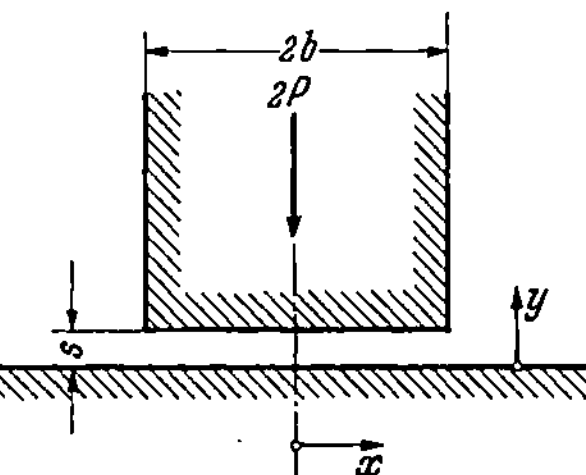

Abb. 116. Schematischer Schnitt durch
ein Profilstück eines Reifens und die
darunterliegende Fahrbahn.

$$\frac{\partial p}{\partial x} + \mu \frac{\partial^2 w}{\partial y^2} = 0. \tag{1}$$

Unter Berücksichtigung der Grenzbedingungen $w = 0$ für $y = 0$ und
$y = s$ erhält man daraus die Geschwindigkeitsverteilung über den Spalt-
querschnitt

$$w = \frac{1}{2\mu} \frac{\partial p}{\partial x} y (s - y). \tag{2}$$

Die mittlere Geschwindigkeit im Spalt ergibt sich durch Integration zu

$$w_0 = \frac{1}{\mu} \frac{\partial p}{\partial x} \frac{s^3}{12}. \tag{3}$$

Durch eine Senkung des Profilstreifens um die Strecke ds ergibt sich
zwischen $x = 0$ und einer bestimmten Stelle x eine Flüssigkeitsver-
drängung $x \cdot ds$. Für inkompressible Flüssigkeit gilt

$$x \cdot ds = s \cdot dx, \tag{4}$$

oder nach Division mit dt

$$\frac{ds}{dt} = w_0 \frac{s}{x}.$$

Durch Einführung von Gleichung (3) wird daraus

$$\frac{\partial p}{\partial x} = \mu \frac{ds}{dt} \frac{12\,x}{s^3}. \tag{6}$$

Durch Integration folgt

$$p = \mu \frac{ds}{dt} \frac{6\,x^2}{s^3}. \tag{7}$$

Der gesamte Flüssigkeitsdruck unter der halben Profilfläche hält der Kraft P, mit der das Profilstück gegen die Fahrbahn gedrückt wird, das Gleichgewicht, deshalb gilt

$$P = \int_0^b p\, dx = 2\,\mu\,\frac{ds}{dt}\,\frac{b^3}{s^3}\,. \tag{8}$$

Damit erhält man für die Geschwindigkeit ds/dt, mit der sich das Profilstück der Fahrbahnoberfläche nähert

$$\frac{ds}{dt} = \frac{P}{2\,\mu}\,\frac{s^3}{b^3}\,. \tag{9}$$

Durch Integration dieser Gleichung ergibt sich schließlich für die Zeit t_0 innerhalb deren das Profilstück seinen Abstand von der Fahrbahn von s_0 auf s_1 verkleinert

$$t_0 = \left[\left(\frac{s_0}{s_1}\right)^2 - 1\right]\frac{\mu\,b^2}{P\,s_0^2}\,. \tag{10}$$

Für s_0 ist die Schichtdicke der Flüssigkeit einzusetzen, welche sich im ersten Augenblick beim Aufsetzen des Profilstückes zwischen Reifen und Fahrbahn einstellt, für s_1 diejenige, bei der eine ausreichende Berührung der Unebenheiten von Reifen und Fahrbahn eintritt. Für das Zusammenschrumpfen der Flüssigkeitsschicht von dem Ausgangswert s_0 auf den erforderlichen Wert s_1 ist dann die nach Gleichung (10) gegebene Zeit t_0 erforderlich. Ist die Berührungszeit des Profilstückes mit der Fahrbahn bzw. der darüberliegenden Flüssigkeitsschicht geringer als diese Zeit t_0, so schwimmt der Reifen auf der Flüssigkeit, ohne die Fahrbahn zu berühren. Praktisch sinkt dadurch der Reibungskoeffizient zwischen Reifen und Fahrbahn auf einen Bruchteil seines normalen Wertes.

Die erforderliche Berührungszeit t_0 ist nach Gleichung (10) zunächst um so größer, je größer die innere Reibung der Flüssigkeit zwischen Reifen und Fahrbahn ist. Deshalb besteht besonders große Gleitgefahr bei beginnendem Regen, wenn alle möglichen auf der Straßenoberfläche vorhandenen Bestandteile in Lösung gehen und eine zähe Flüssigkeit von hoher innerer Reibung bilden. Bei längerem Regen werden diese Bestandteile allmählich fortgespült, so daß reineres Wasser mit entsprechend geringerer innerer Reibung auftritt. Dadurch vergrößert sich die Sinkgeschwindigkeit der einzelnen Profilstücke und damit die Haftfähigkeit des Reifens auf der Fahrbahn.

Ferner wird die bis zu einer unmittelbaren Berührung zwischen Reifen und Fahrbahn erforderliche Zeit t_0 verkleinert durch Erhöhung der Belastung des Profilstückes. Der Reifendruck ist von geringerem Einfluß. Durch eine Verminderung des Reifendruckes wird infolge vergrößerter Auflagerfläche die Berührungszeit vergrößert, aber gleichzeitig die Flächenbelastung, also auch die Belastung jedes einzelnen Profilstückes vermindert. Beide Effekte wirken einander entgegen.

Von großem Einfluß ist dagegen die Profilbreite b. Die nötige Berührungszeit t_0 zwischen Profilstreifen und Straßenoberfläche ist proportional dem Quadrat der Profilbreite. Abgefahrene Reifen ohne Profilierung besitzen demnach eine große Gleitneigung auf nasser Straße. Durch Feinprofilierung ist dagegen eine wesentliche Verbesserung der Haftfähigkeit zu erzielen. Dies gilt allerdings nur, wenn zwischen den einzelnen Profilerhöhungen für ungehinderten Abfluß der Flüssigkeit gesorgt ist.

Schließlich ist auch die Fahrgeschwindigkeit von Einfluß auf die Haftung des Reifens auf nasser Fahrbahn, da die Berührungszeit zwischen Straßenoberfläche und Profilstreifen umgekehrt proportional der Fahrgeschwindigkeit ist. Die Reibungszahl zwischen Fahrbahn und Reifen, welche bei trockener Fahrbahn nahezu unabhängig von der Fahrzeuggeschwindigkeit ist, sinkt demnach bei nasser Fahrbahn mit zunehmender Geschwindigkeit.

c) Bremsung.

Bezeichnungen:

Q Raddruck, P Bremskraft an einem Rad.

Zur Erzielung möglichst kurzer Bremswege erfolgt die Bremsung im allgemeinen an allen Rädern eines Kraftfahrzeuges. Die Bremskräfte greifen in der Fahrbahnebene am Wagen an, die Beschleunigungskräfte im Schwerpunkt. Dadurch ergibt sich ein Moment, welches die Vorderräder belastet und die Hinterräder entlastet. Diesem Umstand wird durch eine stärkere Wirkung der Vorderradbremsen Rechnung getragen, damit ein Blockieren aller Räder möglichst gleichmäßig auftritt. Bei einem vorzeitigen Blockieren der Hinterräder könnte die Wirkung der Vorderradbremsen nicht voll ausgenutzt werden.

Die erzielbare Bremsbeschleunigung und der Bremsweg hängen von der Reibungszahl zwischen Reifen und Fahrbahn ab. Die Reibungszahl schwankt wie oben erwähnt, zwischen 0,8 bei trockener Fahrbahn und weniger als 0,1 bei vereister oder schlüpferiger Fahrbahn.

Bremsweg. Die für verschiedene Reibungszahlen sich ergebenden kleinsten Bremswege sind in Abb. 117 zusammengestellt. Der Bremsweg ist dabei gerechnet vom Eintreten der Bremswirkung bis zum Stillstand des Fahrzeuges. Für die Praxis interessiert noch mehr diejenige Fahrstrecke, welche das Fahrzeug von dem Zeitpunkt des Auftauchens eines Hindernisses bis zum Stillstand zurücklegt. Dabei ist noch die Reaktionszeit des Fahrers („Schrecksekunde") sowie die Betätigungszeit der Bremse in Betracht zu ziehen. In Abb. 118 ist nach Schuster und Weichsler (1) der zeitliche Verlauf der Beschleunigung eines gebremsten Wagens dargestellt. Zur Zeit $t = 0$ wurde dem Fahrer durch das Aufleuchten einer Glühlampe der Befehl zum Halten gegeben. Nach 0,45 s beginnt er die Bremse zu betätigen, nach weiteren 0,25 s spricht sie voll an. Bis zum Einsetzen der vollen Bremsbeschleunigung vergehen also in diesem Beispiel 0,7 s. Unter normalen Verhältnissen kann man mit einer Reaktionszeit des Fahrers von 0,4 bis 0,6 s rechnen. Unter Alkoholeinfluß und bei starker Ermüdung wird sie vergrößert. Die Betätigungszeit der Bremse liegt zwischen 0,15 und 0,25 s. Für den Fall, daß 0,6 s bis zum vollen Ansprechen der Bremse vergehen, sind die Bremswege in Abb. 119 dargestellt. Die gestrichelte Linie gibt die unterste Kurve der Abb. 117, also den Bremsweg für einen Reibungskoeffizienten 0,8 ohne Berücksichtigung der Reaktionszeit wieder. Ein Vergleich von Abb. 117 und 119 zeigt, daß der tatsächliche Bremsweg unter Berücksichtigung der Reaktionszeit, insbesondere bei hoher Reibungszahl und kleiner Geschwindigkeit wesentlich größer ist als

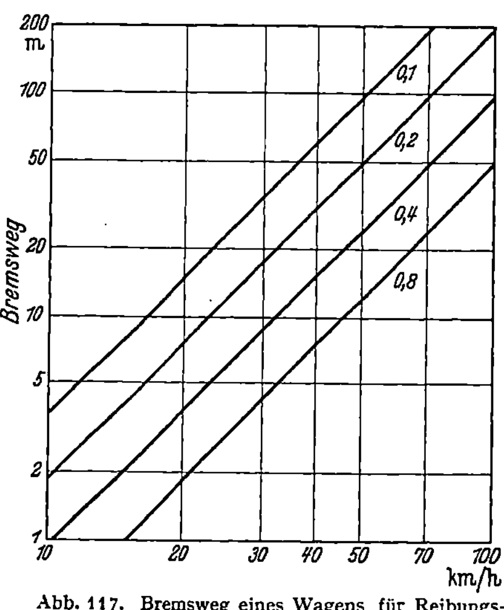

Abb. 117. Bremsweg eines Wagens für Reibungszahlen von 0,1 bis 0,8 zwischen Reifen und Fahrbahn ohne Berücksichtigung der Reaktionszeit des Fahrers.

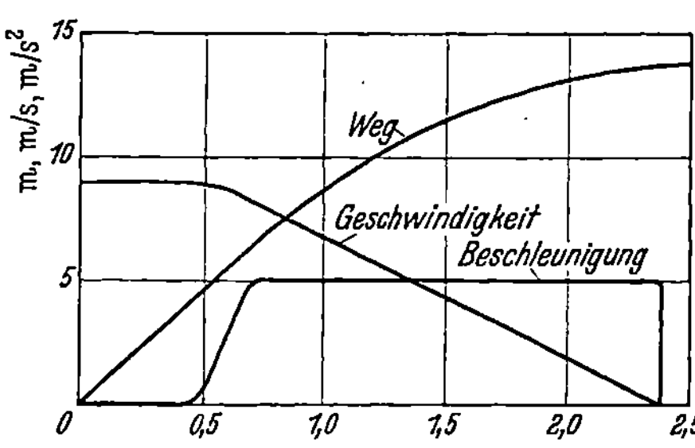

Abb. 118. Verlauf des Bremsvorganges eines Wagens. Im Zeitpunkt 0 wurde dem Fahrer der Befehl zum Halten durch ein Lichtsignal gegeben.

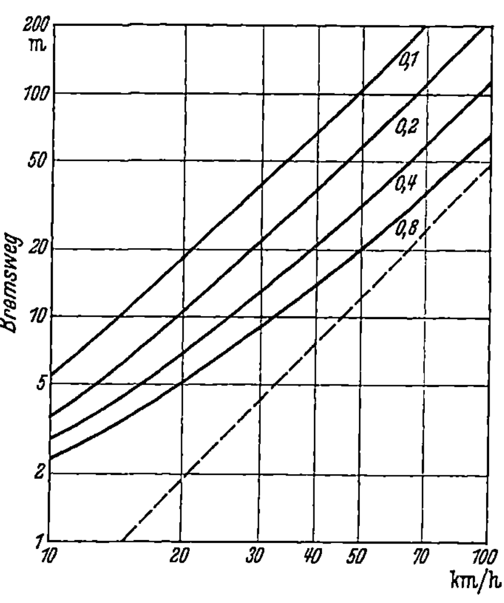

Abb. 119. Bremsweg eines Wagens für Reibungszahlen von 0,1 bis 0,8 zwischen Reifen und Fahrbahn unter Voraussetzung einer Reaktionszeit des Fahrers von 0,6 s. Zum Vergleich ist die unterste Linie der Abb. 117 gestrichelt eingetragen.

der theoretische. Bei einer Geschwindigkeit von 30 km/h und einer Reibungszahl 0,8 erhält man nach Abb. 117 etwa 4,5 m, nach Abb. 119 etwa 9 m Bremsweg. Bei hoher Geschwindigkeit und kleiner Reibungszahl ist der Einfluß der Reaktionszeit geringer. Die Reaktionszeit ist deshalb besonders für den Stadtverkehr von Bedeutung.

Vorgeschrieben ist für Fahrzeuge mit mehr als 100 km/h Höchstgeschwindigkeit eine Bremsverzögerung von 3,5 m/s², für solche mit weniger als 100 km/h Höchstgeschwindigkeit 2,5 m/s².

Blockieren der Räder. Die durch ein Rad auf die Fahrbahn übertragbare horizontale Kraft ist gegeben durch die Reibungskraft P_0. Bei rollendem Rade wird in Fahrtrichtung nur der im Vergleich zur Reibungskraft sehr kleine Rollwiderstand übertragen. Es steht deshalb fast die gesamte Kraft P_0 für die Seitenführung des Fahrzeuges zur Verfügung. Wird dagegen für die Bremsung eine bestimmte Kraft P (Abb. 120) benötigt, so bleibt für die Seitenführung nur noch die Kraft S übrig. Bei Blockieren wird $P = P_0$ und damit $S = 0$. Bei Blockieren aller Räder hat das Fahrzeug also keinerlei Seitenführung mehr. Durch die stets vorhandenen Unregelmäßigkeiten der Fahrbahn wird dabei auf die einzelnen Räder nicht genau die gleiche Horizontalkraft ausgeübt. Eine Drehung des Fahrzeuges um eine lotrechte Achse ist deshalb wahrscheinlich.

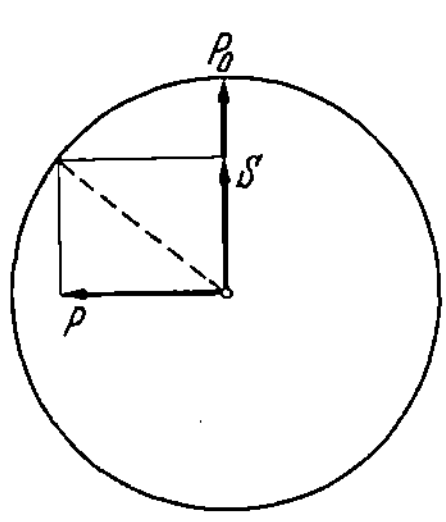

Abb. 120.
Zerlegung der zur Verfügung stehenden Reibungskraft P_0 in Bremskraft P und Seitenführungskraft S.

Komplizierter liegen die Verhältnisse, wenn nur ein Räderpaar blockiert wird. Die Wirkung ist dabei verschieden, je nachdem ob die Vorderräder oder die Hinterräder blockiert werden.

Bei Blockierung der Hinterräder allein ergibt sich bei geringer Verdrehung des Fahrzeuges aus der Fahrtrichtung eine Kräfteverteilung nach Abb. 121. Die ungebremsten Vorderräder können nur eine Kraft P_v

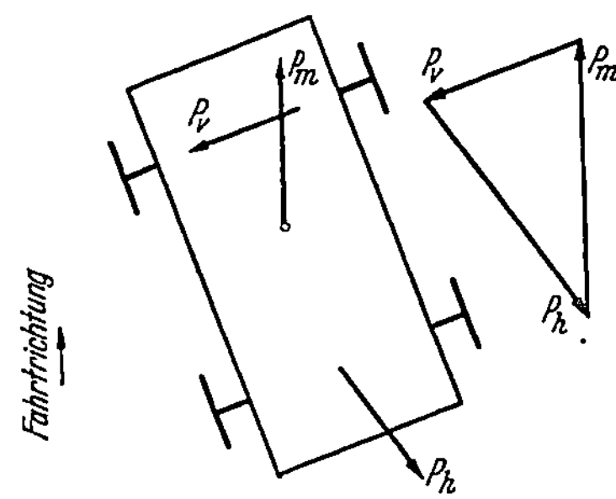

Abb. 121. Kräfteplan für einen Wagen mit blockierten Hinterrädern.

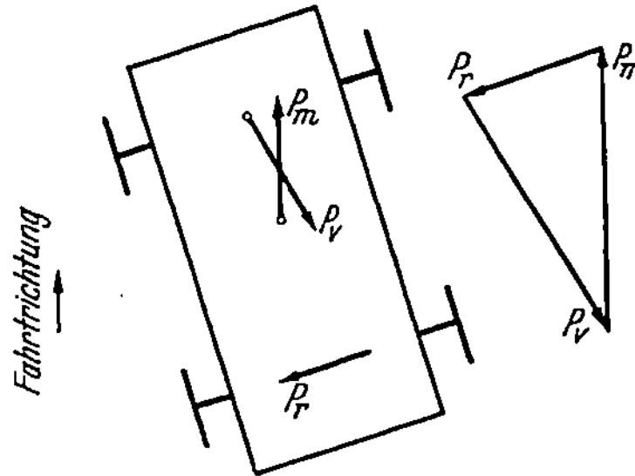

Abb. 122. Kräfteplan für einen Wagen mit blockierten Vorderrädern.

quer zur Längsachse des Wagens übertragen. Im Schwerpunkt greift die Beschleunigungskraft P_m an. Diese beiden Kräfte müssen mit den Kräften an den Hinterrädern im Gleichgewicht sein. Das ergibt den Kräfteplan der Abb. 121. Die Kraft an den Hinterrädern gibt nur ein geringes Moment um den Schwerpunkt, die Kraft an den Vorderrädern dagegen ein verhältnismäßig großes, welches die eingeleitete Drehung des Wagens zu vergrößern sucht. Die gezeichnete Lage des Wagens ist also bei blockierten Hinterrädern und ungebremsten Vorderrädern labil. Eine rasche, einem Kippen ähnliche Drehung des Wagens um eine senkrechte Achse ist die Folge.

Anders liegen die Verhältnisse bei blockierten Vorderrädern (Abb. 122). Hier ist das von den Hinterrädern durch die Kraft P_r ausgeübte Moment maßgebend. Bei einer Verdrehung des Wagens aus der Fahrtrichtung sucht es diesen in seine ursprüngliche Lage zurückzudrehen. Der Zustand des Wagens ist also stabil. Die durch wechselnde Fahrbahnreibung Zentrifugalkräfte oder Straßenwölbung ausgeübten Kräfte ergeben nur verhältnismäßig kleine Verdrehungen des Wagens aus der Fahrtrichtung.

Die Bremsen sind deshalb so auszubilden, daß zuerst ein Blockieren der Vorderräder erfolgt.

d) Betätigung der Bremsen.

Die Betätigung der Bremsen kann mechanisch, hydraulisch oder pneumatisch erfolgen. Bei rein mechanischer Betätigung über einen Seilzug oder ein Gestänge ist für eine gleichmäßige Verteilung der Kraft auf die einzelnen Bremstrommeln zu sorgen. Dies geschieht durch Anordnung gleichschenkliger Hebel, in deren Mitte die Kraft angreift und von deren beiden Enden sie weitergeleitet wird.

Bei hydraulischen und pneumatischen Bremsen ist der Ausgleich von vornherein gegeben. Bei hydraulischen Bremsen wird wie bei den mechanischen die zur Betätigung nötige Energie durch den Fahrer aufgebracht. Der Anpreßdruck des Bremsbelages an der Bremstrommel kann durch sog. Servowirkung verstärkt werden. Der Mechanismus zum Anpressen des Belages ist dabei so ausgebildet, daß die Reibungskraft zwischen Trommel und Bremsbelag den Anpreßdruck vergrößert. Bei pneumatisch betätigten Bremsen, wie sie bei Lastwagen Verwendung finden, wird vom Fahrer nur die Preßluft oder Saugluft gesteuert.

Für Anhänger sind sog. Auflaufbremsen entwickelt worden. Die Betätigungsvorrichtung der Bremse ist hier mit der Kupplung zwischen Triebwagen und Anhänger verbunden. Wird der Triebwagen gebremst, so überträgt die Kupplung auf den Anhänger eine Kraft, welche zur Betätigung ausgenutzt wird. Auflaufbremsen geben während der Bremsung häufig Anlaß zu Schwingungen zwischen Triebwagen und Anhänger.

Vorgeschrieben ist für Kraftwagen eine feststellbare Handbremse sowie eine Fußbremse, die zum Abbremsen benutzt wird. Die Handbremse wird meist mechanisch, die Fußbremse neuerdings bei Personenwagen meist hydraulisch ausgeführt. Ungünstig ist es, die Bremse auf die Kardanwelle wirken zu lassen, da das Kardangetriebe beim Bremsen dann höhere Beanspruchungen erfahren kann, als beim normalen Fahren.

III. Elektrische Fragen.

1. Lichtmaschine.

a) Anforderungen an die Lichtmaschine.

Die Belastung der Lichtmaschine schwankt innerhalb weiter Grenzen. Bei Tagfahrten wird bei geladener Batterie nur eine verhältnismäßig geringe Leistung für die Zündanlage entnommen. Bei Nachtfahrten kann dagegen bei eingeschalteten Scheinwerfern, Scheibenwischern und anderen Apparaten auch noch eine Aufladung der Batterie erforderlich sein. Die Temperatur der Maschine wechselt je nach Jahreszeit und Betriebszustand des Motors. Außerdem ist auch die Drehzahl in weiten Grenzen veränderlich. Bei einer Geschwindigkeit von 25 km/h im direkten Gang muß die Lichtmaschine den Leistungsbedarf aller gleichzeitig eingeschalteten Stromverbraucher decken. Die Höchstgeschwindigkeit üblicher Wagen beträgt das Vier- bis Fünffache dieser Geschwindigkeit. Dementsprechend muß eine Lichtmaschine mindestens innerhalb eines Drehzahlbereiches von $1:5$ verwendbar sein. Die Spannung einer normalen Gleichstrom-Nebenschlußmaschine würde unter dem Einfluß so stark wechselnder Belastungen, Temperaturen und Drehzahlen sich innerhalb weiter Grenzen ändern. Es sind deshalb besondere Maßnahmen erforderlich, welche die Spannung der Lichtmaschine auf konstanter Höhe halten.

Der Wirkungsgrad der Maschine ist von untergeordneter Bedeutung, da die Lichtmaschine nur einen ganz geringen Bruchteil der Motorleistung aufnimmt. Er ist nur mit Rücksicht auf Erwärmung und Überlastbarkeit in Betracht zu ziehen.

Ferner wird Geräuschlosigkeit verlangt. Dies erfordert bei dem großen Drehzahlbereich, in dem die Maschine brauchbar sein soll, eine besonders sorgfältige Vermeidung von Resonanzerscheinungen.

Zur Regelung sind heute zwei verschiedene Methoden in Verwendung: Die Spannungsregelung und die Stromregelung mittels Dreibürstenmaschine. Frühere Versuche mit Fliehkraftreglern, durch welche eine Schleifkupplung betätigt oder der Erregerstrom gesteuert wurde, führten, wie verschiedene andere Versuche, auf keine voll brauchbare Lösung.

b) Spannungsregelung.

Eine mit Spannungsregler ausgestattete Maschine arbeitet nach dem Schema der Abb. 123. Der Anker der Lichtmaschine ist mit A, ihre Feldwicklung mit M bezeichnet. Mit der Feldwicklung ist der Widerstand R hintereinandergeschaltet. Der Regler, ein Relais, welches durch Kurzschließen eines Widerstandes den Erregerstrom periodisch so ändert, daß die Maschinenspannung im Mittel konstant bleibt, trägt eine Spannungswicklung W_1 und eine Stromwicklung W_2.

Der Regler hat drei verschiedene Schaltstellungen. Bei Berührung von K_1 und K_2 liegt die Erregerwicklung unmittelbar an der Batteriespannung. Nach Abheben des Kontaktes K_2 von K_1 ist der Widerstand R vorgeschaltet und bei Berührung von K_2 und K_3 ist die Erregerwicklung kurzgeschlossen. Die Kontaktgabe erfolgt im normalen Betriebszustande periodisch gemäß Abb. 124. Die Erregerwicklung ist so bemessen, daß in dem vorgesehenen Drehzahlbereich bei dauernder Berührung von K_1 und K_2, also bei unmittelbar an der Batterie liegender Erregerwicklung, Überspannung auftreten würde. Bei geringer Überspannung spricht jedoch

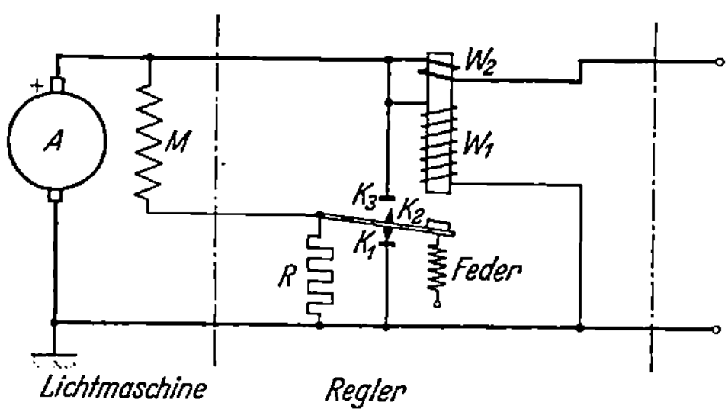

Abb. 123. Schaltbild einer spannungsregelnden Maschine. A Anker; M Feldwicklung; R Vorwiderstand; K_1 Kurzschlußkontakt für R; K_2 beweglicher Kontakt; K_3 Kurzschlußkontakt für M; W_1 Spannungswicklung des Reglers; W_2 gegengeschaltete Stromwicklung des Reglers.

schon der Regler an und hebt K_1 von K_2 ab, worauf der Erregerstrom nach einer e-Funktion dem durch den Widerstand von M und R zusammen bestimmten Wert zustrebt. Der Abklingvorgang wird aber unterbrochen, sobald die Maschinenspannung soweit gesunken ist, daß K_2 und K_1 sich wieder berühren. Dann strebt, ebenfalls nach einer e-Funktion, der Erregerstrom wieder dem durch den Widerstand von M allein bestimmten Wert zu, wodurch das Spiel von neuem beginnt.

Bei weiterer Steigerung der Maschinendrehzahl reicht schließlich der Vorschaltwiderstand zur Begrenzung des Erregerstromes nicht mehr aus. Dann tritt der Kontakt K_3 in Tätigkeit, durch den die Erregerwick-

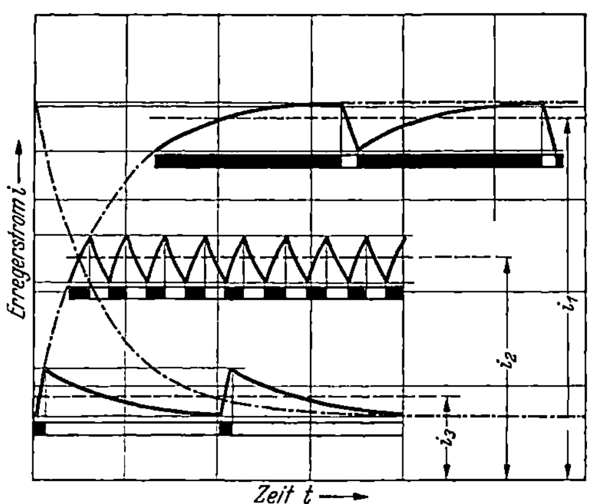

Abb. 124. Verlauf des Erregerstromes einer spannungsregelnden Maschine für drei verschiedene Belastungen. i_1, i_2, i_3 Mittelwerte des Erregerstromes für große, mittlere und kleinere Belastung.

lung kurzgeschlossen wird. Dieser Kurzschluß wird ebenfalls durch den Regler periodisch veranlaßt. Der Erregerstrom kann dann zwischen Null und dem durch den Widerstand von M bestimmten Wert schwanken.

Der Regler muß so empfindlich sein, daß die Größe und Frequenz der Spannungsschwankungen sich nicht in einem Flattern der Glühlampen äußert.

Den Verlauf der Spannung für eine Maschine mit Spannungsregelung zeigt in Abhängigkeit von der Drehzahl Abb. 125. Bei Punkt a beginnt der Ruhekontakt $K_1 K_2$ in Tätigkeit zu treten, welcher den Widerstand R vor die Erregerwicklung schaltet, bei b der Arbeitskontakt $K_2 K_3$, welcher die Erregerwicklung kurzschließt. Die Spannung ändert sich in der Tat nur wenig mit der Drehzahl und ist praktisch unabhängig von der Belastung. Nur die Lage der Punkte a und b hängt von der Belastung ab.

Wir haben bisher einen Regler ohne die oben erwähnte Stromwicklung betrachtet. Ein solcher Regler mit einer Spannungswicklung W_1 allein, weist praktisch noch Nachteile auf, wenn die Ma-

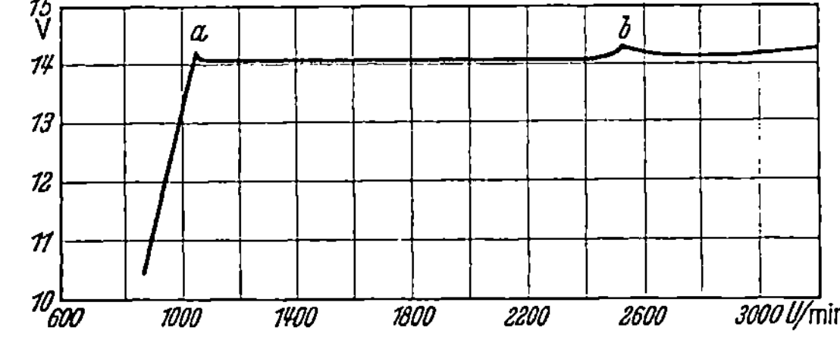

Abb. 125. Abhängigkeit der Spannung einer spannungsregelnden Maschine von der Drehzahl.

schine zusammen mit einer Batterie betrieben wird, was bei Kraftwagen stets der Fall ist. Abb. 126 zeigt den zeitlichen Verlauf von Ladestrom und Ladespannung beim Aufladen einer entladenen Batterie. Die Drehzahl wurde zwischen 1000 und 3000 U/min verändert. Aufgetragen sind die Mittelwerte aus den bei 1000 und 3000 U/min gemessenen Werten. Der Ladestrom ist anfangs übermäßig hoch und sinkt bei fortschreitender Ladung der Batterie auf einen immer kleineren Wert, so daß die

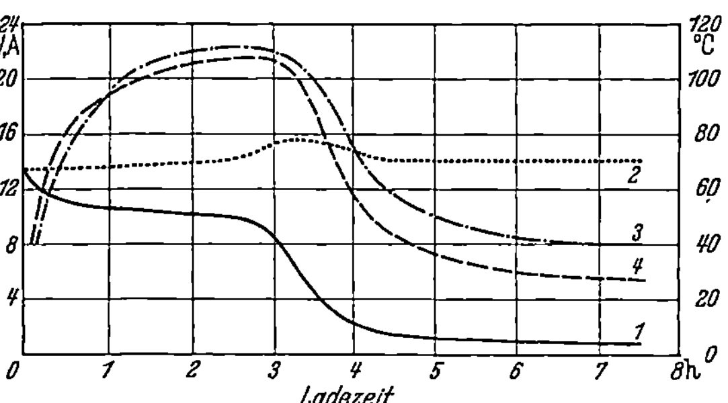

Abb. 126. Ladung einer entladenen Batterie durch eine spannungsregelnde Maschine. 1 Strom; 2 Spannung; 3 Temperatur am Reglergehäuse; 4 Temperatur am Maschinengehäuse.

vollständige Aufladung der Batterie sehr lange Zeit in Anspruch nimmt. Es ist vorteilhafter, die Maschine so auszubilden, daß sie bei entladener Batterie weniger Strom und bei nahezu geladener mehr Strom liefert.

Dies geschieht durch Aufbringen einer zweiten Wicklung, der Stromwicklung auf den Regler. Diese Wicklung wird bei Stromabgabe der Maschine in gleicher Richtung durchflossen wie die Spannungsspule. Dadurch regelt die Maschine bei starker Belastung auf eine kleinere Spannung als mit Spannungsspule allein. Bei geringer Stromentnahme, wie sie dem Fall der nahezu geladenen Batterie entspricht, ist dagegen die Wirkung der Stromspule gering. Die Maschinenspannung steigt an. Diese Regelung mit Strom- und Spannungsspule nennt man Regelung auf nachgiebige Spannung.

Abb. 127 gibt die Spannung einer auf nachgiebige Spannung geregelten Maschine für verschiedene Belastungen in Abhängigkeit von der Drehzahl an. Abb. 128 zeigt den Verlauf von Strom- und Ladespannung bei

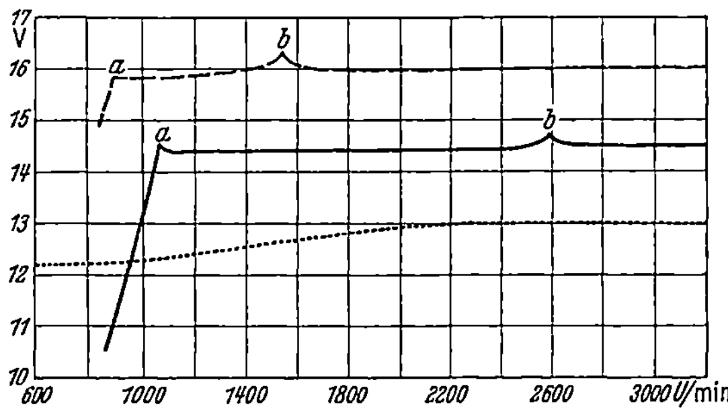

Abb. 127. Abhängigkeit der Spannung einer auf nachgiebige Spannung geregelte Maschine für verschiedene Belastung.

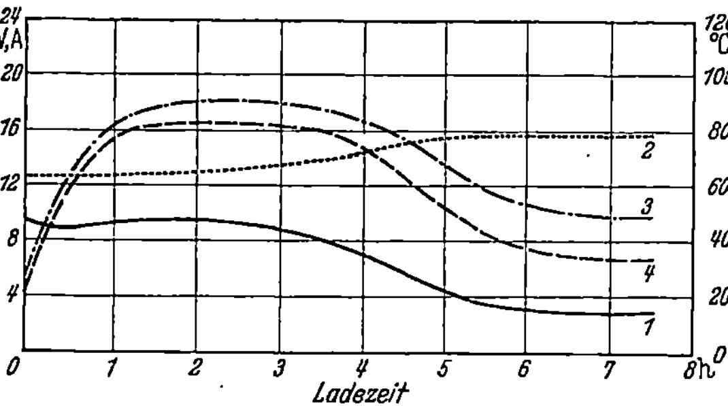

Abb. 128. Ladung einer entladenen Batterie durch eine auf nachgiebige Spannung geregelte Maschine.
1 Strom; 2 Spannung; 3 Temperatur am Reglergehäuse; 4 Temperatur am Maschinengehäuse.

Aufladung einer entladenen Batterie durch eine auf nachgiebige Spannung geregelte Maschine, unter sonst gleichen Umständen wie sie Abb. 126 zugrunde liegen. Gegenüber Abb. 126 fällt der wesentlich gleichmäßigere Ladestrom auf, der auch anfangs keine übertrieben hohen Werte annimmt, und bei steigender Batteriespannung weniger rasch abfällt. Aus diesem Grunde nimmt auch die Temperatur von Maschine und Regler im Gegensatz zu dem Fall nach Abb. 126 keine übertrieben hohen Werte an. Ferner wird bei der auf nachgiebige Spannung geregelten Maschine die Spannung der vollgeladenen Batterie schon bei etwa 6 h Ladedauer erreicht, bei Ladung durch eine Maschine ohne Stromwicklung W_2 dagegen erst nach sehr langer Zeit.

c) Stromregelung.

Bezeichnungen:

u Spannung, i Stromstärke, R Widerstand, n Drehzahl.

Für billigere Anlagen beschränkt man sich häufig darauf, den von der Lichtmaschine abgegebenen *Strom* auf einen angenähert konstanten Wert zu regeln. Diese Stromregelung ist mit einfacheren Mitteln durchzuführen als die Spannungsregelung. Am meisten verwendet wird die Stromregelung durch dritte Bürste in Form der Dreibürstenmaschine, deren Schema in Abb. 129 gezeigt ist.

Zur Regelung wird die durch den Ankerstrom verursachte Feldverzerrung ausgenützt. Der grundsätzliche Verlauf von Erreger- und

Ankerfeld ist in Abb. 130 dargestellt, der resultierende Kraftlinienverlauf in Abb. 131. Im linken unteren Viertel des Umfanges wirken die beiden Felder gegeneinander, so daß mit wachsendem Ankerstrom das Feld dort geschwächt wird. Im linken oberen Viertel überlagern sich die beiden Felder, so daß die Kraftlinien dort zusammengedrängt werden. Die Kraftlinienzahl zwischen dritter Bürste C und unterer Bürste B (Abb. 129), zwischen denen die Erregerwicklung angeschlossen ist, sinkt also mit wachsender Ankerstromstärke. Dadurch sinkt bei un

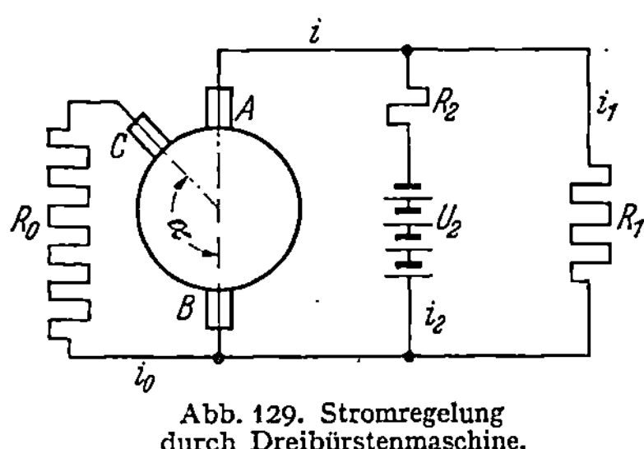

Abb. 129. Stromregelung durch Dreibürstenmaschine.

veränderter Maschinenspannung gleichzeitig die Spannung zwischen C und B und damit die Erregerstromstärke der Maschine. Diese Wechselwirkung verhindert ein unbegrenztes Anwachsen des Ankerstromes, solange die Spannung an den Bürsten A und B durch die Batterie auf einem bestimmten Wert gehalten wird.

Zur Vereinfachung der rechnerischen Behandlung setzen wir Proportionalität zwischen Erreger- bzw. Ankerstrom und dem zugehörigen Feld voraus, was bei den üblichen Drehzahlen und mäßiger Belastung infolge des dann geschwächten Feldes angenähert gilt. Ferner sei der Widerstand der Ankerwicklung und der Bürsten vernachlässigt.

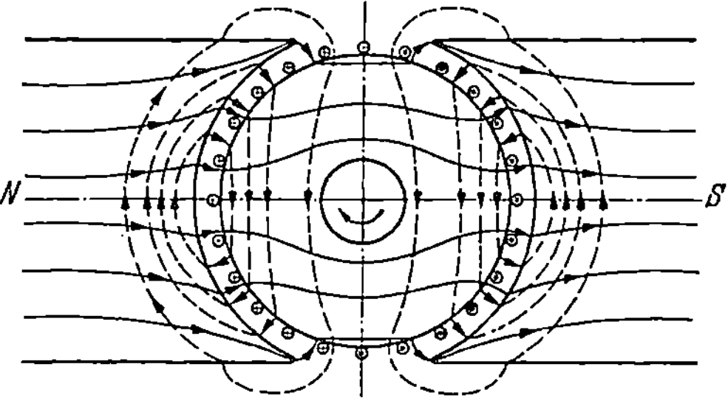

Abb. 130. Erreger- und Ankerfeld einer Dynamomaschine.

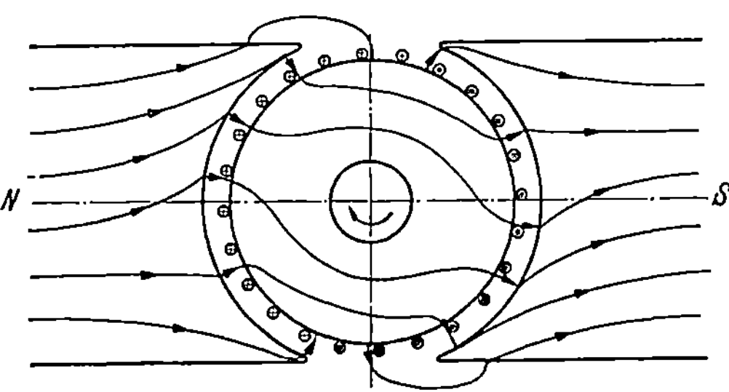

Abb. 131. Resultierendes Feld, entstanden durch Überlagerung von Erreger- und Ankerfeld.

Die Spannung u der Maschine ist dann proportional dem Erregerstrom i_0 und der Drehzahl n der Maschine. Der Zusammenhang sei gegeben durch eine Konstante c_1 der Maschine.

$$u = c_1 \, n \, i_0. \tag{1}$$

Ferner gilt nach Abb. 129 für die Maschinenspannung u auch die Beziehung

$$u = i_1 R_1 = i_2 R_2 - u_2. \tag{2}$$

Die Spannungen u_0 zwischen Hilfsbürste C und Bürste B setzt sich aus zwei Anteilen zusammen. Der eine wird von dem Erregerfeld, der andere vom Ankerfeld induziert. Das Ankerfeld sei über dem halben Umfang von B bis A konstant. Der von Erregerfeld herrührende Anteil der Spannung u_0 ist dann proportional dem Winkel zwischen den Bürsten B und C und beträgt einen bestimmten Bruchteil $\alpha \cdot u$ der Maschinenspannung u. Der vom Ankerfeld herrührende Anteil ist proportional der Stärke des Ankerfeldes und der Umdrehungszahl der Maschine. Das Ankerfeld ist seinerseits proportional dem Ankerstrom i, so daß also der vom Ankerstrom herrührende Spannungsanteil zwischen B und C auch proportional i ist. Dieser zweite Anteil der Spannung zwischen B und C ist dann gegeben durch $c_2\,n\,i$ mit c_2 als Konstante und gemäß Abb. 130 dem ersten Anteil entgegengerichtet.

Beide Anteile zusammen ergeben die Spannung u_0 an der Erregerwicklung

$$u_0 = \alpha\,u - c_2\,n\,i. \tag{3}$$

Ferner gilt

$$i = i_1 + i_2 \tag{4}$$

und

$$u_0 = i_0 R_0. \tag{5}$$

Aus diesen Gleichungen läßt sich i als Funktion der Maschinenkonstanten c_1, c_2, α, R_0, der Umdrehungszahl n und der Belastung ausdrücken. Man erhält

$$i = \cfrac{u_2}{\cfrac{c_1\,c_2\,n^2}{\alpha\left(c_1\,n - \cfrac{R_0}{\alpha}\right)} \cdot \cfrac{R_1 + R_2}{R_1} - R_2} \tag{5}$$

Praktisch wird ein möglichst geringer Widerstand R_2 im Batteriekreis angestrebt. Setzt man dementsprechend $R_2 = 0$, so ergibt sich

$$i = u_2 \frac{1}{c_2\,n}\left(\alpha - \frac{R_0}{c_1}\,\frac{1}{n}\right). \tag{6}$$

Die Spannung der Maschine wird Null für

$$\alpha - \frac{R_0}{c_1} \cdot \frac{1}{n} = 0.$$

Die dadurch bestimmte Drehzahl n_0 wird als Einschaltdrehzahl bezeichnet. Dann ist

$$n_0 = \frac{R_0}{c_1\,\alpha}$$

und mit Gleichung (6)

$$i = u_2 \frac{c_1\,\alpha^2}{c_2\,R_0} \cdot \frac{n_0}{n}\left(1 - \frac{n_0}{n}\right). \tag{7}$$

Der Maschinenstrom ist nach Gleichung (7) proportional der Batteriespannung u_2. Durch die entladene Batterie wird also ein geringerer

Strom geschickt als durch die geladene. Die Folge ist, daß durch eine Dreibürstenmaschine eine ganz entladene Batterie verhältnismäßig langsam aufgeladen, eine geladene dagegen überladen wird. Eine Ab-hängigkeit von dem Widerstand R_1 der angeschlossenen Belastung fehlt nach Gleichung (7). Der Maschinenstrom ist unabhängig von der Belastung. Der von den Stromverbrauchern, etwa den Scheinwerfern, aufgenommene Strom wird also bei unverändertem Maschinen-strom dem Batteriestrom entzogen.

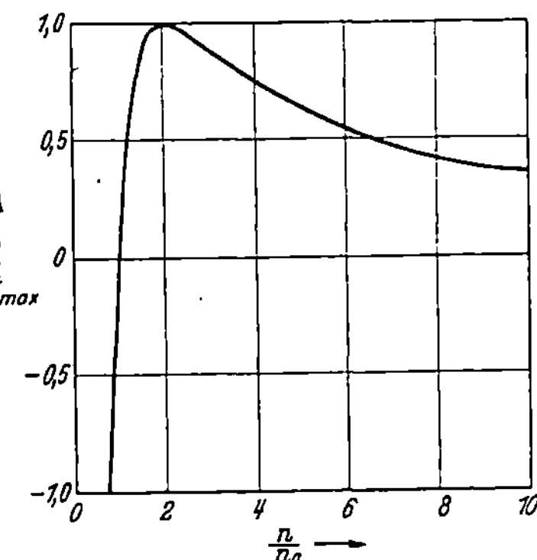

Abb. 132. Abhängigkeit des Stromes i einer Dreibürstenmaschine von der Drehzahl n nach Gleichung (7). i_{max} Höchstwert des Stromes; n_0 Einschaltdrehzahl (Drehzahl für $i = 0$).

Die Abhängigkeit der Stromlieferung der Maschine von der Drehzahl n ist in Abb. 132 wiedergegeben. Bei stehen-der Maschine fließt Rückstrom aus der Batterie. Bei wachsender Umdrehungs-zahl strebt der Strom über den Wert Null, der bei der Einschaltdrehzahl er-reicht wird, einem Höchstwert zu und nähert sich bei weiterer Steigerung der Umdrehungszahl wieder dem Wert Null. Für den Betrieb der Maschine ist die Umgebung des Höchstwertes geeignet.

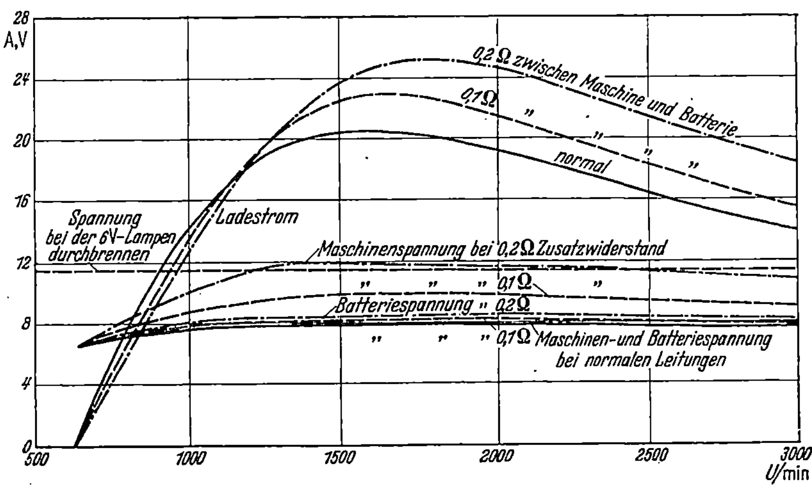

Abb. 133. Anstieg des Stromes einer Dreibürstenmaschine bei Auftreten von Übergangswiderstand an der Batterie.

Aus Gleichung (7) ersieht man, daß die Abhängigkeit des Stromes von der Drehzahl, bezogen auf die Einschaltdrehzahl n_0 stets dieselbe ist. Durch Verstellung der dritten Bürste ist eine Ausdehnung des brauchbaren Bereiches über ein größeres Drehzahlverhältnis nicht möglich, sondern nur eine Verschiebung dieses Bereiches.

Bei der doppelten Einschaltdrehzahl wird der Höchstwert des Stromes erreicht. Bei einer Drehzahl, die 25% über der Einschaltdrehzahl liegt, werden 60% des Höchststromes erreicht, beim 5fachen der Einschaltdrehzahl sinkt der Strom wieder unter diesen Wert ab. Innerhalb eines Drehzahlbereiches von 1 : 4 bleibt also der Maschinenstrom zwischen 60% und 100% seines Höchstwertes.

Wir haben bisher den Batteriestromkreis als widerstandslos betrachtet. Diese Voraussetzung ist bei normalem Betrieb mit hinreichender Genauigkeit erfüllt. Durch Kontaktstörungen an den Batterieklemmen oder einen anderen Fehler kann jedoch der Widerstand R_2 merkliche Werte annehmen. In Gleichung (5) wird dadurch der Nenner verkleinert.

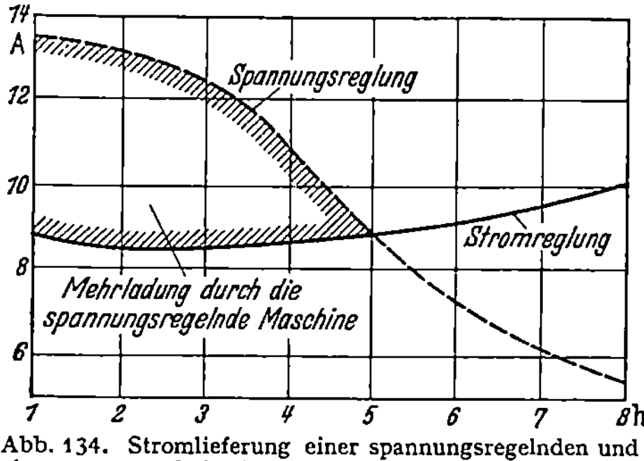

Abb. 134. Stromlieferung einer spannungsregelnden und einer stromregelnden Maschine an einen Sammler von 6 V und 60 Ah Aufnahmefähigkeit.

Der Maschinenstrom steigt an. Damit steigt gleichzeitig die Maschinenspannung. Ein Beispiel ist in Abb. 133 dargestellt. Schon verhältnismäßig kleine Übergangswiderstände an der Batterie bewirken ein starkes Ansteigen der Maschinenspannung, welches zu einem Durchbrennen angeschalteter Glühlampen und zu einer übermäßigen Erwärmung der Maschine führen kann.

Für ausgeführte Maschinen, bei denen entgegen unserer Voraussetzung keine Proportionalität zwischen Strom und zugehörigem magnetischem Feld besteht, gilt die zahlenmäßige Auswertung nur angenähert. Die Abweichungen von der Wirklichkeit sind jedoch nicht von grundsätzlicher Art.

Ein Vergleich zwischen Strom- und Spannungsregelung ist in Abb. 134 dargestellt. Die Abbildung zeigt die Vorteile der spannungsgeregelten Maschine gegenüber der stromgeregelten.

2. Anlasser.

Das zum Anlassen eines Motors nötige Drehmoment verläuft etwa entsprechend Abb. 135. Im ersten Augenblick des Anlassens ist das Drehmoment verhältnismäßig groß, da die Schmierung noch nicht einwandfrei arbeitet und außerdem die ganzen Massen zu beschleunigen sind. Dieser Anfangszustand wird jedoch rasch überwunden. Dann schwankt das Drehmoment um einen Mittelwert. Während eines Kompressionshubes tritt jeweils ein Höchstwert auf, zwischen zwei Kompressionshüben ein Kleinstwert.

Die Größe des mittleren Drehmomentes beim Anlassen ist für Motoren der üblichen Bauart bei gleichem Gesamthubraum ungefähr dasselbe.

Abb. 136 stellt für verschiedenen Hubraum und verschiedene Temperaturen das zum Anlassen erforderliche Moment dar.

Das zum Durchdrehen eines Motors nötige Moment hängt ferner, wie Abb. 137 zeigt, stark von der Umdrehungszahl ab. Das Moment sinkt mit wachsender Drehzahl. Einem derartigen Verlauf des Momentes paßt sich am besten ein Hauptstrommotor an, der z. B. ein Drehmoment gemäß Kurve M_2 der Abb. 137 abgibt. Anlasser

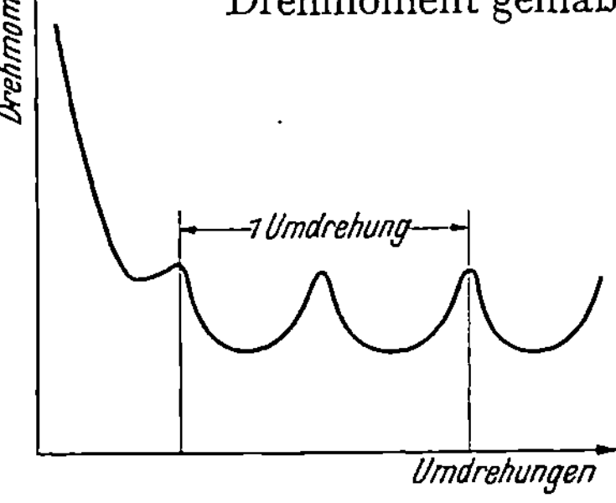

Abb. 135. Verlauf des Drehmomentes eines Verbrennungsmotors beim Durchdrehen.

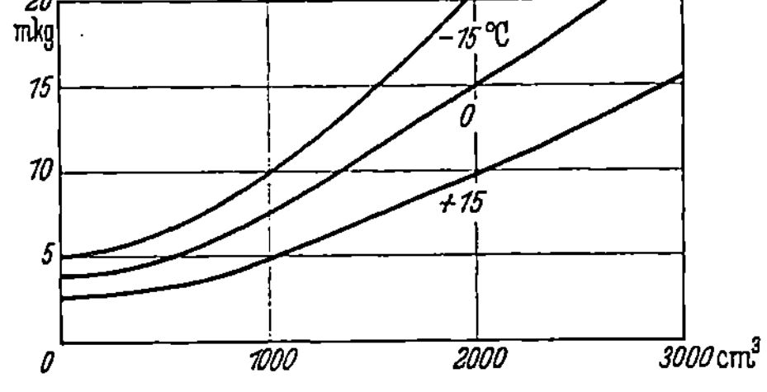

Abb. 136. Abhängigkeit des zum Anlassen erforderlichen mittleren Drehmomentes vom Hubraum.

werden deshalb stets als Hauptstrommotor ausgeführt. Die Drehzahl des Anlassers steigt bis zu dem durch den Schnittpunkt der Kurven M_1 und M_2 gegebenen Wert. Das vom Motor aufgenommene Moment M_1 ist stark temperaturabhängig. Der Anlasser muß deshalb so bemessen werden, daß er den Motor bei der tiefstmöglichen Temperatur auf die zum Anspringen erforderliche Drehzahl bringt. Dabei ist noch zu berücksichtigen, daß auch die Leistung der Batterie bei tiefen Temperaturen zurückgeht.

Abb. 138 zeigt die Kennlinien eines Anlassers. Das Drehmoment ist bei kleinen Stromstärken in erster Näherung proportional dem Quadrat des Stromes, bei höheren Stromstärken, bei denen Sättigung

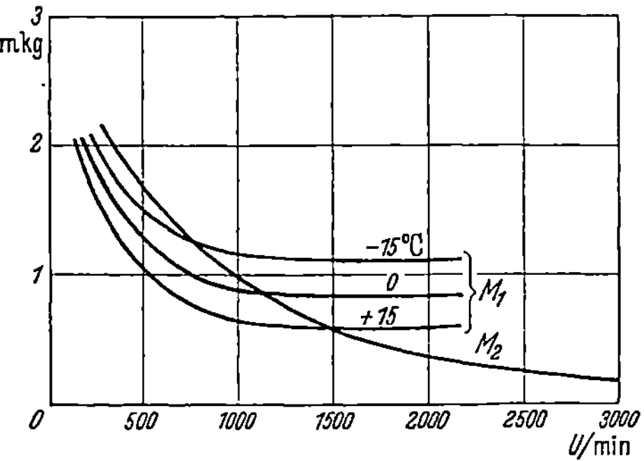

Abb. 137. Abhängigkeit des zum Durchdrehen eines Motors erforderlichen Momentes M_1 und des Drehmomentes eines Anlassers M_2 von der Drehzahl. Drehzahlen und Momente sind auf die Achse des Anlassers bezogen.

des Eisens vorliegt, dem Strom selbst. Der Betriebszustand des Anlassers muß in dem zweiten Bereich liegen, da dieser sonst ruckweise arbeitet. Der Höchstwert des Wirkungsgrades liegt im allgemeinen bei 60 bis 70%.

Eine Verwendung derselben Maschine als Anlasser und Lichtmaschine ist nicht ohne weiteres möglich. Der Anlasser muß, wie oben dargelegt, eine Hauptstromwicklung besitzen, die Lichtmaschine dagegen mit einer Nebenschlußwicklung versehen sein. Ein Hauptstromgenerator erzeugt, wenn er in derselben Drehrichtung wie als Motor weiterläuft eine elektromotorische Kraft, welche den Strom in umgekehrter Richtung

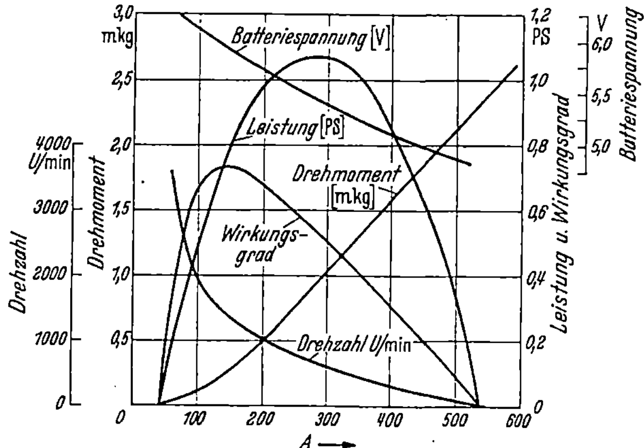

Abb. 138. Kennlinien eines Anlassers.

durch den Anker schickt. Die Maschinenspannung ginge also beim Übergang vom Anlassen zum normalen Betrieb durch Null und würde sich dann umkehren, so daß Batterie und Maschine hintereinandergeschaltet würden. Bei Verwendung derselben Maschine als Anlasser und Lichtmaschine sind · deshalb mindestens zwei Feldwicklungen erforderlich, eine Hauptstrom- und eine Nebenschlußwicklung, welche in entsprechender Weise umgeschaltet werden. ·

3. Zündung.

a) Vorgänge bei der Funkenbildung.

Bezeichnungen:

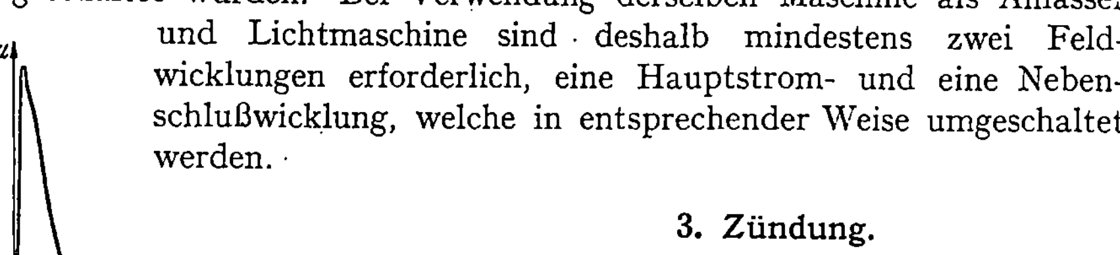

R Widerstand,	u Spannung,
L Selbstinduktion,	i Strom,
M Gegeninduktivität,	t Zeit,
C Kapazität.	ω Kreisfrequenz,
Q Ladung,	U Batteriespannung.

Abb. 139.
Grundsätzlicher Zusammenhang zwischen Strom i und Spannung u an einer Funkenstrecke.

Bei Anlegung einer Gleichspannung an ein in einem Gas befindlichen Elektrodenpaar hängen Strom und Spannung etwa gemäß Abb. 139 zusammen. ·Der Maßstab des Stromes ist in der Abbildung stark verzerrt, um die einzelnen Gebiete deutlich unterscheiden zu können. Zunächst steigt .der Strom mit wachsender Spannung an, wobei nur ganz geringe Elektrizitätsmengen übergehen. Die Stromstärken liegen in der Größenordnung von 10^{-10} bis 10^{-7} A. Von einer gewissen Spannung ab setzt die Neubildung von Ionen durch Stoßionisation ein. Die Spannung sinkt dann bei wachsendem Strom ab. Die Form der Entladung geht dabei allmählich von der Glimmentladung zum Lichtbogen über.

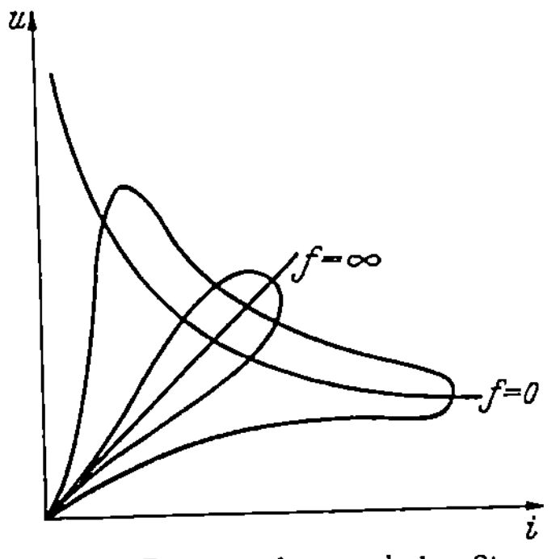

Abb. 140. Zusammenhang zwischen Strom und Spannung eines Wechselstromlichtbogens für verschiedene Frequenzen.

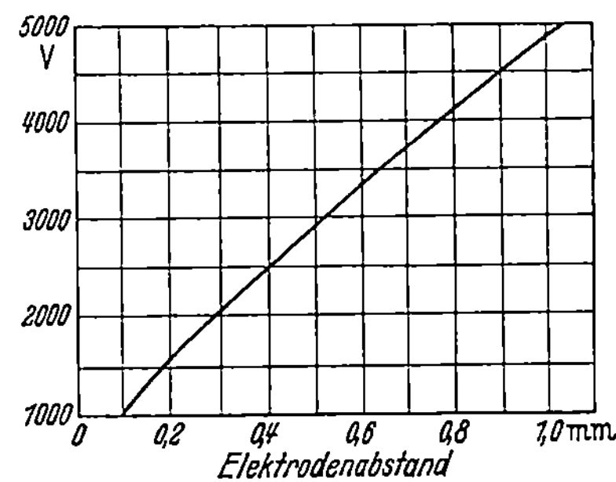

Abb. 141. Abhängigkeit der Überschlagsspannung vom Elektrodenabstand.

Bei Wechselstrom ist im Dauerzustand der Zusammenhang zwischen Strom und Spannung grundsätzlich entsprechend Abb. 140. Die Kurven sind spiegelbildlich nach links unten fortgesetzt zu denken. Bei niedrigen Frequenzen ist die Strom-Spannungskurve in der Hauptsache durch die

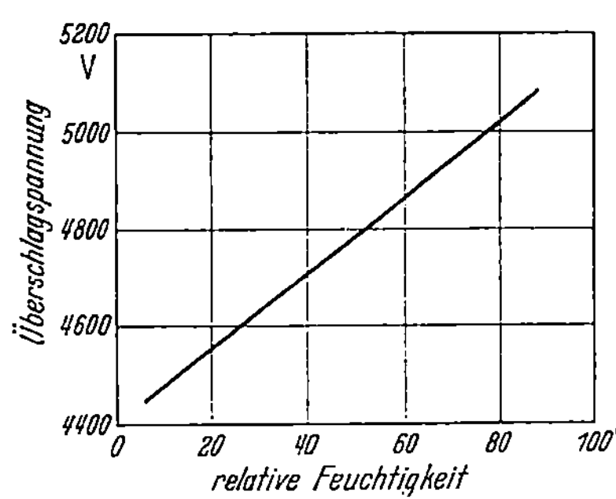

Abb. 142. Abhängigkeit der Überschlagsspannung an einer Funkenstrecke vom Wasserdampfgehalt der Luft.

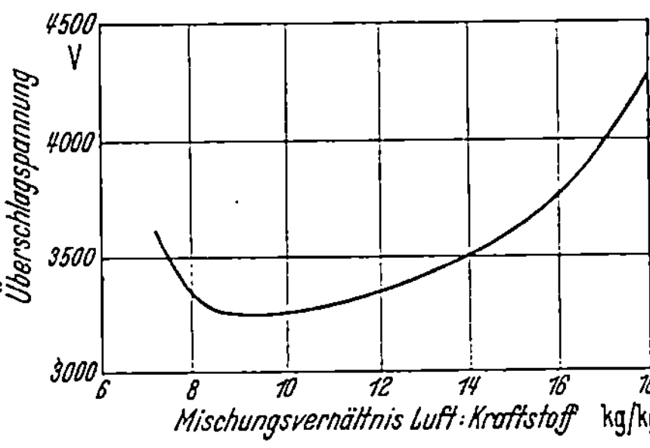

Abb. 143. Abhängigkeit der Überschlagsspannung an einer Funkenstrecke vom Kraftstoffgehalt der Luft.

für Gleichstrom geltende fallende Kennlinie entsprechend der Abb. 139 bestimmt. Bei hohen Frequenzen strebt die Kurve einem linearen Verlauf zu.

Die Überschlagsspannung hängt von Elektrodenabstand und Gasdruck in gleicher Weise ab. Sie läßt sich für ein bestimmtes Gas darstellen als Funktion des Produktes aus Gasdruck und Elektrodenabstand. Den Zusammenhang zwischen Zündspannung und Elektrodenabstand gibt für Luft von normalem Druck und Zimmertemperatur Abb. 141 wieder. Die Überschlagsspannung hängt ferner von der Natur des die Elektroden umgebenden Gases ab. Sie steigt z. B. mit wachsendem

Wasserdampfgehalt der Luft (Abb. 142). Die Abhängigkeit der Zündspannung von der Kraftstoffbeimischung weist entsprechend Abb. 143 einen Kleinstwert auf. Mit steigender Gastemperatur sinkt die Überschlagsspannung. Abb. 144 zeigt für verschiedene Drücke die Veränderung der Überschlagsspannung von der Gastemperatur. In ähnlicher Weise sinkt die Überschlagsspannung mit wachsender Elektrodentemperatur.

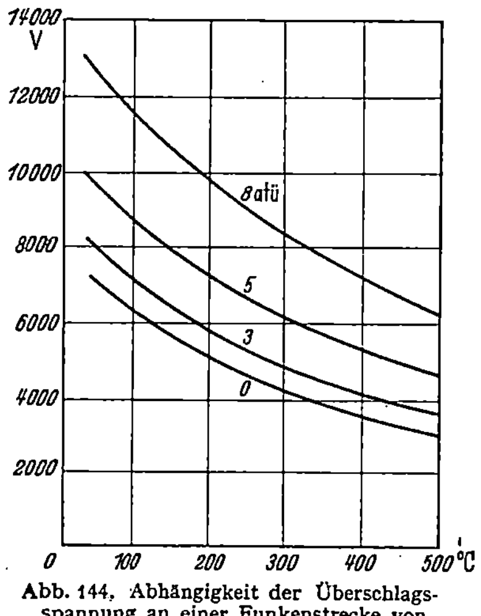

Abb. 144. Abhängigkeit der Überschlagsspannung an einer Funkenstrecke von Gastemperatur und Gasdruck.

b) Erzeugung der Zündspannung.

Die übliche Schaltung zur Erzeugung der Zündspannung ist in Abb. 145 dargestellt. Die Batterie mit der Spannung U schickt über den Unterbrecher A einen Strom durch die Wicklung L_1. Beim Unterbrechen dieses Stromkreises wird in der mit L_1 gekoppelten Wicklung L_2 eine Spannung induziert. Statt durch eine Batterie kann man den Strom in der Wicklung L_1 auch durch Induktion erzeugen. Man spricht dann von Magnetzündern. Die beiden Wicklungen L_1 und L_2 befinden sich dabei auf dem Anker einer Dynamomaschine. Der Strom wird unterbrochen, wenn er ungefähr auf seinem Höchstwert angelangt ist. Im übrigen arbeitet die Anlage in gleicher Weise wie die Batteriezündung.

Parallel zum Unterbrecher liegt ein Kondensator C_1, welcher die Funkenbildung zwischen den Unterbrecherkontakten unterdrückt. Seine richtige Bemessung ist für das einwandfreie Arbeiten der Anlage wesentlich.

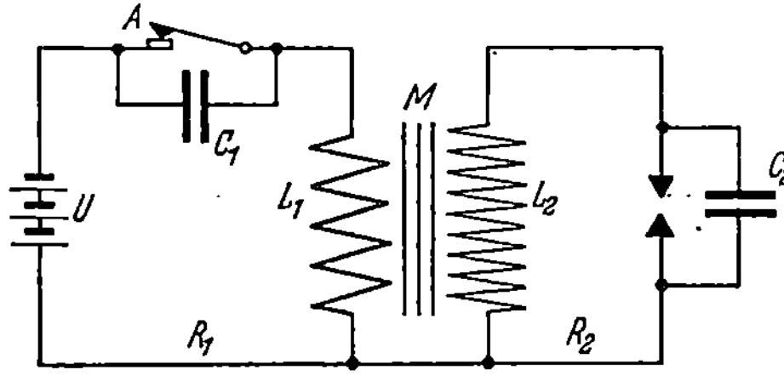

Abb. 145. Schaltbild eines Batteriezünders.

Die Zuleitungen zur Zündkerze und die Zündkerze selbst haben eine gewisse Kapazität, welche in dem Schema der Abb. 145 durch den Kondensator C_2 ersetzt ist. Die Gegeninduktivitäten L_{12} und L_{21} sind einander gleichzusetzen, wenn man die Untersuchung auf Frequenzen beschränkt, die genügend weit unter der Eigenfrequenz der beiden Wicklungen liegen. Dadurch vereinfacht sich die Rechnung. Wir setzen also

$$L_{12} = L_{21} = M.$$

Die ganze Anlage stellt einen Transformator dar, bei dem in verhältnismäßig kurzer Zeit die Energie des primären Kreises, des Ladekreises, auf den sekundären Kreis, den Entladekreis, übertragen wird.

Die Verhältnisse sind besonders einfach zu überblicken, für den Fall, daß der Ladekreis keine Kapazität enthält und plötzlich unterbrochen wird. Dann wird die Energie des Ladekreises im Augenblick der Unterbrechung auf den Entladekreis übertragen. Wenn man mit i_0 den Strom im Ladekreis vor der Unterbrechung bezeichnet, dann ist die im Ladekreis aufgespeicherte Energie gleich $\frac{1}{2} L_1 i_0{}^2$. Diese Energie geht bei der Unterbrechung in den Entladekreis über und speichert sich, sofern keine Funkenbildung auftritt, als elektrische Energie durch Aufladung des Kondensators C_2 auf. Der Kondensator C_2 soll sich dabei auf eine Spannung u_2 aufladen. Dann gilt

$$\frac{1}{2} L_1 i_0{}^2 = \frac{1}{2} C_2 u_2{}^2 \, . \tag{1}$$

oder

$$u_2 = i_0 \sqrt{\frac{L_1}{C_2}} \, . \tag{2}$$

Die Spannung u_2, die sich bei plötzlicher Unterbrechung des Ladekreises im Entladekreis ergibt, wächst danach mit dem Strom und der Selbstinduktion des Ladekreises und sinkt mit der Kapazität des Entladekreises.

Im Entladekreis stellen sich, nach dem die Spannung u_2 erreicht ist, Schwingungen ein, deren Abklingen durch die in diesem Kreis auftretenden Verluste bedingt ist.

Genauer lassen sich die Vorgänge im Lade- und Entladekreis durch Ansatz der Spannungsgleichungen verfolgen. Die einzelnen Größen des Ladekreises werden mit dem Zeiger 1, die des Entladekreises mit dem Zeiger 2 bezeichnet. Die Batteriespannung sei U, die im Kondensator C_2 aufgespeicherte Elektrizitätsmenge Q_2.

Ladevorgang. Für den Ladevorgang, d. h. das Anwachsen des Stromes nach dem Schließen des Schalters A gilt:

$$L_1 \frac{d i_1}{d t} + i_1 R_1 + M \frac{d i_2}{d t} - U = 0 \, , \tag{3}$$

$$L_2 \frac{d i_2}{d t} + i_2 R_2 + M \frac{d i_1}{d t} + \frac{Q_2}{C_2} = 0 \, . \tag{4}$$

Gleichung (4) kann man unter Berücksichtigung des Zusammenhanges von i_2 und Q_2 noch umformen. Mit

$$Q_2 = C_2 u_2 \tag{5}$$

$$\frac{d Q_2}{d t} = i_2 = C_2 \frac{d u_2}{d t} \tag{6}$$

$$\frac{d i_2}{d t} = C_2 \frac{d^2 u_2}{d t^2} \tag{7}$$

nimmt Gleichung (4) die Form an:

$$\frac{d^2 u_2}{d t^2} + \frac{R_2}{L_2} \frac{d u_2}{d t} + \frac{M}{C_2 L_2} \frac{d i_1}{d t} + \frac{u_2}{C_2 L_2} = 0 \, . \tag{8}$$

Gleichung (3) ist durch eine Vernachlässigung zu vereinfachen. Das Glied $M \frac{d\,i_2}{d\,t}$ berücksichtigt die Rückwirkung des Entladekreises auf den Ladekreis. Diese Rückwirkung ist während des Ladevorganges gering, da der Strom im Ladekreis nur durch die kleine Kapazität C_2 bedingt ist und deshalb keine großen Werte annehmen kann. Das Glied $M \frac{d\,i_2}{d\,t}$ ist aus diesem Grunde ohne wesentliche Fälschung des Ergebnisses zu vernachlässigen. Unter dieser Voraussetzung ist die Lösung von Gleichung (3) gegeben durch den bekannten Ansatz

$$i_1 = i_0 \left(1 - e^{-\lambda_1 t}\right), \tag{9}$$

mit

$$\lambda_1 = \frac{R_1}{L_1} . \tag{10}$$

Mit dieser Lösung kann man in Gleichung (8) eingehen und erhält dann

$$\frac{d^2 u_2}{d\,t^2} + \frac{R_2}{L_2} \frac{d\,u_2}{d\,t} - \frac{u_2}{C_2 L_2} = -\frac{M}{C_2 L_2} \lambda_1 e^{-\lambda_1 t} . \tag{11}$$

Die Lösung einer derartigen Gleichung führt auf die Form

$$u_2 = -k\,e^{-\lambda_1 t} + k\,e^{-\lambda_2 t} \left(\cos \omega\,t + \frac{\lambda_2 - \lambda_1}{\omega} \sin \omega\,t\right). \tag{12}$$

Darin bedeuten

$$\omega_0{}^2 = \frac{1}{L_2 C_2} \qquad \lambda_2 = \frac{R_2}{L_2},$$

$$\omega^2 = \omega_0{}^2 - \frac{1}{4} \lambda_2{}^2,$$

$$k = -\frac{M \lambda_1 i_0}{L_2 \left(\lambda_1{}^2 + \lambda_1 \lambda_2 + \omega_0{}^2\right)} .$$

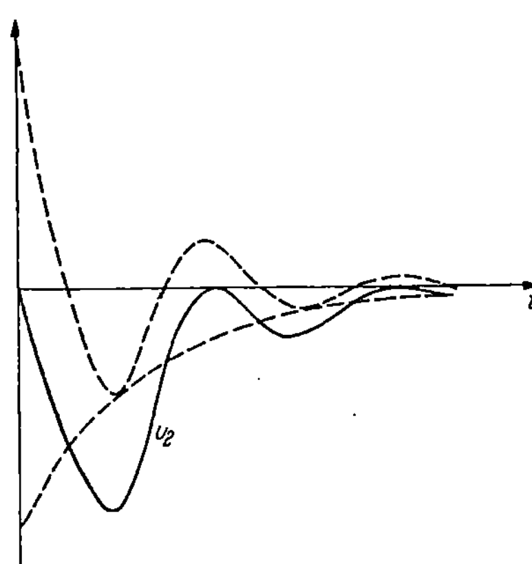

Abb. 146. Verlauf der Spannung u_2 im Entladekreis während der Ladung.

Die nach dem Schließen des Kontaktes A im Entladekreis auftretende Spannung besteht nach Gleichung (12) aus zwei Teilen, einer e-Funktion und einer abklingenden Schwingung. Abb. 146 zeigt den grundsätzlichen Verlauf. Die beiden einzelnen Teile der Funktion sind gestrichelt, ihre Summe ist ausgezogen dargestellt. Der Höchstwert der Spannung u_2 muß beim Ladevorgang unter der Zündspannung der Zündkerze liegen. Ferner müssen die Dauer der Kontaktgabe und die sonstigen Bestimmungsstücke der Anlage so bemessen sein, daß der Höchstwert der Spannung u_2, welcher der beim Unterbrechen auftretenden Zündspannung entgegengesetzt wirkt, nicht gerade in dem Augenblick auftreten kann, in dem die Zündung erfolgen soll. Er würde sonst der Zündspannung entgegenwirken und die Zündung erschweren.

Entladevorgang. Nach Lösung des Kontaktes A, die ohne Funkenbildung vor sich gehen soll, gelten die Spannungsgleichungen

$$L_1 \frac{d\,i_1}{d\,t} + R_1\,i_1 + M\,\frac{di_2}{d\,t} + \frac{Q_1}{C_1} + U = 0\,, \tag{13}$$

$$L_2 \frac{d\,i_2}{d\,t} + R_2\,i_2 + M\,\frac{d\,i_1}{d\,t} + \frac{Q_2}{C_2} \quad = 0\,. \tag{14}$$

Mit $i_1 = C_1 \dfrac{d\,u_1}{d\,t}$ und $i_2 = C_2 \dfrac{d\,u_2}{d\,t}$, ergibt sich

$$C_1 L_1 \frac{d^2\,u_1}{d\,t^2} + C_1 R_1 \frac{d\,u_1}{d\,t} + M\,C_2 \frac{d^2\,u_2}{d\,t^2} + u_1 + U = 0\,, \tag{15}$$

$$C_2 L_2 \frac{d^2\,u_2}{d\,t^2} + C_2 R_2 \frac{d\,u_2}{d\,t} + M\,C_1 \frac{d^2\,u_1}{\cdot\,d\,t^2} + u_2 \quad = 0\,. \tag{16}$$

Die Lösung eines derartigen Gleichungsystems ist von der Form

$$u_1 = A_1\,e^{-\lambda_1 t}\,\sin\,(\omega_1\,t - \varphi_1) - B_1\,e^{-\lambda_2 t}\,\sin\,(\omega_2\,t - \varphi_2)\,, \tag{17}$$

$$u_1 = A_2\,e^{-\lambda_1 t}\,\sin\,(\omega_1\,t - \psi_1) - B_2\,e^{-\lambda_2 t}\,\sin\,(\omega_2\,t - \psi_2)\,. \tag{18}$$

In den beiden Kreisen treten demnach zwei verschiedene Frequenzen auf, deren Amplitudenverhältnis in den beiden Kreisen verschieden ist. In dem einen Kreis kann z. B. die eine, in dem anderen Kreis die andere Frequenz überwiegen. Das Abklingen erfolgt dagegen in den beiden Kreisen für dieselbe Frequenz nach derselben e-Funktion.

Diese allgemeine Lösung der Gleichungen (15) und (16) ist ziemlich unübersichtlich. Einfacher wird die Lösung, wenn man die Dämpfung vernachlässigt. Für diesen Fall ist R_1 und R_2 gleich Null zu setzen. Wenn man außerdem noch die Batteriespannung, welche in der Tat gegenüber den auftretenden Induktionsspannungen gering ist, unberücksichtigt läßt, dann gehen Gleichung (17) und (18) über in die einfache Form

$$u_1 = A_1 \sin \omega_1\,t + B_1 \sin \omega_2\,t. \tag{19}$$

$$u_2 = A_2 \sin \omega_1\,t + B_2 \sin \omega_2\,t. \tag{20}$$

Durch Eintragen von Gleichung (19) und (20) in die Differentialgleichungen (15) und (16) erhält man jedoch immer noch ziemlich umfangreiche Ausdrücke für die in den beiden Kreisen auftretenden Frequenzen ω_1 und ω_2. Sie schrumpfen jedoch auf einfache Ausdrücke zusammen unter der Voraussetzung $C_1 L_1 = C_2 L_2$, welche allerdings in Wirklichkeit nicht genau erfüllt ist. Die durch diese Vereinfachung erzielten Lösungen weichen jedoch nicht grundsätzlich von den genauen Lösungen ab. Man erhält

$$\omega_1{}^2 = \frac{1}{C_1 L_1} \cdot \frac{1}{1 + \varkappa}\,, \tag{21}$$

$$\omega_2{}^2 = \frac{1}{C_1 L_1} \cdot \frac{1}{1 - \varkappa} \tag{22}$$

wobei $\varkappa$ den Kopplungsgrad der beiden Schwingungskreise darstellt:

$$\varkappa^2 = \frac{M^2}{L_1 L_2} \,. \tag{23}$$

Die in den beiden Schwingungskreisen auftretenden Frequenzen ω_1 und ω_2 unterscheiden sich nach Gleichung (21) und (22) um so mehr, je stärker die Kopplung zwischen den beiden Kreisen ist. Mit Veränderung der Kopplung ändern sich auch die Konstanten A_1, A_2, B_1, B_2 der Gleichungen (19) und (20). Es gibt deshalb einen bestimmten von 1 verschiedenen Kopplungsgrad, bei dem die höchste Spannungsspitze im Entladekreis erreicht wird.

Es ist noch von Interesse festzustellen, in welchem Verhältnis die tatsächlich erzielte Spannung zu der nach Gleichung (2) ohne Kapazität C_1 im Ladekreis berechneten steht. Für das Verhältnis μ der tatsächlichen Momentanspannung nach Gleichung (20) zur Spannung nach Gleichung (2) findet man für $C_1 L =_1 C_2 L_2$

$$\mu = \frac{\sqrt{1+\varkappa}\,\sin\omega_1 t - \sqrt{1-\varkappa}\,\sin\omega_2 t}{2} \,. \tag{24}$$

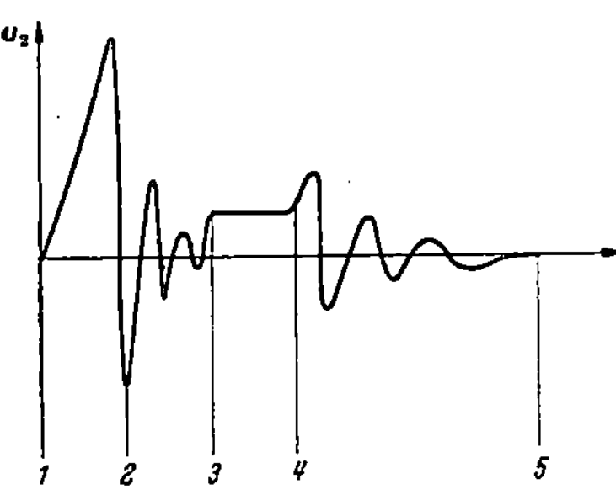

Abb. 147.
Verlauf der Spannung u_2 im Entladekreis während der Entladung nach Seiler (1).
1—2 Ausbildung der Überschlagsspannung; *2—3* Entladung der Kapazität C_2 (Abb.145); *3—4* Bogenentladung; *4—5* Abklingen der Restenergie nach dem Erlöschen des Bogens.

Dieses Verhältnis hat in einem bestimmten Augenblick einen Höchstwert, dessen Größe vom Kopplungsgrad $\varkappa$ zwischen den beiden Kreisen abhängt. Der Höchstwert ist stets kleiner als 1. Der Wert 1 ließe sich nur für $\varkappa = 0$ erreichen, also bei fehlender Kopplung zwischen den beiden Kreisen, wobei jedoch keine Energieübertragung möglich ist. Für feste Kopplung entsprechend $\varkappa = 1$ ist der Höchstwert von μ gleich $\frac{1}{2}\sqrt{2}$. Man ersieht auch hieraus, daß eine mittlere Kopplung die günstigsten Verhältnisse ergibt.

In dem Augenblick, in dem der Funke entsteht, ändern sich die Verhältnisse. Zunächst geht plötzlich die Energiemenge, welche in der Kapazität C_2 der Zündkerze und der Zuleitung zu ihr aufgespeichert ist, in dem Funken über. Allmählich folgt dann der größere Teil der Energie, welche der Entladekreis und der Ladekreis im Augenblick der Funkenbildung enthalten. Die Verhältnisse vom Augenblick der Funkenbildung an lassen sich schwer rechnerisch verfolgen, da die Funkenspannung nicht konstant ist. Der Verlauf der Spannung an der Funkenstrecke erfolgt etwa gemäß Abb. 147. Nach der Ausbildung des Funkens fällt die Spannung an der Zündkerze rasch ab und bleibt dann während der Dauer des Lichtbogens ungefähr auf dem gleichen Wert. Nach dem Erlöschen des Lichtbogens gelten wieder wie vor der Ausbildung des Funkens die durch Gleichung (13) bis (22) beschriebenen Verhältnisse.

Die noch vorhandenen Schwingungen klingen unter dem Einfluß der in den beiden Kreisen vorhandenen Dämpfung ab. Die Schwingungsvorgänge müssen bis zum Beginn des folgenden Ladevorganges so weit abgeklungen sein, daß eine Störung des neuen Ladevorganges nicht eintritt.

Ein zur Zündkerze parallel liegender Widerstand setzt die Zündspannung herab. Bei den üblichen Anlagen machen sich Ableitwiderstände von einigen $100\,000\,\Omega$ schon störend bemerkbar.

c) Unterbrechung des Ladestromes.

Eine plötzliche Unterbrechung des Ladekreises bei Fehlen des Kondensators C_1 der Abb. 145 ergäbe, wie oben gezeigt wurde, die größte Zündspannung. Eine derartige Unterbrechung ist jedoch, sofern die Elektroden von einem Gas von Atmosphärendruck umgeben sind, nicht möglich. Es tritt vielmehr Funkenbildung ein. Diese Funkenbildung wird durch den Kondensator C_1 verhindert, der so bemessen sein muß, daß die Spannung an den sich voneinander entfernenden Kontakten unter der Überschlagspannung bleibt. Die Verhältnisse sind in Abb. 148 dargestellt. Dabei ist angenommen, daß die beiden Kontakte mit einer mit dem Abstand zunehmenden Geschwindigkeit auseinander bewegt werden. Die zur Bildung eines Funkens nötige Überschlagspannung zwischen den Kontakten hat bei kleinen Abständen einen Wert u_0, der mit wachsendem Abstand ansteigt.

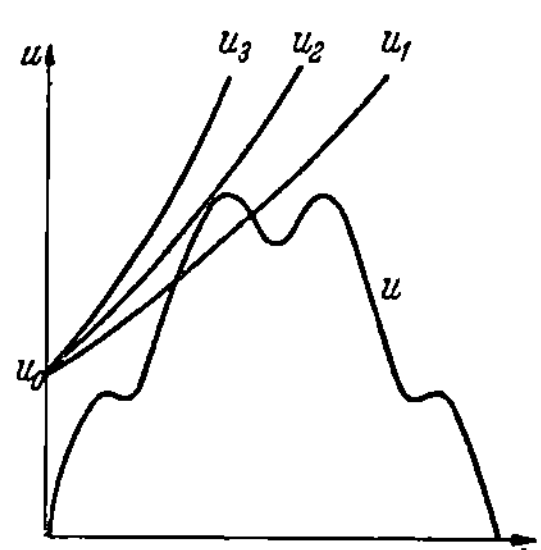

Abb. 148. Verlauf der tatsächlichen Spannung u zwischen zwei sich entfernenden Kontakten und der zur Bildung eines Funkens erforderlichen Überschlagspannung u_1, u_2, u_3 für drei verschiedene Geschwindigkeiten der Entfernung der Kontakte voneinander in Abhängigkeit von der Zeit t nach SEILER (1).

Die Kontaktbewegung erfolge für drei verschiedene Geschwindigkeiten in der Weise, daß die Überschlagspannung zwischen den Kontakten mit der Zeit nach den Kurven u_1, u_2 oder u_3 ansteigt. Der Verlauf der an den Kontakten auftretenden Spannung sei für eine bestimmte Kondensatorgröße durch die Kurve u gegeben. Funkenbildung tritt ein, wenn die Spannung an den Kontakten die Zündspannung überschreitet. Dies ist offenbar der Fall bei der langsamen Kontaktabhebung, der die Kurve u_1 entspricht. Bei der raschen Kontaktabhebung, für die Kurve u_3 gilt, tritt dagegen keine Funkenbildung auf.

Für die Funkenbildung zwischen den Kontakten ist auch der Baustoff der Kontakte, das Gas zwischen ihnen sowie die Stromstärke von maßgebenden Einfluß. Schwer verdampfende Stoffe neigen im allgemeinen, als Kontaktmaterial verwendet, am wenigsten zur Funkenbildung.

4. Das elektrische Horn.

Zur Abgabe von Warnungssignalen werden überwiegend elektrisch betriebene Geräte verwendet. Nur vereinzelt findet man sog. Kompressionspfeifen, kleine hochabgestimmte Pfeifen, die durch ein Ventil mit dem Innenraum eines Zylinders verbunden werden und ein den einzelnen Kompressions- und Arbeitshüben entsprechendes zwitscherndes Geräusch ergeben.

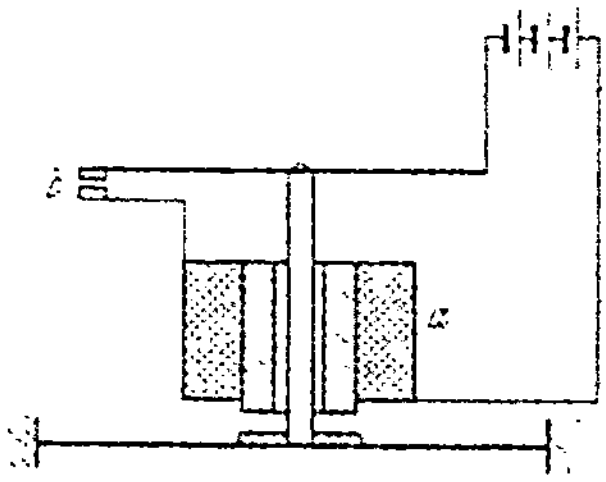

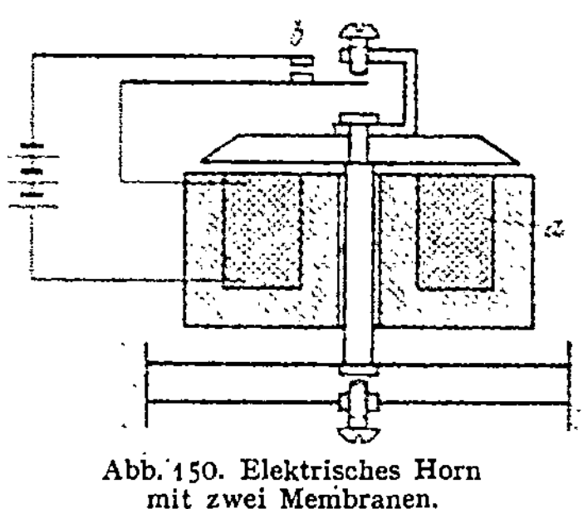

Bei den elektrischen Geräten kann man dem erzeugten Geräusch nach drei verschiedene Arten unterscheiden, Hupen nach Art des Boschhorns mit unveränderlicher Tonhöhe und Lautstärke, Hupen, bei denen meist ein Akkord wie bei einer angeblasenen Pfeife allmählich anklingt, und sog. Klaxons, bei denen sowohl Tonhöhe als Lautstärke veränderlich sind.

Abb. 149. Elektrisches Horn mit unmittelbarer Erregung der Membrane.
a Wicklung; b Unterbrecher.

Klaxons sind in Deutschland nicht zugelassen, da sie der bestehenden Forderung nach einem in seiner Höhe unveränderlichen Ton nicht entsprechen. Bei ihnen versetzt ein kleiner Motor über eine Nockenscheibe eine Membrane in Schwingungen. Da die Umdrehungszahl des Motors nach dem Einschalten von Null ausgehend ansteigt und nach dem Ausschalten wieder absinkt, ergibt sich ein gurgelndes Geräusch, dessen Tonhöhe und Lautstärke ansteigt und wieder abfällt.

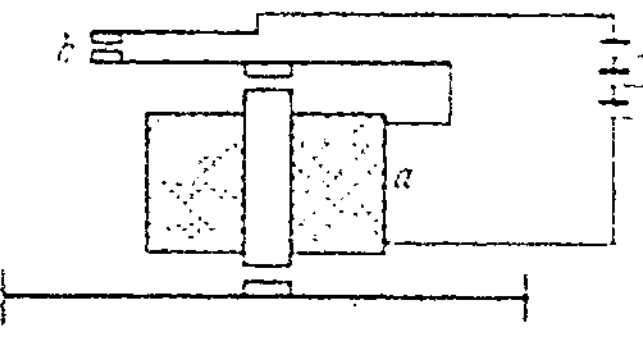

Abb. 150. Elektrisches Horn mit zwei Membranen.

Geräte, die einen allmählich anklingenden Akkord erzeugen, bestehen aus Pfeifen, welche durch Zungen erregt werden. Die Zungen werden elektromagnetisch nach Art eines Unterbrechers in Schwingungen versetzt. Zungen und Pfeifen weisen eine stark ausgeprägte Resonanz auf, so daß sich die Schwingungen allmählich aufschaukeln.

In Deutschland werden fast ausschließlich Hupen mit elektromagnetisch erregter Membran verwendet. Die Erregung kann entweder unmittelbar (Abb. 149) oder unter Zwischenschaltung eines Luftpolsters über eine zweite Membrane (Abb. 150) oder auch durch eine von zerhaktem Gleichstrom durchflossene Spule erfolgen (Abb. 151). Bei Anordnung von zwei Membranen, entsprechend Abb. 150, wird an der einen Membrane noch eine Schraube vorgesehen, welche der zweiten Membrane soweit genähert wird, daß sie während der Erregung des Gerätes diese periodisch berührt. Dadurch tritt bei gleichzeitiger Anreicherung mit Oberschwingungen eine Verstärkung des Geräusches ein.

Abb. 151. Elektrisches Horn mit gesondert angeordnetem Unterbrecher.

IV. Akustische Fragen.

a) Entstehung des Auspuffgeräusches.

Bezeichnungen:

f Frequenz,
ω Kreisfrequenz,
q Rohrquerschnitt,
p' Momentanwert des Druckes der Schallschwingungen,
p Druckamplitude der Schallschwingungen,
v' unter dem Einfluß der Schallschwingungen verschobenes Gasvolumen, Momentanwert,
v Amplitude von v',
V durch die Leitung in der Zeiteinheit strömendes Volumen, Mittelwert,

P mittlerer Druck an einer Stelle der Leitung,
C Kompressibilität der Auspuffgase.
ϱ Dichte der Auspuffgase,
R Strömungswiderstand bestimmt durch Gleichung (7),
G Ableitung bestimmt durch Gleichung (6),
t Zeit,
ν Fortpflanzungskonstante bestimmt durch Gleichung (11),
e Basis der natürlichen Logarithmen,
$j = \sqrt{-1}$.

Der Austrittsquerschnitt der Ventile bzw. der Auspuffleitung stellt eine Quelle dar, der periodisch eine bestimmte Gasmenge entströmt. Die gesamte Strömung kann man zerlegen in einen Wechselstrom- und einen Gleichstromanteil. Akustisch ist nur der Wechselstromanteil von Bedeutung. Da die Austrittsöffnung klein ist im Vergleich zu den praktisch wichtigen Schallwellenlängen kann man sie als Kugelstrahler erster Ordnung auffassen. Die Anwendung der gewöhnlichen akustischen Gesetze ist allerdings streng genommen in der Nähe der Austrittsöffnung nicht zulässig, da dort die Druckamplituden von der Größe des statischen Luftdruckes oder noch größer sind. Unter dieser Voraussetzung entstehen, wie schon in dem Abschnitt über Klopfschwingungen erwähnt, steile Wellenfronten. Zur Vereinfachung der Überlegungen setzen wir jedoch für die Rechnung kleine Druckamplituden auch in der Nähe der Austrittsöffnungen voraus, wobei wir uns bewußt sind, daß wir dadurch nur Näherungslösungen erhalten.

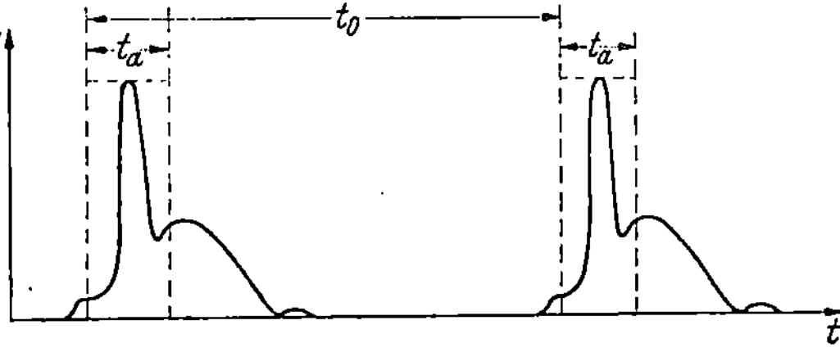

Abb. 152. Verlauf der Auspuffströmung bei einem Viertaktmotor.
t Zeit; v ausströmendes Volumen bezogen auf die Zeiteinheit.

Eine zusätzliche Schallerzeugung durch Wirbelbildung und durch Schneidentöne ist von untergeordneter Bedeutung. Fühlbar ist dagegen eine Veränderung des ursprünglichen Schallspektrums durch Resonanzerscheinungen im Zylinder- und im Auspuffrohr, wodurch einzelne Frequenzgebiete stärker hervorgehoben, andere unterdrückt werden.

Das dem Ventilquerschnitt in der Zeiteinheit entströmende Gasvolumen v hängt von der Zeit ab etwa gemäß Abb. 152. Bei Öffnen des

Auspuffventiles entströmt die im Zylinder unter merklichem Überdruck
enthaltene Gasmenge zunächst mit verhältnismäßig großer Geschwindigkeit. Im weiteren Verlauf des Auspuffvorganges nähert sich die aus-
strömende Gasmenge dem durch den Kolben verdrängten Volumen
und sinkt bei Schließen des Auspuffventiles auf Null ab.

Zur Vereinfachung der Rechnung ersetzen wir die tatsächliche Kurve
durch eine Rechteckskurve gleichen Flächeninhalts, wie sie gestrichelt
in Abb. 152 eingetragen ist. Dem Ventilquerschnitt soll jeweils während
der Zeit t_a ein Gasvolumen v_0 je Zeiteinheit entströmen; nach der Zeit t_0
wiederholt sich der Vorgang. Das Verhältnis t_a/t_0 ist um so kleiner, je
langsamer die Maschine läuft und außerdem bei Zweitaktmaschinen
wegen des großen Austrittsquer-
schnittes kleiner als bei Viertakt-
maschinen. Bei rasch laufenden
Vielzylindermaschinen ist t_a/t_0 dagegen verhältnismäßig groß.

Für t_a/t_0 0,5 ergibt die Fourierzerlegung das in Abb. 153 einge-
tragene Frequenzspektrum. Die
Amplitude v_n einer Teilfrequenz f_n
ist gegeben durch

$$v_n = \frac{2}{\pi} \frac{f_0}{f_n} v_0, \qquad (1)$$

wobei f_0 die Grundfrequenz und v_0
die Amplitude der Rechteckskurve
bedeutet.

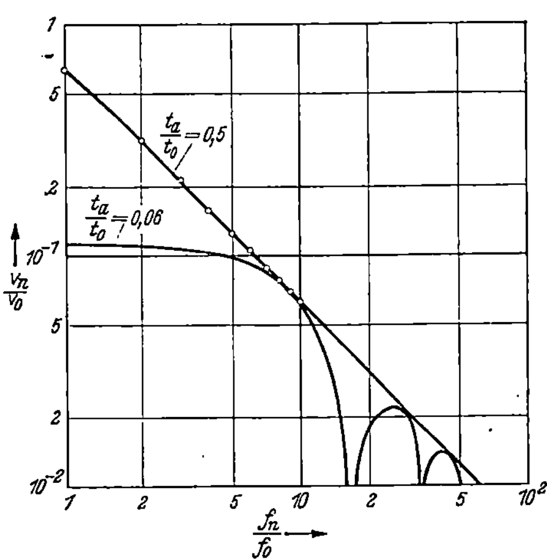

Abb. 153. Fourierzerlegung einer Rechteckskurve
der in Abb. 152 gestrichelt angedeuteten Form
für $t_a/t_0 = 0,5$ und $t_a/t_0 = 0,06$.

In der logarithmischen Darstellung Abb. 153 ergibt Gleichung (1)
eine Gerade. Für andere Verhältnisse t_a/t_0 erhält man Frequenzspektren,
die bei einzelnen Frequenzen nach unten von dieser Geraden abweichen.
Die für $t_a/t_0 = 0,5$ geltende Gerade stellt also zugleich die Umhüllende
sämtlicher für verschiedene Verhältnisse von t_a/t_0 geltender Frequenzspektren dar. Da Fahrzeugmotoren innerhalb eines größeren Drehzahlbereiches betrieben werden, wobei sich auch t_a/t_0 ändert, ist für die Entwicklung eines Schalldämpfers der ungünstigste Fall vorauszusetzen.
Das ist offenbar die Umhüllende aller Frequenzspektren, also die Gerade
der Abb. 153. Die Stärke der einzelnen Teilfrequenzen ist umgekehrt
proportional ihrer Frequenz. Die Fourierzerlegung der wirklichen
Auspuffströmungen führt auf ein ganz ähnliches Spektrum, bei welchem
nur die hohen Frequenzen etwas schwächer vertreten sind. Diese sind
jedoch praktisch von untergeordneter Bedeutung, da sie leicht zu dämpfen
sind und deshalb kaum störend in Erscheinung treten.

Für die Druckamplitude einer sinusförmigen Schwingung, die ein Kugelstrahler in die Entfernung r bei kugelförmiger Ausbreitung erzeugt, gilt

$$p = \frac{v_n}{r}\,\frac{f_n \cdot \varrho}{2}\,, \tag{2}$$

darin bedeuten f_n die Frequenz und ϱ die Dichte der Luft.

Durch Eintragen von v_n aus Gleichung (1) erhält man

$$p = \frac{2}{\pi}\,\frac{f_0\,\varrho}{2\,r}\,v_0 = \frac{1}{r\,\pi}\,f_0\,\varrho \cdot v_0\,. \tag{3}$$

Alle Teiltöne haben also gleiche Druckamplitude. Das Geräuschspektrum des ungedämpften Auspuffgeräusches ist nach diesen Voraussetzungen eine Gerade.

Die Druckamplitude der Teiltöne läßt sich nach KLUGE (1) zahlenmäßig abschätzen. Der Druck der Auspuffgase beim Öffnen des Auslaßventiles beträgt etwa 4 atü. Die größte Strömungsgeschwindigkeit entspricht dann annähernd der Schallgeschwindigkeit, die bei der Temperatur der Auspuffgase von 800 bis 1000° C etwa 600 m/s beträgt. Der Ventilquerschnitt liegt im allgemeinen in der Größenänderung von 5 cm². Demnach erhält man $v_0 = 3 \cdot 10^5$ cm³/s. Mit diesen Zahlenwerten ist zunächst das Verhältnis t_a/t_0 nachzuprüfen. Für einen Zylinderinhalt von 350 cm³ und unter der Annahme, daß die entspannten Auspuffgase das dreifache Zylinder-Volumen einnehmen, wird $t_a = 3{,}5 \cdot 10^{-3}$ s. Für einen Vierzylinder-Viertaktmotor ergibt sich daraus bei einer Umdrehungszahl von 1800 U/min der Wert $t_a/t_0 = 0{,}2$.

Die Zahl der Auspuffstöße und damit die Grundfrequenz f_0 beträgt für einen Vierzylinder-Viertaktmotor bei einer Drehzahl von 1800 U/min, entsprechend einer mittleren Fahrgeschwindigkeit, 60 Hz und für einen Einzylinder-Viertaktmotor bei der gleichen Umdrehungszahl 15 Hz. Mit diesen Zahlenwerten erhält man aus Gleichung (3) in 7 m Abstand von der Schallquelle eine Druckamplitude p der einzelnen Teilfrequenzen von 10,5 dyn/cm² für den Vierzylindermotor und 2,6 dyn/cm² für den Einzylindermotor.

Gesetzlich zugelassen ist eine Gesamtlautstärke des Auspuffgeräusches von 85 Phon in 7 m Abstand vom Fahrzeug. Die einzelnen Teilfrequenzen müssen dann je für sich gemessen entsprechend leiser sein. Nach Untersuchungen an Knackgeräuschen werden die einzelnen Teilfrequenzen eines einer Rechteckskurve entsprechenden Geräusches um etwa 20 Phon leiser empfunden, als das Gesamtgeräusch. Danach kann für die einzelnen Teilfrequenzen eine Höchstlautstärke von 65 Phon zugelassen werden. Diese höchstzulässige Lautstärke wird bei Motorrädern angenähert erreicht. Bei Kraftwagen werden dagegen weit größere Anforderungen an Geräuschlosigkeit gestellt. Ein Kraftwagen soll, jedenfalls im normalen Straßenverkehr, nicht durch Geräuschentwicklung auffallen. In einer belebteren Straße herrscht ein Lärmpegel von etwa 70 Phon. Ein Geräusch wird von einem anderen übertönt, wenn dieses um rund 10 Phon lauter ist. Das Auspuffgeräusch eines Wagens wird also von dem

Lärmpegel einer belebten Straße überdeckt, wenn es nicht lauter als 60 Phon ist. Läßt man demnach 60 Phon für die Lautstärke des Auspuffgeräusches in 7 m Entfernung von einem Kraftwagen zu, dann dürfen die einzelnen Teiltöne dort nur 40 Phon laut sein.

In Abb. 154 sind die Druckamplituden der einzelnen Teiltöne des Auspuffgeräusches für 60 Hz und für 15 Hz eingetragen. Der erste Fall entspricht etwa einem Vierzylinderkraftwagen, der zweite einem Einzylindermotorrad jeweils bei mittlerer Fahrgeschwindigkeit. Ferner enthält die Abb. 154 die Druckamplituden, die einer Lautstärke von 40 und 65 Phon entsprechen. Die beiden Geraden geben also die Druckamplitude der ungedämpften Teiltöne des Auspuffgeräusches, die Kurven die Druckamplituden, welche die Teiltöne nicht überschreiten dürfen.

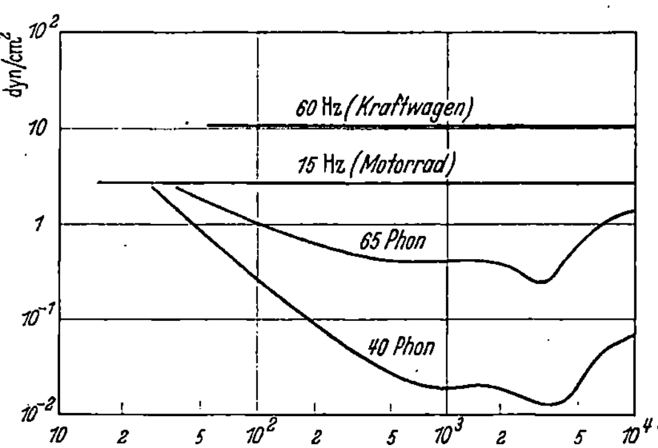

Abb. 154. Druckamplitude der Teiltöne des ungedämpften Auspuffgeräusches eines Kraftwagens und eines Motorrades sowie Druckamplitude eines reinen Tones von einer Lautstärke von 40 bzw. 65 Phon.

Die Differenz zwischen je einer Geraden und der dazugehörigen Kurve gibt die durch den Schalldämpfer aufzubringende Dämpfung.

Diese Dämpfung ist in Abb. 155 in Abhängigkeit von der Frequenz in db (Dezibel) aufgetragen. Die Dämpfung D in db ist bestimmt durch die Beziehung

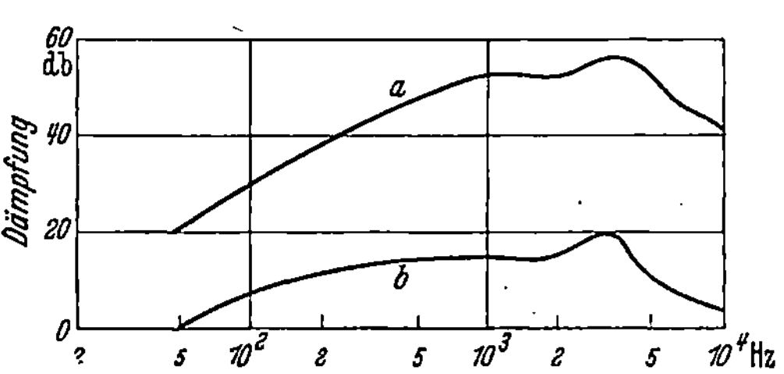

Abb. 155. Erforderliche Mindestdämpfung eines Kraftwagendämpfers a und eines Motorraddämpfers b, theoretisch berechnet.

$$D = 10 \log E_1/E_2 \atop = 20 \log p_1/p_2. \eqno(4)$$

Darin bedeuten E_1 die Schallenergie und p_1 die Druckamplitude ohne Dämpfer und E_2 und p_2 die entsprechenden Größen mit Dämpfer. Die Kurve a der Abb. 155 gilt für 60 Hz und 60 Phon entsprechend den Verhältnissen bei einem Vierzylinderkraftwagen und die Kurve b für 15 Hz und 85 Phon entsprechend einem Motorrad.

Der Schalldämpfer des Motorrades muß von 50 Hz ab dämpfend wirken und bei 1000 Hz eine Dämpfung von 15 db aufweisen. Der Kraftwagendämpfer dagegen muß schon bei 60 Hz eine Dämpfung von 20 db gewährleisten und bei 1000 Hz eine Dämpfung von 50 db.

b) Schallausbreitung in Rohren.

Ein Schalldämpfer für Verbrennungsmotoren soll dem Gleichstromanteil der Strömungen einen möglichst geringen Widerstand entgegensetzen, dem Wechselstromanteil dagegen einen möglichst großen. Die Schallausbreitungen in Rohren erfolgt in ähnlicher Weise wie die Ausbreitung des elektrischen Wechselstromes in einem Kabel. Eine genaue rechnerische Untersuchung von Dämpfungsgliedern ist im elektrischen Fall jedoch einfacher als im akustischen, da elektrische Dämpfungseinrichtungen in ihren Abmessungen normalerweise klein im Vergleich zu den in Betracht kommenden Wellenlängen sind, akustische dagegen nicht. Die Vernachlässigung der endlichen Abmessungen akustischer Einrichtungen führt nur auf Näherungslösungen, die jedoch in vielen Fällen einen gewissen Überblick gewähren.

Einen angenäherten mathematischen Ansatz für Schallausbreitungen in einen Rohr erhält man z. B. durch Betrachtung des Kräftegleichgewichtes an einer senkrecht zur Rohrachse liegenden Scheibe von der Dicke dx und durch Betrachtung der Volumenänderung dieser Scheibe bei Verschiebung.

Das Kräftegleichgewicht wird ausgedrückt durch den Ansatz

$$\frac{\partial p'}{\partial x} q + \varrho \frac{\partial v'}{\partial t} + \frac{R v'}{q} = 0. \tag{5}$$

Die Volumenänderung bei Verschiebungen durch den Ansatz

$$\frac{\partial v'}{\partial x} + q C \frac{\partial p'}{\partial t} + G p' = 0, \tag{6}$$

darin haben die einzelnen Buchstaben die oben angegebene Bedeutung. Der Reibungswiderstand R stellt den Druckabfall in einem Rohr von der Länge 1 und dem Querschnitt 1 dar. Er ist bei laminärer Strömung gegeben durch die Beziehung

$$R = \frac{P_1 - P_2}{V} \frac{q^2}{l}. \tag{7}$$

Dabei bedeutet $P_1 - P_2$ den auf der Rohrlänge l auftretenden Druckabfall und V das in der Zeiteinheit durchströmende Volumen.

Die Größe G stellt die Ableitung dar. Sie gibt ein Maß für die Möglichkeit seitlichen Entweichens von Gas aus der Rohrwandung. Aus Gleichung (5) und (6) erhält man für sinusförmige Erregung von der Kreisfrequenz ω im eingeschwungenen Zustand bei komplexer Schreibweise

$$\frac{\partial^2 p}{\partial x^2} = p (j \omega q \varrho + R)(j \omega q C + G) \frac{1}{q^2}, \tag{8}$$

$$\frac{\partial^2 v}{\partial x^2} = v (j \omega q \varrho + R)(j \omega q C + G) \frac{1}{q^2}. \tag{9}$$

Für die Druckamplitude am Ende der Leitung kann man den Ansatz
machen

$$p = p_1 e^{\nu x} + p_2 e^{-\nu x} \tag{10}$$

Durch Eintragen von Gleichung (8) und (9) erhält man

$$\nu^2 = (j \omega q \varrho + R)(j \omega q C + G) \frac{1}{q^2} \tag{11}$$

und damit aus Gleichung (9)

$$v = -q \sqrt{\frac{j \omega q C + G}{j \omega q \varrho + R}} \left(p_1 e^{\nu x} - p_2 e^{\nu x} \right). \tag{12}$$

Dabei empfiehlt sich noch die Abkürzung

$$Z = \frac{1}{q} \sqrt{\frac{j \omega q \varrho + R}{j \omega q C + G}} \tag{13}$$

Z ist dann der Schallwiderstand der Rohrleitung.

Die Fortpflanzungskonstante ν läßt sich in einen imaginären und
einen reellen Anteil zerlegen.

$$\nu = j \alpha + \beta. \tag{14}$$

Die Größe α beschreibt dann die Fortpflanzungsgeschwindigkeit und β
die Dämpfung der Wellen. Die Druckamplitude nimmt nach dem Durchlaufen der Strecke l auf den Bruchteil $e^{-\beta l}$ ihres ursprünglichen Wertes ab.

c) Dämpfungsmöglichkeiten.

Abkühlung. Eine Verminderung des Auspuffgeräusches tritt zunächst
durch die Abkühlung der Auspuffgase auf dem Wege durch die Auspuffleitung ein. Die Gase kühlen sich von der schon erwähnten Temperatur
von 800 bis 1000° C unter günstigen Verhältnissen nahezu bis auf Lufttemperatur ab, wobei ihre Volumen auf etwa $^1/_3$ sinkt. Im gleichen
Verhältnis sinken die Amplituden der Abb. 152 und damit auch die
Druckamplituden des Schalles. Nach Gleichung (4) ergibt sich dadurch
eine Dämpfung von etwa 10 db. Eine möglichst starke Abkühlung der
Auspuffgase auf ihrem Wege durch die Auspuffleitung und den Schalldämpfer ist deshalb erwünscht.

Strömungswiderstand. Bei der Strömung von Gasen in einer Rohrleitung tritt ein Druckabfall auf, der bei laminarer Strömung proportional
der Geschwindigkeit, bei turbulenter Strömung ungefähr proportional
dem Quadrat der Geschwindigkeit ist. Der Widerstand gilt in gleicher
Weise für den Gleichstrom- wie für den Wechselstromanteil der Strömung. Es wird deshalb durch den Druckabfall in der Leitung eine Schalldämpfung erzielt.

Bei den üblichen Abmessungen der Auspuffleitung liegt normalerweise
turbulente Strömung vor. Unter Voraussetzung eines Rohres von unverändertem Querschnitt kann man die Dämpfungskonstante β der Gleichung (14) für diesen Fall angenähert berechnen. Das Rohr soll keine

seitlichen Öffnungen besitzen und steif sein. Dann ist die Ableitung $G = 0$ und man erhält statt Gleichung (11)

$$v^2 = (j\,\omega\,q\,\varrho + R)\,j\,\omega\,C\,\frac{1}{q}\,,$$

$$= -\,\omega^2\,\varrho\,C + j\,\omega\,C\,\frac{R}{q}\,. \tag{15}$$

Durch Vergleich dieses Ausdruckes mit Gleichung (14) ergibt sich

$$2\,\alpha\,\beta = -\,\omega\,C\,\frac{R}{q} \qquad \text{oder} \qquad \alpha = -\,\frac{\omega\,C\,R}{2\,q}\,\frac{1}{\beta} \tag{16}$$

und

$$-\,\alpha^2 + \beta^2 = -\,\omega^2\,\varrho\,C\,. \tag{17}$$

Aus Gleichung (16) und (17) läßt sich β bestimmen. Man erhält

$$\beta^2 = \frac{\omega^2\,\varrho\,C}{2}\left[\sqrt{1 + \left(\frac{R}{\omega\,q\,\varrho}\right)^2} - 1\right]. \tag{18}$$

In dieser Gleichung sind alle Größen gegeben bis auf den Widerstand R, welcher noch zu bestimmen ist. Am besten wird R in Beziehung gesetzt zu dem leicht meßbaren Druckabfall im Rohr.

Für den Druckabfall $P_1 - P_2$ bei turbulenter Strömung von der Geschwindigkeit w, wobei in der Zeiteinheit das Volumen V durch die Leitung strömt, gilt angenähert die Beziehung

$$P_1 - P_2 = a\,w^2 = a\,\frac{V^2}{q^2} \tag{19}$$

mit $a = \text{const.}$ Daraus folgt

$$\frac{\partial P}{\partial V} = 2\,\frac{a\,V}{q^2} = 2\,\frac{P_1 - P_2}{V}\,. \tag{20}$$

Man kann auch bei turbulenter Strömung, bei welcher der Druckabfall $P_1 - P_2$ nicht linear mit dem durch die Leitung strömenden Volumen V zusammenhängt, für ein bestimmtes V eine Größe R bestimmen. Die Kurve, die den Zusammenhang zwischen R und V darstellt wird dann auf ein kurzes Stück durch ihre Tangente ersetzt. Sofern die unter dem Einfluß der Schallschwingungen erfolgenden periodischen Änderungen der Strömungsgeschwindigkeit klein sind im Vergleich zur mittleren Strömungsgeschwindigkeit im Rohr, ist der durch diese Vereinfachung begangene Fehler gering.

An Stelle von Gleichung (7) ist dann zu setzen

$$R = \frac{\partial P}{\partial V}\,\frac{q^2}{l}\,. \tag{21}$$

Mit Gleichung (20) wird daraus

$$R = 2\,\frac{P_1 - P_2}{V\,l}\,q^2\,. \tag{22}$$

Als Beispiel sei eine Auspuffleitung von 10 cm² Querschnitt und 2 m Länge behandelt, in welcher ein Druckabfall von 0,31 kg/cm² auftreten soll. Damit wird nach Gleichung (22)

$$R = 1{,}48 \cdot 10^{-5} \text{ kgs cm}^{-2}.$$

Aus Gleichung (18) läßt sich nun die Dämpfung βl des 2 m langen Rohres durch Eintragen der Zahlenwerte $\varrho = 1{,}2 \cdot 10^{-9}$ kgs²cm⁻⁴ und $C =$ 0,72 cm²kg⁻¹ für Luft ermitteln.

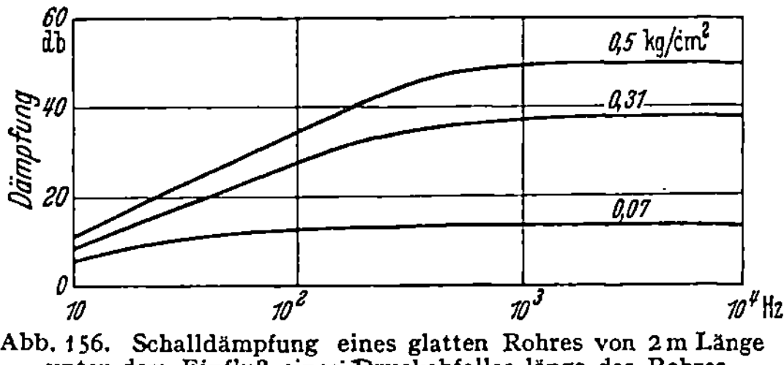

Abb. 156. Schalldämpfung eines glatten Rohres von 2 m Länge unter dem Einfluß eines Druckabfalles längs des Rohres von 0,5, 0,31 und 0,07 kg/cm².

Das Ergebnis ist durch die mittlere Kurve der Abb. 156 dargestellt. Bei Frequenzen über 1000 Hz wird eine Dämpfung von etwa 40 db erzielt. Zum Vergleich ist in dieselbe Abbildung noch die Dämpfung für zwei andere Fälle eingetragen. Die untere Kurve gilt für einen größeren Rohrquerschnitt, bei dem sich unter sonst gleichen Verhältnissen ein Druckabfall von 0,07 kg/cm² auf 2 m Rohrlänge ergibt, die obere Kurve für einen Druckabfall von 0,5 kg/cm².

Ein Vergleich mit Abb. 155 zeigt, daß selbst bei dem großen Druckverlust von 0,5 kg/cm² in der Auspuffleitung die erzielte Dämpfung noch nicht den Anforderungen entspricht. Dabei ist in Betracht zu ziehen, daß ein großer Druckabfall in der Auspuffleitung nicht erwünscht ist, da Leistung und Wirkungsgrad des Motors mit steigendem Gegendruck sinken.

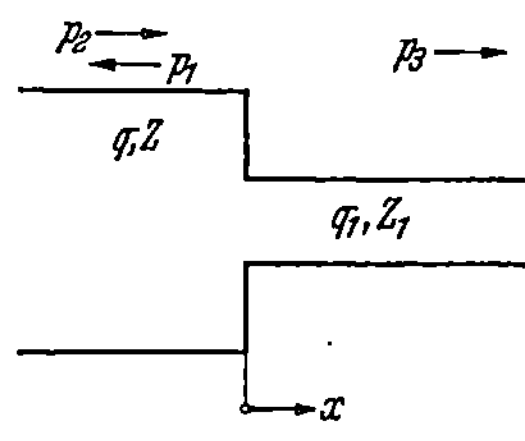

Abb. 157. Änderung des Rohrquerschnittes von q auf q_1.

Abkühlung und Druckabfall in einem glatten Rohr reichen also zur Erzielung einer ausreichenden Schalldämpfung nicht aus. Es ist vielmehr erforderlich, Vorrichtungen zu verwenden, welche die Wechselströmung bevorzugt dämpfen.

Querschnittsänderungen. Wir betrachten den in Abb. 157 dargestellten Fall. Der Rohrquerschnitt ändert sich an der Stelle $x = 0$ von q auf q_1. Die Schallquelle soll links von der Übergangsstelle liegen und das rechte Rohrstück vom Querschnitt q_1 unendlich lang sein. Dann sind links von der Trennstelle zwei Wellen vorhanden, eine ankommende nach rechts laufende und eine zurückgeworfene nach links laufende, rechts von der Trennstelle dagegen nur eine abgehende Welle.

Den Schalldruck p links von der Trennstelle kann man entsprechend Gleichung (10) ansetzen in der Form

$$p = p_1 e^{\nu x} + p_2 e^{-\nu x} \tag{23}$$

und das verschobene Gasvolumen gemäß Gleichung (12)

$$v = -\frac{1}{Z}\left(p_1\, e^{vx} - p_2\, e^{-vx}\right). \tag{24}$$

Für die Trennstelle $x = 0$ gilt, wenn man dafür den Zeiger 0 einführt

$$p_0 = p_1 + p_2 \tag{25}$$

$$v_0 = -\frac{1}{Z}\left(p_1 - p_2\right). \tag{26}$$

Einen entsprechenden Ansatz kann man für das Rohr rechts von der Trennstelle machen. Da hier nur eine rechts laufende Welle vorhanden ist, vereinfacht sich der Ansatz auf die Form

$$p = p_3\, e^{-v\,x} \tag{27}$$

$$v = \frac{1}{Z_1} p_3\, e^{-vx}. \tag{28}$$

Für die Übergangsstelle $x = 0$ gilt hier

$$p_0 = p_3 \tag{29}$$

$$v_0 = \frac{1}{Z_1} p_3. \tag{30}$$

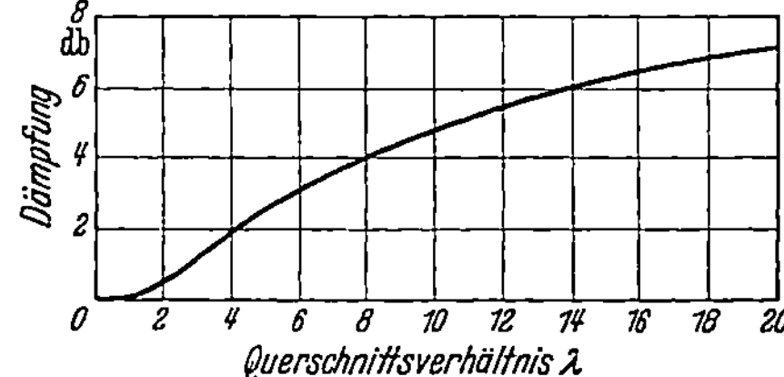

Abb. 158. Dämpfung einer Querschnittsänderung gemäß Abb. 157 in Abhängigkeit vom Querschnittsverhältnis $\lambda = q_1/q$. .

Aus Gleichung (25), (26) und (29), (30) läßt sich p_0 und v_0 eliminieren. Für das Verhältnis der auftreffenden Druckamplitude p_2 zu der nach rechts abgehenden p_3 folgt

$$\frac{p_2}{p_3} = \frac{Z + Z_1}{2 Z_1} = \frac{1 + \lambda}{2} \tag{31}$$

Dabei ist für q_1/q der Buchstabe λ gesetzt.

Die durch einen Rohrquerschnitt fließende Schallenergie ist proportional dem Querschnitt q und dem Quadrat des Schalldruckes, also proportional $q \cdot p_2^2$ bzw. $q_1 \cdot p_3^2$. Damit ergibt sich die Dämpfung d nach Gleichung (4) zu

$$d = 10\log\frac{(1 + \lambda)^2}{4\,\lambda}. \tag{32}$$

Die Gleichung ist symmetrisch in bezug auf λ. Eine Querschnittsänderung auf $\frac{1}{3}$ gibt z. B. die gleiche Dämpfung wie eine Querschnittsänderung auf das Dreifache.

Das Ergebnis von Gleichung (32) ist in Abb. 158 aufgetragen. Die Wirkung einer praktisch anwendbaren Querschnittsänderung ist verhältnismäßig gering. Selbst bei einem Querschnittsverhältnis von $\lambda = 1 : 20$ beträgt die Dämpfung nicht einmal 8 db.

Querschnittserweiterung. Die Wirkung einer Querschnittsveränderung endlicher Länge l entsprechend Abb. 159 läßt sich in ähnlicher Weise verfolgen. Die Gleichgewichtsbedingungen sind jedoch für zwei ·Punkte aufzustellen. Schalldruck und verschobenes Volumen hängen an den beiden Übergangsstellen durch Beziehungen gemäß Gleichung (10) und (12) zusammen.

Zur Vereinfachung der Rechnung setzen wir voraus, daß die Schallausbreitung in der Umgebung der Erweiterung verlustlos verläuft. Dann kann man nach Gleichung (14) $v = j\alpha$ setzen.

In entsprechender Weise wie vorher erhält man für die Dämpfung d der Anordnung gemäß Abb. 159

$$d = 10 \log \left\{ 1 + \left[\frac{1}{2} \left(\lambda - \frac{1}{\lambda} \right) \sin \alpha\, l \right]^2 \right\}.$$

Darin bedeutet wieder λ das Querschnittsverhältnis q_1/q. Wie bei Gleichung (32) ist

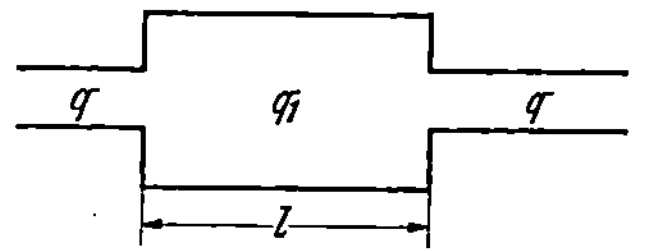

Abb. 159. Querschnittserweiterung eines Rohres.

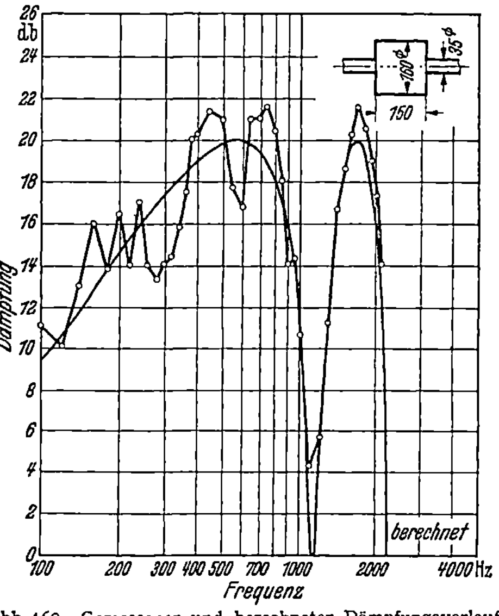

Abb. 160. Gemessener und berechneter Dämpfungsverlauf eines Querschnittserweiterung nach Bentele (1), $\lambda = 20{,}8$.

auch hier λ mit $1/\lambda$ zu vertauschen. Aus diesem Grunde wirkt auch in diesem Falle eine Verringerung des Querschnittes z. B. auf $^1/_3$ in gleicher Weise wie eine Vergrößerung auf das Dreifache. Praktisch kommt jedoch mit Rücksicht auf den Strömungswiderstand nur eine Erweiterung in Frage.

Ein Beispiel ist in Abb. 160 dargestellt. Die Dämpfung weist Höchstwerte auf für Frequenzen, bei denen die Länge der Erweiterung einem ungeradzahligen Vielfachen einer halben Wellenlänge entspricht, und Kleinstwerte, wenn sie einem geradzahligen Vielfachen entspricht. Die Höchstwerte sind in Abhängigkeit vom Querschnittsverhältnis λ in Abb. 161 eingetragen.

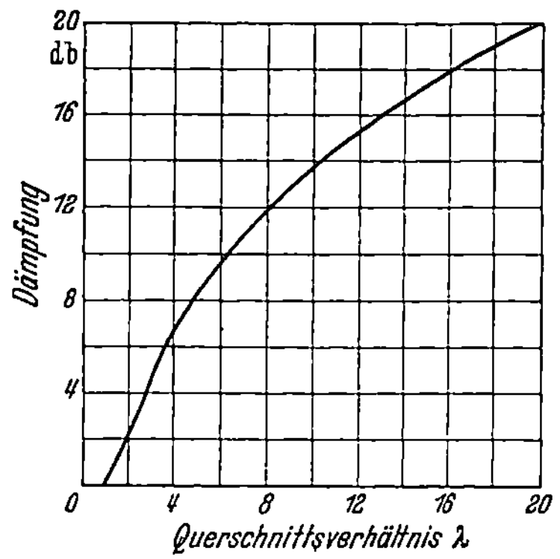

Abb. 161. Höchstwert der Dämpfung einer Querschnittserweiterung gemäß Abb. 159 in Abhängigkeit vom Querschnittsverhältnis λ nach Bentele (1).

Resonator. Die Wirkung eines etwa gemäß Abb. 162 an die Leitung angesetzten Resonators läßt sich ebenfalls rechnerisch behandeln. An Stelle des gezeichneten Resonators kann man für die Rechnung eine vereinfachte Form voraussetzen. Der vereinfachte Resonator bestehe aus einem Hohlraum, der durch ein kurzes Rohrstück von konstantem Querschnitt mit der Auspuffleitung in Verbindung steht. Die Eigenfrequenz eines solchen Hohlraumes kann man mit guter Näherung dadurch feststellen, daß man die in dem Hals verschobene Gasmenge als die Masse des schwingenden Systemes und das Gasvolumen des Hohlraumes als die Elastizität betrachtet. Unter dieser Voraussetzung erhält man für die Eigenfrequenz des Resonators

$$\omega_0 = c\sqrt{\frac{q_0}{l_0\,J}}\,. \tag{33}$$

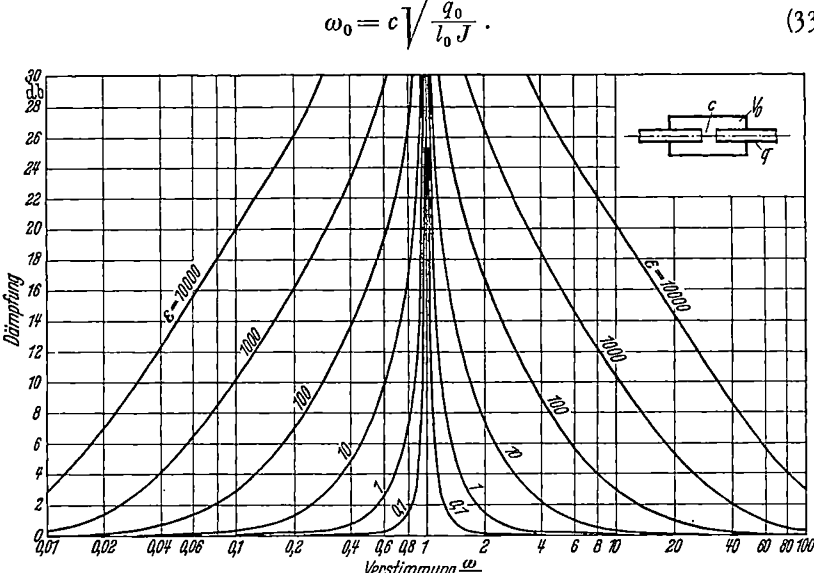

Abb. 162. Aufbau und Dämpfungsverlauf eines Resonatordämpfers nach Bentele (1).

Dabei bedeuten ω_0 die Kreisfrequenz, c die Schallgeschwindigkeit, q_0 den Querschnitt des Halses, l_0 seine wirksame Länge und J das Volumen des Resonators.

Unter der gleichen Voraussetzung läßt sich durch Ansatz der Kontinuitätsbedingung für die Stelle, an der der Resonatur angesetzt ist, die Dämpfung berechnen. Das verschobene Gasvolumen v teilt sich an dieser Stelle. Ein Teil fließt in den Resonator und ein zweiter Teil in das abgehende Rohrstück. Man erhält schließlich

$$d = 10\log\left(1 + \frac{\varepsilon}{\left(\dfrac{\omega}{\omega_0} - \dfrac{\omega_0}{\omega}\right)^2}\right). \tag{34}$$

Darin bedeuten ω_0 die Eigenkreisfrequenz des Resonators, ω die Kreisfrequenz des auftreffenden Schalles und

$$\varepsilon = \frac{k\,J}{4\,q_0{}^2}\,. \tag{35}$$

Die Dämpferkonstante ε hängt ab von dem Volumen des Dämpfers, dem Querschnitt der Öffnung q_0, durch die der Resonator und die Auspuffleitung miteinander verbunden sind, und einer Größe k, welche die Leitfähigkeit der Öffnung beschreibt.

Für verschiedene Werte von ε ist die Dämpfung eines Resonators in Abb. 162 eingetragen. Große Werte von ε lassen sich durch Dämpfer mit großem Volumen verwirklichen und umgekehrt.

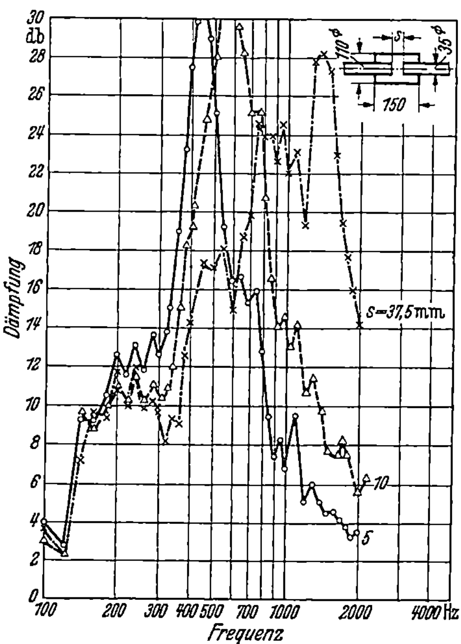

Abb. 163. Gemessener Dämpfungsverlauf
eines Resonatordämpfers
bei verschiedener Schlitzbreite nach BENTELE (1).

Bisher war stillschweigend vorausgesetzt, daß die Schlitzbreite des Resonators klein im Vergleich zu den Abmessungen des Hohlraumes und der Wellenlänge des Schalles sein soll. Wenn diese Bedingung nicht erfüllt ist, tritt zusätzlich die Wirkung einer Querschnittserweiterung ein. Durch Veränderung der Schlitzbreite eines Dämpfers nach Abb. 162 kann deshalb der Dämpfungsverlauf weitgehend beeinflußt werden. Abb. 163 zeigt die Dämpfungskurven für einen Resonatordämpfer bei verschiedener Schlitzbreite.

Absorptionsdämpfer. In den eben genannten Fällen wurde die Dämpfung durch Reflexion an einer Unstetigkeitsstelle erzielt. Die Schallenergie wird dabei zurückgeworfen und auf dem Weg durch die Rohrleitung in Folge der stets vorhandenen Dämpfung zum großen Teil vernichtet. Eine zweite Möglichkeit der Dämpfung bietet sich in der unmittelbaren Umwandlung von Schallenergie in Wärme. Bei Fehlen eines Strömungswiderstandes R und einer Ableitung G tritt eine derartige Vernichtung von Schallenergie offenbar nicht ein. Die Fortpflanzungskonstante nach Gleichung (11) ist rein imaginär und die für die Dämpfung maßgebende Größe β der Gleichung (14) deshalb Null. Einen endlichen Wert nimmt β sowohl bei Vorhandensein von R als auch bei Vorhandensein G an. Ein Strömungswiderstand R tritt, wie schon erwähnt, an sich stets auf, ist jedoch mit Rücksicht auf den Motor nicht erwünscht. Eine merkliche Ableitung G ist dagegen in einem starren Rohr nicht vorhanden. Sie kann aber künstlich erzeugt werden.

In Abb. 157 ist eine derartige Anordnung dargestellt. Das eigentliche Auspuffrohr ist auf ein gewisses Stück durch ein Rohr aus Drahtnetz ersetzt und von einem undurchlässigen Rohr größeren Durchmessers umgeben. Der Raum zwischen beiden Rohren ist mit einer lockeren Masse z. B. Glaswolle, ausgefüllt. In diesem Falle wird einer zur Rohrachse senkrechten Bewegung der Gasteilchen durch die Reibung im Innern der Glaswolle ein gewisser Widerstand entgegengesetzt. Außer den Reibungskräften greifen an jedem Gasteilchen noch Kräfte in Folge der Elastizität der in der Glaswolle enthaltenen Luft und Massenkräfte

an. An Stelle von Gleichung (11) bis (13) erhält man aus diesem Grunde selbst bei einer nur rohen Annäherung an die Wirklichkeit verhältnismäßig komplizierte Ausdrücke, deren Weiterverfolgung wenig übersichtliche Ergebnisse bringt. Eine einfache Ableitung, wie sie in der Elektrotechnik durch einen reinen Widerstand verwirklicht werden kann, läßt sich akustisch nicht nachbilden.

Die Dämpfung derartiger Absorptionsdämpfer nimmt stets mit wachsender Frequenz zu. Ein Versuchsergebnis ist in Abb. 164 wiedergegeben.

Akustische Filter. Durch Hintereinanderschaltung mehrerer Resonatoren gemäß Abb. 162 entstehen sog. akustische Filter. Von entsprechenden elektrischen Anordnungen unterscheiden sie sich dadurch daß die Abstände der einzelnen Resonatoren voneinander nicht klein sind im Vergleich zur Wellenlänge. Aus

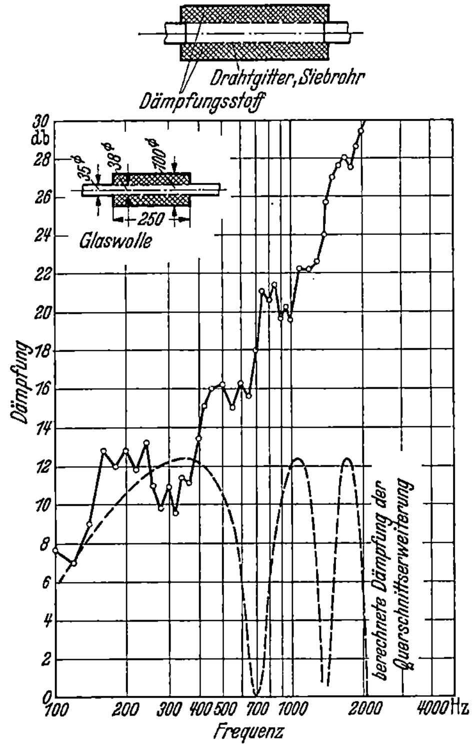

Abb. 164. Aufbau und gemessener Dämpfungsverlauf eines Absorptionsdämpfers nach BENTELE (1). Zum Vergleich berechneter Dämpfungsverlauf der Querschnittserweiterung allein.

diesem Grunde unterscheidet sich auch die Wirkung eines akustischen Filters wesentlich von der einer einfachen elektrischen Drosselkette. Diese weist unter einer gewissen Frequenz eine geringe Dämpfung, darüber eine große Dämpfung auf. Sie hat also nur einen Durchlaß- und einen Sperrbereich.

Akustische Filter besitzen dagegen eine große Zahl von Sperr- und Durchlaßbereichen. Filter mit verhältnismäßig kleinen, hochabgestimmten Resonatoren lassen überwiegend tiefe Frequenzen durch. Filter mit verhältnismäßig großem, tiefabgestimmten Resonatoren überwiegend hohe Frequenzen. Der letztere Fall läßt sich praktisch z. B.

dadurch verwirklichen, daß an der Auspuffleitung Löcher angebracht werden, welche ins Freie münden. Diese entspricht unendlich großen Resonatoren. Eine derartige Anordnung läßt jedoch gleichzeitig Schall nach außen durchtreten, kommt also für Auspuffdämpfer nicht in Frage. Im übrigen ist die Breite der Sperr- und Durchlaßbereiche und die dabei auftretende Dämpfung bei gleicher Eigenschwingungszahl der angesetzten Resonatoren um so größer, je größer deren Volumen ist.

Wegen der vielen Durchlaßbereiche ist es nicht möglich, akustische Filter der oben erwähnten Art allein zur Dämpfung des Auspuffschalles zu verwenden. Ausreichend breite Dämpfungsbereiche, welche eine genügende Dämpfung über den ganzen praktisch wichtigen Frequenzbereich liefern, lassen sich nur bei großen räumlichen Abmessungen erzielen, die an einem Kraftwagen nicht verwendbar sind. Wohl aber können akustische Filter zur Unterdrückung einzelner besonders störender Frequenzgebiete zusammen mit anderen Dämpfungsvorrichtungen mit Erfolg verwendet werden.

c) Ausgeführte Schalldämpfer.

Bei ausgeführten Schalldämpfern wird im allgemeinen eine Anzahl der genannten verschiedenen Dämpfungsmöglichkeiten gleichzeitig verwendet. Für die Veränderung der Motorleistung durch den Anbau des Schalldämpfers ist dessen Eingangswiderstand für Wechselströmung maßgebend. Dieser Eingangswiderstand kann für einzelne Frequenzgebiete besonders klein gehalten werden. Bei bestimmten Umdrehungszahlen des Motors läßt sich auf diese Weise durch den Schalldämpfer sogar eine Leistungssteigerung gegenüber freiem Auspuff erzielen. Die Schwingungen der Gassäule im Auspuffsystem erfolgen in diesem Falle so, daß an den Austrittsventilen im Augenblick des Schließens ein Unterdruck auftritt.

V. Optische Fragen.

1. Scheinwerfer.

Die Scheinwerfer können entweder auf Fernlicht oder auf Abblendlicht eingestellt werden. Durch das Fernlicht soll die Fahrbahn möglichst weit voraus beleuchtet werden, wobei auch das neben der Fahrbahn liegende Gelände, sowie die unmittelbar vor dem Fahrzeug liegende Fahrbahn mit angestrahlt werden sollen. Im Innern von Ortschaften und bei Begegnung mit anderen Verkehrsteilnehmern ist Abblendlicht einzuschalten. Der Strahl der Scheinwerfer ist dabei in der Hauptsache schräg nach abwärts gerichtet, so daß eine Blendung entgegenkommender Verkehrsteilnehmer eingeschränkt ist. Die Scheinwerfer beleuchten in diesem Falle nur eine entsprechend kurze Strecke vor dem Fahrzeug.

Eine günstige Lichtverteilung für Fern- und Abblendlicht zeigt Abb. 165. Bei Fernlicht ist die schon erwähnte Breiten- und Tiefenstreuung festzustellen, bei Abblendlicht ein im wesentlichen schräg nach abwärts gerichteter Lichtstrahl.

Die erforderliche Lichtverteilung wird praktisch meist in zwei Stufen erzeugt. Das Licht einer Glühlampe wird für Fernlicht durch einen Parabolspiegel zunächst in ein möglichst parallel gerichtetes Lichtbündel zusammengefaßt, welches dann durch eine entsprechend geprägte,

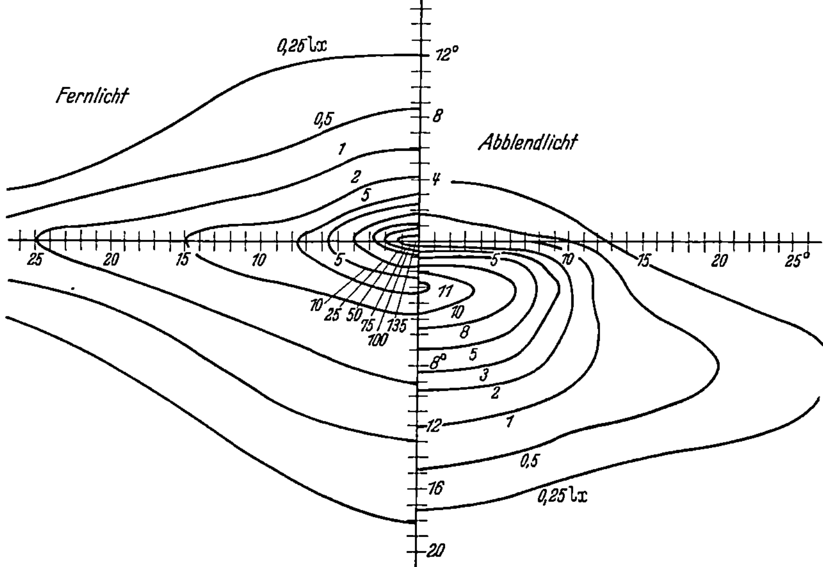

Abb. 165. Beleuchtungsstärken auf einer senkrechten Fläche in 25 m Entfernung vor einem Paar Scheinwerfer nach TRAUTMANN (1).

vor dem Spiegel sitzende Glasscheibe die nötigen Seiten- und Tiefenstreuung erhält. Es ist jedoch auch möglich, den Parabolspiegel selbst mit einer Prägung zu versehen, welche die Streuung unmittelbar ergibt.

Der Öffnungswinkel des Spiegels soll möglichst groß sein, damit ein möglichst großer Teil des Lichtstromes der Lampe erfaßt wird (Abb. 166). Durch einen elliptischen Spiegel kann man bei gleichem Außendurchmesser einen größeren Raumwinkel erfassen als durch einen parabolischen Spiegel (Abb. 167). Die Strahlen vereinigen sich jedoch, wenn die Lichtquelle in dem einen Brennpunkt des Ellipsoides liegt, in dessen anderen Brennpunkt. Durch ein Ringlinsensystem entsprechend Abb. 168 können die Strahlen parallel gerichtet werden.

Für das Abblenden ist in der Glühlampe des Scheinwerfers eine zweite Wendel vorgesehen. Diese liegt vor der Wendel für Fernlicht und ist durch eine Metallkappe an der Ausstrahlung nach unten verhindert. Dadurch ergibt sich ein schräg nach abwärts gerichtetes Lichtbündel mit einer Lichtverteilung, wie sie etwa in Abb. 165 eingetragen ist.

Die Blendung entgegenkommender Fahrzeuge wird zur Zeit ausschließlich durch die Umschaltung von Fern- auf Abblendlicht eingeschränkt. Eine andere Möglichkeit bietet sich in der Verwendung von Polarisatoren z. B. in der in Abb. 169 angedeuteten Weise. Vor den Scheinwerfern sitzen Polarisatoren, deren Polarisationsebene in Fahrtrichtung gesehen von rechts oben nach links unten verläuft. Der Fahrer trägt eine Brille, deren Polarisationsebene parallel zu dieser Ebene liegt. Das Scheinwerferlicht entgegenkommender Fahrzeuge ist dann in einer Ebene polarisiert, die senkrecht zur Polarisationsebene der Brille liegt, so daß es zum überwiegenden Teil ausgelöscht wird. Die von den eigenen Scheinwerfern angeleuchteten Gegenstände sind dagegen durch die Brille zu sehen. Körper mit glänzender oder spiegelnder

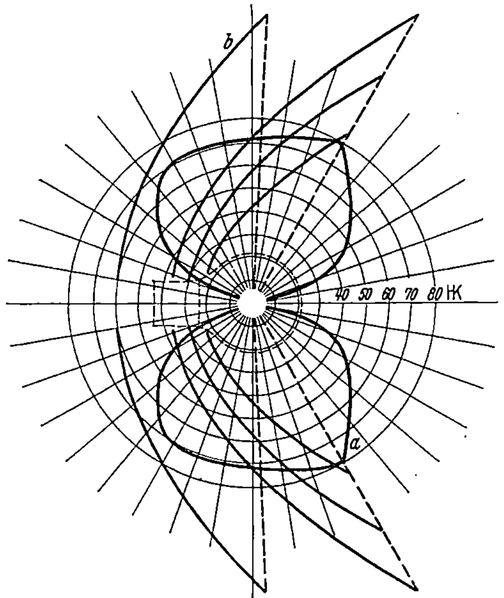

Abb. 166. Lichtausstrahlung einer Glühlampe nach TRAUTMANN (1). *a* Lichtstärke der Glühlampe in HK; *b* flacher Glasspiegel. Er erfaßt einen kleineren Teil des Gesamtlichtstromes als die ebenfalls angedeuteten tiefergezogenen Metallspiegel, welche den üblichen Formen von Metallspiegeln entsprechen.

Oberfläche werfen das Licht ohne Drehung der Polarisationsebene zurück. Die Polarisationsebene des zurückgeworfenen Lichtes fällt dann mit der Polarisationsebene der Brille zusammen. Diffus reflektierende

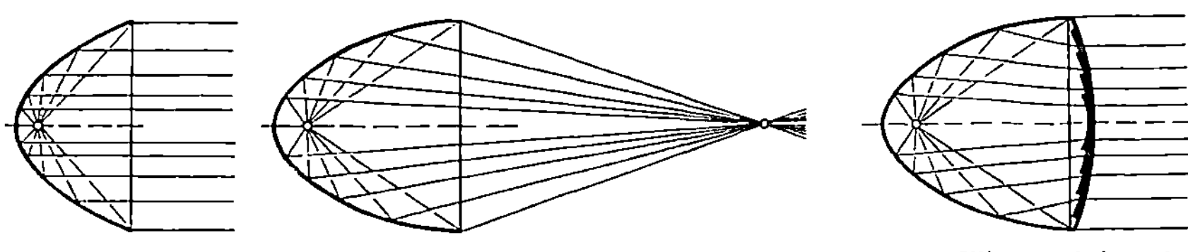

Abb. 167. Strahlengang bei einem Parabol- und Ellipsoidspiegel.

Abb. 168. Ellipsoidscheinwerfer mit Ringlinsensystem zum Parallelrichten der Lichtstrahlen.

Körper zerstören beim Rückwurf die Polarisation, wobei aber stets ein Anteil vorhanden ist, der von der Brille durchgelassen wird.

Eine praktische Durchführung dieses Verfahrens ist technisch möglich, seitdem es gelungen ist, Großflächenpolarisatoren herzustellen. Derartige Polarisatoren bestehen z. B. aus einer isotropen Schicht, in die eine Vielzahl kleinster dichroitischer Kristalle gleichgerichtet eingebettet ist (Abb. 170). Die Lichtabsorptionen derartiger Kristalle ist verschieden für Licht verschiedener Schwingungsrichtungen. Bei genügender Schichtdicke wird von den beiden Schwingungsrichtungen praktisch nur eine hindurchgelassen. Kristalle dieser Art bildet z. B. der

Abb. 169. Polarisationsebene der Brille des Fahrers und der Scheinwerfer eines entgegenkommenden Fahrzeuges nach SAUER (1).

Herapathit, ein Perjodid des Chininsulfats. Durch geeignete Wahl des Einbettungsstoffes ist eine weitgehende Klarheit der Polarisatoren zu erreichen.

Ferner gibt es verschiedene organische Stoffe, wie Fasern und Cellophan, welche an sich doppelbrechend wirken, und Stoffe, wie Zellulose

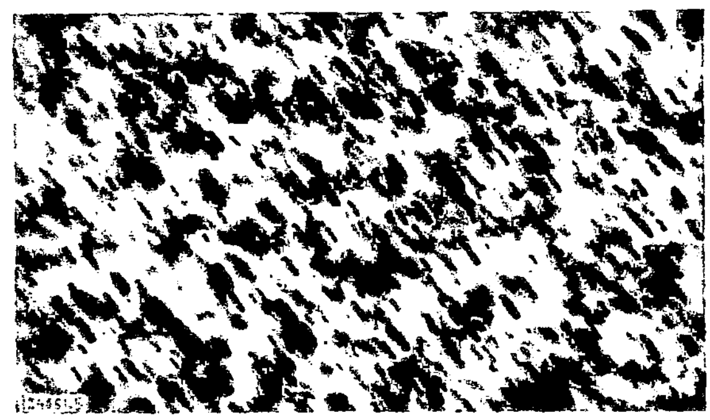

Abb. 170. Polarisator mit eingebetteten dichroitischen Mikrokristallen.

und Gelatine, welche durch entsprechende Herstellungsverfahren doppelbrechend gemacht werden können. Durch Färbungsverfahren lassen sich diese Stoffe in Polarisatoren verwandeln. Ausgeführte Polarisatoren stellen eine dünne Haut dar, welche zum Schutz gegen mechanische Beschädigung zwischen Glasplatten eingebettet wird.

Bezeichnet man mit D_s und D_p die Durchlässigkeit eines Filters für polarisiertes Licht, dessen Schwingungsebene parallel bzw. senkrecht zur Polarisationsebene des Filters verläuft, dann ist die Durchlässigkeit für gewöhnliches Licht

$$D = \frac{1}{2}\left(D_s + D_p\right). \tag{1}$$

Für die Durchlässigkeit zweier gekreuzter Filter 1 und 2 gilt:

$$D^+ = \frac{1}{2}\left(D_{s1}D_{p1} + D_{s2}D_{p2}\right) \qquad (2)$$

und für die Durchlässigkeit zweier paralleler Filter

$$D'' = \frac{1}{2}\left(D_{p1}D_{p2} + D_{s1}D_{s2}\right). \qquad (3)$$

Für den Fall, daß beide Filter von gleicher Beschaffenheit sind, vereinfacht sich Gleichung (2) auf die Form

$$D^+ = D_s D_p \qquad (4)$$

und Gleichung (3) auf die Form

$$D'' = (D_p{}^2 + D_s{}^2). \qquad (5)$$

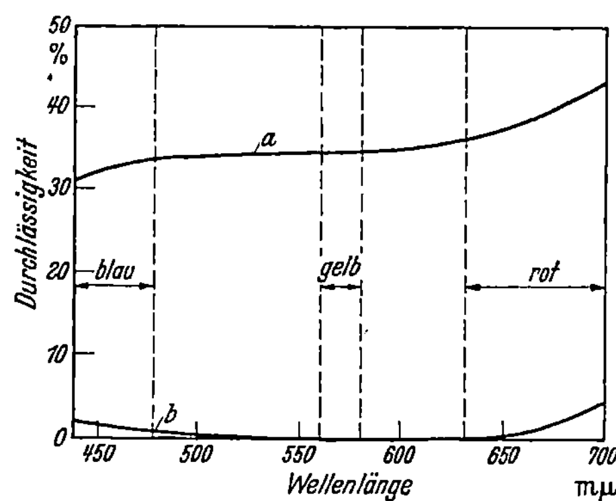

Abb. 171. Durchlässigkeit eines einzelnen a und zweier gekreuzter Polarisationsfilter b in Abhängigkeit von der Wellenlänge nach SAUER (1).

Die gemessene Durchlässigkeit eines Polarisationsfilters und zweier gekreuzter Filter ist in Abhängigkeit von der Wellenlänge in Abb. 171 aufgetragen. Die Durchlässigkeit des einzelnen Filters nimmt mit wachsender Wellenlänge zu. Dies hat den Vorteil, daß die Wärmestrahlung der Scheinwerfer weniger zur Erwärmung des Filters beiträgt als dies bei unveränderlicher Durchlässigkeit der Fall wäre. Zwei gekreuzte Filter haben eine bevorzugte Durchlässigkeit für Rot und Blau, so daß die Scheinwerfer eines entgegenkommenden Wagens durch die Brille rötlich-violett erscheinen.

Eine Steigerung des Polarisationsgrades der Filter ist verbunden mit einer Abnahme der Lichtdurchlässigkeit des einzelnen Filters für weißes gewöhnliches Licht. Bei einem Polarisationsgrad von 97,9% beträgt die Durchlässigkeit z. B. 40,1%. Sie sinkt bei einem Polarisationsgrad von 99,9% auf 32,0%.

Das eben geschilderte Verfahren mit linearpolarisiertem Licht hat den Nachteil, daß schon kleine Verdrehungen der beiden Polarisationsfilter gegeneinander beträchtliche Aufhellung ergeben. Dieser Mangel läßt sich vermeiden durch Verwendung zirkular polarisierten Lichtes. Dieses entsteht durch Überlagerung zweier aufeinander senkrecht stehender Lichtschwingungen, die um $^1/_4$ Wellenlänge gegeneinander verschoben sind. Der elektrische Vektor der einen Schwingung hat dann gerade seinen Höchstwert, wenn der der anderen Schwingung verschwindet. Die Überlagerung der beiden Schwingungen ergibt einen umlaufenden Vektor, der je nach der Ausführung Rechts- oder Linksdrehung aufweist. Man hat rechts- oder linkspolarisiertes Licht.

Zirkularpolarisatoren bestehen aus einem Linearpolarisator zusammen mit einem sog. $\lambda/4$-Plättchen. Das $\lambda/4$-Plättchen ist eine doppelbrechende Folie etwa aus Zellophan von bestimmter Dicke. Der Brechungsexponent doppelbrechender Schichten ist bekanntlich verschieden für Licht verschiedener Schwingungsrichtung. Für eine Schwingungsrichtung hat er einen Höchstwert und für eine gegen die erste um 90° verdrehte einen Kleinstwert. Die beiden Schwingungsrichtungen entsprechen den optischen Achsen der Folie. Die Dicke der Folie ist nun so gewählt, daß zwei aufeinander senkrecht stehende Lichtschwingungen, deren Schwingungsrichtung mit den optischen Achsen zusammenfällt und welche mit gleicher Phase in das Plättchen eintreten, um $^1/_4$ Wellenlänge gegeneinander verschoben auftreten. Die beiden aufeinander senkrecht stehenden Lichtschwingungen gleicher Phase kann man sich durch Zerlegung

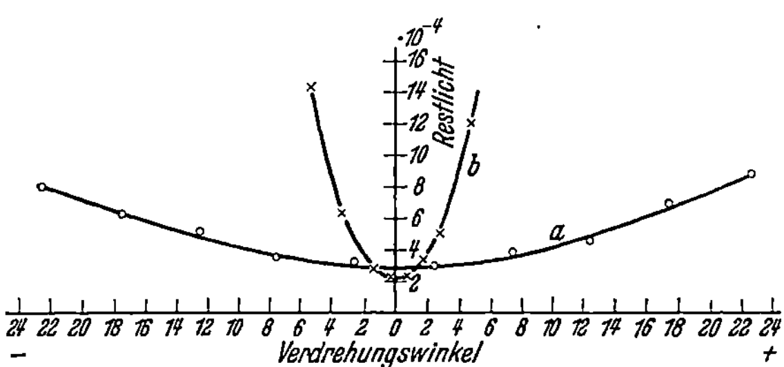

Abb. 172. Abhängigkeit des Restlichtes zweier hintereinander geschalteter Polarisatoren vom Verdrehungswinkel der beiden Polarisatoren gegeneinander für weißes Licht.
a Zirkularpolarisatoren; *b* Linearpolarisatoren.

linearpolarisierten Lichtes in zwei zur ursprünglichen Schwingungsrichtung um 45° geneigte Vektoren entstanden denken. Schaltet man also ein $\lambda/4$-Plättchen so hinter einem Linearpolirasator, daß die optischen Achsen des Plättchens unter einem Winkel von 45° gegen die Schwingungsrichtung des linearpolarisierten Lichtes liegen, so entsteht zirkularpolarisiertes Licht.

Bei Verwendung weißen Lichtes ist es allerdings nicht möglich, rein zirkularpolarisiertes Licht zu erzeugen. Es entsteht vielmehr elliptisch polarisiertes Licht, wobei die Auslöschung bis zu einem gewissen Grade von der Verdrehung der beiden Filter gegeneinander abhängt (Kurve *a* der Abb. 172). Die Abhängigkeit ist jedoch wesentlich geringer als bei linearpolarisiertem Licht, wofür Kurve *b* gilt.

Zirkularpolarisatoren werden ebenso wie Linearpolarisatoren vor dem Scheinwerfer und vor dem Auge des Fahrers angeordnet, und zwar vor den Scheinwerfern Linkspolarisatoren und vor den Augen des Fahrers Rechtspolarisatoren oder umgekehrt. Wegen der geringen Empfindlichkeit gegen Verdrehungen der beiden Polisatoren gegeneinander ist dieses Verfahren wesentlich günstiger als das mit einfachen Polarisatoren.

2. Rückstrahler.

Zur Kenntlichmachung von Warnschildern bei Nacht und an der Rückseite von Fahrzeugen findet man sog. Rückstrahler, welche bei

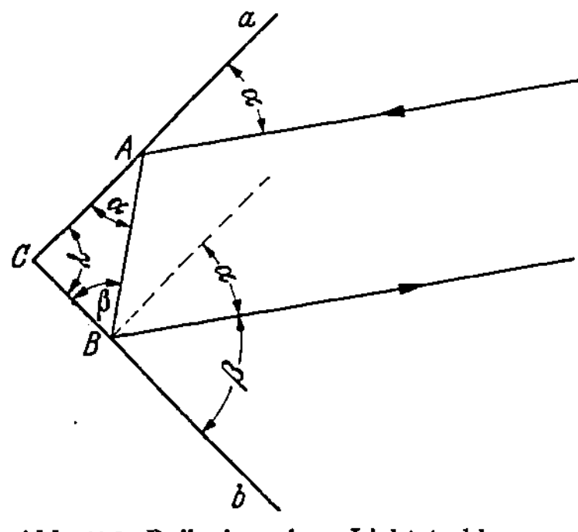

Abb. 173. Reflexion eines Lichtstrahles an zwei zueinander senkrecht stehenden Spiegeln.

Beleuchtung durch den Strahl eines Scheinwerfers für einen in der Nähe der Lichtquelle befindlichen Beobachter hell aufleuchten. Es handelt sich dabei um Geräte, welche einfallendes Licht parallel zur Einfallsrichtung zurückwerfen. Die Verhältnisse liegen sehr einfach, wenn man das Problem zunächst in der Ebene betrachtet. Abb. 173 zeigt zwei unter einem Winkel von 90° gegeneinandergestellte Spiegel. Ein in den Raum zwischen den beiden Spiegeln einfallender Lichtstrahl wird parallel zu seiner Einfallsrichtung zurückgeworfen. Für die Winkel des Dreiecks ABC gilt

$$\alpha + \beta + \gamma = 180° \qquad (1)$$

und da $\gamma = 90°$ sein soll:

$$\alpha + \beta = 90°. \qquad (2)$$

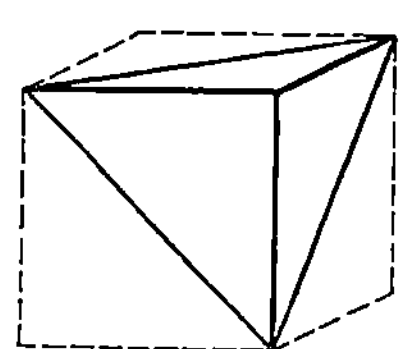

Abb. 174. Abgeschnittene Würfelecke. Sie besteht aus drei zueinander senkrecht stehenden Flächen. Wenn die Flächen als Spiegel ausgebildet sind, wird ein in die Ecke einfallender Lichtstrahl parallel zur Einfallsrichtung zurückgeworfen.

Zieht man an der Stelle B das Lot auf den Spiegel b, so tritt nach Gleichung (2) dort wieder der Winkel α auf. Da das Lot parallel zum Spiegel a läuft, sind die beiden Strahlen parallel.

Grundsätzlich dieselben Überlegungen gelten für das räumliche Problem, bei dem drei Spiegel unter Winkeln von 90° gegeneinandergesetzt sind. Abb. 174 veranschaulicht eine solche Anordnung, die man sich als eine von einem Würfel abgeschnittene Ecke vorstellen kann. Die ausgeführten Geräte bestehen meist aus Glasscheiben, auf deren Rückseite durch Prägung eine größere Anzahl von nebeneinanderliegenden Würfelecken aufgebracht ist.

Literaturverzeichnis.

APPELT, W.: (1) Schwingungsformen eines Fahrzeuges bei periodischer Erregung. Autom.-techn. Z. Bd. 38 (1935) S. 167—168.

BANGERTER, H.: (1) Temperaturmessung im Abgasstrom von Brennkraftmaschinen. Z. VDI Bd. 80 (1936) S. 1335—1336.

BECKER-FROMM-MAHRUN: (1) Schwingungen in Automobillenkungen. Berlin: Krayn 1931.

BENTELE, M.: (1) Eine wirksame Bauart von Schalldämpfern für Rohrleitungen. Forsch. Wes. Bd. 8 (1937) Heft 6 S. 305—311.

— (2) Schalldämpfer für Rohrleitungen. Berlin: VDI-Verlag 1937.

BENZ, H.: (1) Strömungsgetriebe für Fahrzeugantrieb. Autom.-techn. Z. Bd. 41 (1938) S. 242—248.

BERG, H. H.: (1) Klopfwert oder Klopfgrenzwerte von Motor und Kraftstoff. Autom.-techn. Z. Bd. 42 (1939) S. 41—43.

BRUNNER, W.: (1) Erwärmung der Reifen von Personenkraftwagen bei hohen Fahrgeschwindigkeiten. Deutsche Kraftfahrforschung, Heft 2. Berlin: VDI-Verlag 1938.

BUSSIEN, R.: (1) Automobiltechnisches Handbuch, 13. Aufl. Berlin 1931. Erg.-Bd. Berlin 1935.

BUSCH, M.: (1) Ergebnisse von Verschleißmessungen an Straßendecken. Straße Bd. 23 (1933) S. 232—234.

BÜTEFISCH, H.: (1) Über die chemische Konstitution der Kraft- und Schmierstoffe. Schr. dtsch. Akad. Luftf.-Forschg. 1939 Heft 9 S. 11—35.

CHRISTOPH, W. u. H. E. J. NEUGEBAUER: (1) Blendfreies Scheinwerferlicht durch Zirkularpolarisation. Z. techn. Phys. Bd. 20 (1939) S. 257—264.

DIERFELD, B.: (1) Entlüftung und Beheizung von Personenwagen und Omnibussen. Motor, Berl. Bd. 23 (1935) S. 18—22.

— (2) Fortschritte im Anhängerbau. Motor Bd. 24 (1936) S. 38—42.

DONANDT, H.: Über den Stand und unsere Kenntnisse in der Frage der Grenzschmierung. Z. VDI Bd. 80 (1936) S. 821—824.

DRUCKER, E.: (1) Zur thermodynamischen Berechnung von Viertakt-Vergasermotoren. Autom.-techn. Z. Bd. 39 (1936) S. 476—481.

ECKERT, E.: (1) Einfluß des Druckverlaufes auf die Selbstentzündungstemperaturen brennbarer Gas-Luft-Gemische. Z. VDI Bd. 80 (1936) S. 1201.

EVERETT, H. A.: (1) High-Pressure Viscosity as an Explanation of Apparent Oiliness. S. A. E. J. Bd. 41 (1937) S. 531.

GIESSMANN, W.: (1) Die Klopffestigkeit der Leichtkraftstoffe. Z. VDI Bd. 80 (1936) S. 833—839.

GROSS, S.: (1) Die Berechnung gestufter Blattfedern. Techn. Mitt. Krupp Bd. 5 (1937) S. 214.

HAASE, M.: (1) Neue Polarisationsfilter unter Verwendung dichroitischer Kristalle. Z. techn. Phys. Bd. 18 (1937) S. 69—72.

HANDL, L.: (1) Das Voith-Turbo-Getriebe. Autom.-techn. Z. Bd. 39 (1936) S. 422.

HEIDEBROECK, E.: (1) Zur Theorie der Flüssigkeitsreibung zwischen Gleit- und Wälzflächen. Forsch. Ing.-Wes. Bd. 6 (1935) S. 161; Z. VDI Bd. 80 (1936) S. 54—55.

HOFFMEISTER, O.: (1) Geräuschbekämpfung bei Kraftfahrzeugen. Z. VDI Bd. 81 (1937) S. 318.

HORT, W.: (1) Technische Schwingungslehre. Berlin 1922.

HUBER, L.: (1) Versuche an Kraftwagenmodellen mit Vierradlenkung. Z. VDI Bd. 80 (1936) S. 577—578.

ILGEN, H. u. H. HINTZE: (1) Beitrag zur Prüfung von Brennstoffen mittels des piezoelektrischen Indikators. Dtsch. Mot.-Z. Bd. 14 (1937) S. 234.

IRMER, H.: (1) Luftfederung bei Flugzeugen und Kraftfahrzeugen. Z. VDI Bd. 81 (1937) S. 1182.

— (2) Luftfederung. Neue Kraftfahrz. Bd. 12 (1937) S. 1213—1216.

JOST, W.: (1) Die physikalisch-chemischen Grundlagen der Verbrennung im Motor. Schr. dtsch. Akad. Luftf.-Forschg. 1939 Heft 9 S. 133—158.

KAMM, W.: (1) Das Kraftfahrzeug. Berlin: Julius Springer 1936.

— (2) Antrieb und Federung bei neuzeitlichen Kraftwagen. Autom.-techn. Z. Bd. 36 (1933) S. 110.

— (3) Luftwiderstandsmessungen und Strömungsuntersuchungen am 2,5-l-Adler-Wagen. Autom.-techn. Z. Bd. 42 (1939) S. 447—449.

KAMM, W. u. H. BERNDORFER: (1) Geschwindigkeit und Brennstoffverbrauch der Personenwagen. Z. VDI Bd. 80 (1936) S. 857—861.

KLEINSCHMIDT, W.: (1) Betrachtungen über Nebel- und Kurvenscheinwerfer. Autom.-techn. Z. Bd. 39 (1936) S. 483—486.

KLUGE, H.: (1) Rollwiderstand von Luftreifen. Z. VDI Bd. 84 (1940) S. 257 bis 258.

KLUGE, M.: (1) Das Problem der Dämpfung des Auspuffschalles der Kraftfahrzeugmotoren. Autom.-techn. Z. Bd. 36 (1933) S. 192.

KOCH, A.: (1) Besondere Eigenschaften des künstlichen Kautschuks. Z. VDI Bd. 80 (1936) S. 963—968.

KOCH, E.: (1) Verbesserung der Laufeigenschaften der Kolben von Kraftwagenmotoren. Z. VDI Bd. 81 (1937) S. 1458—1460.

KOCH, H.: (1) Künstliche Schmieröle. Z. VDI Bd. 80 (1936) S. 49—51.

KÖNIG-FACHSENFELD, R.: (1) Strömungsuntersuchungen an einem 2,5-l-Adler-Sportwagen. Autom.-techn. Z. Bd. 42 (1939) S. 449—450.

KOESSLER, P. u. H. KLAUE: (1) Die richtige Doppelpendelachse. Autom.-techn. Z. Bd. 39 (1936) S. 487—489.

KÜHL, H.: (1) Dissoziation von Verbrennungsgasen und ihr Einfluß auf den Wirkungsgrad von Vergasermaschinen. VDI-Forsch.-Heft 1935 S. 373.

KÜMMET, H.: (1) Die Autoelektrik. Leipzig: Jänneke 1937.

KUGEL, F.: (1) Strömungsgetriebe. Dtsch. Mot.-Z. Bd. 14 (1937) S. 242.

LANGER, W.: (1) Federungsfragen beim Kraftfahrzeug. Autom.-techn. Z. Bd. 36 (1933) S. 190 u. 243.

LEHR, E.: (1) Schwingungsfragen der Fahrzeugfederung. Z. VDI Bd. 74 (1930) S. 1113.

— (2) Die schwingungstechnischen Eigenschaften des Kraftwagens und ihre meßtechnische Ermittlung. Z. VDI Bd. 78 (1934) S. 329—335.

— (3) Der Einfluß einer Flüssigkeitsdämpfung der Fahrzeugfederung auf Bewegungsverlauf und Stoßhaftigkeit. Z. VDI Bd. 78 (1934) S. 721—727.

LEMPERKE, B. v.: (1) Strömungsgetriebe. Motor Bd. 24 (1936) S. 33—36.

LEUNIG, G.: (1) Gestaltungsmerkmale neuzeitlicher Personenkraftwagen. Z. VDI Bd. 80 (1936) S. 1173—1185.

LINDEMANN, W.: (1) Innenbackenbremsen. Autom.-techn. Z. Bd. 42 (1939) S. 469—481.

LUTZ, O.: (1) Über Resonanzschwingungen in den Ansaug- und Auspuffleitungen von Reihenmotoren. Luftf.-Forschg. Bd. 16 (1939) S. 139 u. 384.

MARQUARD, E.: (1) Kraftwagenbremsen. Z. VDI Bd. 80 (1936) S. 901—908 u. 1482.

— (2) Zur Schwingungslehre der Kraftfahrzeugfederung. Autom.-techn. Z. Bd. 39 (1936) S. 352.

MARTIN, H.: (1) Druckverteilung in der Berührungsfläche zwischen Kraftfahrzeugreifen und Fahrbahn. Kraftfahrtechn. Forsch.-Arb. Berlin: VDI-Verlag 1936. Z. VDI Bd. 80 (1936) S. 1333—1334.

MEINEKE, F.: (1) Über Federung. Motorwagen Bd. 29 (1926) S. 863.

MEISTER, I. F.: (1) Die Empfindlichkeit des Menschen gegen Erschütterungen. Forsch. Ing.-Wes. Bd. 6 (1935) S. 116. Z. VDI Bd. 80 (1936) S. 136.

MEISSNER, W.: (1) Deutsche Patentschrift 227071.

NEUMANN, E.: (1) Verfahren der Straßenuntersuchung. Z. VDI Bd. 77 (1933) S. 1033—1038.

OPPENBERG, W.: (1) Der Wert des Dochtestes für die Beurteilung kolloidaler Graphitpräparate. Autom.-techn. Z. Bd. 40 (1937) S. 627—628.

OSTWALD, W.: (1) Schmierung im Wandel. Autom.-techn. Z. Bd. 41 (1938) S. 365—368.

PHILIPPOVICH, A. v.: (1) Forschung auf dem Gebiete der Schmierung und der Schmiermittel. Z. VDI Bd. 81 (1937) S. 1467—1473.

PISCHINGER, A.: (1) Bewegungsvorgänge in Gassäulen bei Verbrennungsmaschinen. Forsch. Ing.-Wes. Bd. 6 (1935) S. 245 u. 273. Z. VDI Bd. 80 (1936) S. 976—977.

PIER, M.: (1) Anforderungen der Verbrennungsmotoren an die Treibstoffe. Schr. dtsch. Akad. Luftf.-Forschg. 1939 Heft 9 S. 37—59.

RIEBE, A.: (1) Gleitlager mit Abmessungen von Wälzlagern. Z. VDI Bd. 78 (1934) S. 444—445.

RIEDIGER, B.: (1) Federnde Lagerung des Antriebsmotores in Kraftwagen und Flugzeugen. Z. VDI Bd. 81 (1937) S. 713.

RIEKERT, P.: (1) Der Massenausgleich von Reihenmotoren. Diss. T. H. Stuttgart 1928.

SAUER, H.: (1) Polarisiertes Licht in der Kraftfahrzeugbeleuchtung. Z. VDI Bd. 82 (1938) S. 201—207.

SCHENK, R.: (1) Die Fahrbahnreibung im Kraftwagenverkehr. Halle: Straßenbau-Verlag W. Boerner 1928.

— (2) Fahrbahnreibung und Schlüpfrigkeit der Straßen im Kraftwagenverkehr. Berlin: M. Krayn 1938.

SCHMID, C.: (1) Luftwiderstand von Kraftfahrzeugen. Autom.-techn. Z. Bd. 39 (1936) S. 425—435.

— (2) Die Fahrwiderstände beim Kraftfahrzeug und die Mittel zu ihrer Verringerung. Autom.-techn. Z. Bd. 41 (1938) S. 465—477 u. 498—510.

SCHMIDT, E.: (1) Die Wärmeübertragung durch Rippen. Z. VDI Bd. 70 (1926) S. 885.

— (2) Die graphische Berechnung der Vergleichsprozesse von Verbrennungsmotoren unter Berücksichtigung der Temperaturabhängigkeit der spezifischen Wärme. Jb. dtsch. Akad. Luftf.-Forschg. 1938 Erg.-Bd. S. 314 bis 319.

— (3) Über das Klopfen und die damit verbundene Verminderung des Wirkungsgrades von Ottomotoren. Schr. dtsch. Akad. Luftf.-Forschg. 1939 Heft 9 S. 215—230.

SCHMIDT, F. A. F.: (1) Verbrennungsmotoren. Berlin: Julius Springer 1939.

SCHIRMER, M.: (1) Praktische Strömungsforschung an Kraftfahrzeugen. Autom.-techn. Z. Bd. 38 (1935) S. 176—181.

SCHUSTER, R. u. P. WEICHSLER: (1) Der Bremsvorgang. Autom.-techn. Z. Bd. 39 (1936) S. 221—226.

SEILER, E.: (1) Elektrische Zündung, Licht und Anlasser der Kraftfahrzeuge, 2. Aufl. Berlin: W. Knapp 1937.

— (2) Das Entstehen der Zündspannung im Batteriezünder für Brennkraftmaschinen. Autom.-techn. Z. Bd. 39 (1936) S. 622—627.

SIEBER, F.: (1) Kraftstoffe für Flugmotoren. Luftwissen Bd. 5 (1938) S. 321 bis 330.

SLABY, R.: (1) Einfluß der Achsmasse auf die Federungseigenschaften eines Fahrzeuges. Autom.-techn. Z. Bd. 39 (1936) S. 593.

SPIES, R.: (1) Rutschfeste Reifen für Kraftwagen. Fördertechn. Bd. 29 (1936) S. 50—55.

THÜNGEN, H. Frh. v.: (1) Grundlagen für die selbsttätige Regelung von Kraftfahrzeuggetrieben. Z. VDI Bd. 78 (1934) S. 309—315.

— (2) Wesen der Kupplung und des Getriebes beim Kraftfahrzeug. Z. VDI Bd. 81 (1937) S. 645—651.

THUM, A. u. K. OESER: (1) Gummigefederte Maschinen. Z. VDI Bd. 78 (1934) S. 587—589.

TRAUTMANN, F.: (1) Die Scheinwerfer am Kraftfahrzeug. Z. VDI Bd. 83 (1939) S. 187—191.

VENEDIGER, H. I.: (1) Betrachtungen über das Verdichtungsverhältnis. Autom.-techn. Z. Bd. 42 (1939) S. 27—37.

WAAS, H.: (1) Federnde Lagerung von Kolbenmaschinen. Z. VDI Bd. 81 (1937) S. 763.

WAGNER, L.: (1) Ein Strömungsgetriebe für Großkraftwagen und Eisenbahnfahrzeuge. Dtsch. Mot.-Z. Bd. 13 (1936) S. 196—204.

WEDEMEYER, E. A.: (1) Der schwingende Reifen als Ursache der Straßenzerstörung. Autom.-techn. Z. Bd. 38 (1935) S. 558—562.

— (2) Einachsanhänger. Autom.-techn. Z. Bd. 42 (1939) S. 12—14.

WEINHART, H.: (1) Das Klopfen im Ottomotor. Luftf.-Forschg. Bd. 16 (1939) S. 74.

WILKE, W.: (1) Prüfmotoren zur Klopfwertbestimmung von Kraftstoffen. Z. VDI Bd. 82 (1938) S. 1135—1142.

ZAEPKE, O.: (1) Prüfung und Bewertung von Schmiermitteln. Z. VDI Bd. 80 (1936) S. 1279.

ZELLER, W.: (1) Wirkungen von mechanischen Bewegungen auf den menschlichen Organismus. Berlin 1933.

— (2) Günstigste Federung bei Fahrzeugen mit Rücksicht auf die Fahrbequemlichkeit. Forsch. Ing.-Wes. Bd. 5 (1934) S. 75.

Sachverzeichnis.

Motor, elastische Lagerung 36.
— Kennlinien 11, 43.
— Leistung 3, 15, 17.
— Massenausgleich 31.
— Thermodynamik 1.

Naphtene 3, 10.
Nebenpleuel 36.
Nickschwingung 58.
— Dämpfung 64, 71.
Nutzleistung 16.

Ohrempfindlichkeit 55.
Oktanzahl 4, 10.
Öle 48.
Olephine 3, 10.
Ölkohle 52.
Ölverdünnung 52.
Ölzähigkeit 48.

Paraffine 3, 10.
Polarisator 140.
Propan 10.
Prüfmotoren 9.

Querschnittsänderung der Auspuffleitung 132.

Radmasse 69.
Reaktionszeit des Fahrers 103.
Regelkennlinie des Getriebes 42.
Regler 107.
Reibung auf nasser Fahrbahn 100.
— auf trockener Fahrbahn 99.
Reibungsdämpfung 71.
Reibungsverluste 20.
Reifenerwärmung 27, 69.
Reifenfederung 55.
Reifenschwingungen 87.
Reihenmotor 33.
Resonatordämpfer 134.
Resonanzkurven 39, 67, 70, 72, 74, 77.
Rollwiderstand 87.
Rückstrahler 144.

Schallausbreitung in Rohren 129.
Schalldämpfer 130, 138.
Schalldruck 55, 128.
Schaltung 43.

Scheinwerfer 138.
Schmelzpunkt von Kraftstoffen 4.
Schmierfähigkeit 50.
Schmieröl 48.
Schmierung 48.
Schwingungsdämpfung durch Strö-
mungskupplung 47.
Seitenkräfte 96.
Selbstentzündung 6.
Siedepunkt von Kohlenwasserstoffen
5, 7, 13.
Siederverhalten 5.
Spannungsregelung 107.
Spezifischer Kraftstoffverbrauch 17.
Spezifisches Gewicht von Kraft-
stoffen 4.
Spurstange 82.
Stabilisierungsflosse 98.
Starten 15, 53.
Starterklappe 15.
Staudruck 93.
Sternmotor 34.
Stockpunkt 48.
Stromlinienwagen 90, 95.
Strömungsgesetze 89.
Strömungsgetriebe 43.
Strömungskupplung 44.
Strömungswandler 45.
Synthetische Schmierstoffe 50.

Teiltöne des Auspuffgeräusches 127.
Temperaturen bei der Verbrennung
im Motor 2.
Temperatur einer Lichtmaschine 110.
— der Reifen 28.
Temperaturverlauf in der Zylinder-
wand 21.
Thermodynamik des Verbrennungs-
motors 1.
Thermostat 25.

Übergangswiderstand an Batterie
113.
Überschlagspannung 117.
Umlaufende Massen 32.
Unterbrechung des Stromes 123.

Ventilator 24.
Verbrennung 4.
Verbrennungsgeschwindigkeit 4.
Verbrennungsmotor 1.
Verdampfungswärme von Kraft-
stoffen 4.